絶対に面白い

化学入門

世界史は化学でできている

左巻健男

ダイヤモンド社

はじめに

「原始的な松のたいまつからパラフィンロウソクに至るまで、その道のりの何と長かったことか。そしてこの二つには何と大きな違いがあることだろう。夜、どのような手段で自分の住み家を照らすかにより、その人間の文明の尺度が刻印される。」

イギリスの化学者マイケル・ファラデー（一七九一～一八六七）の名著『ロウソクの科学』に記された序文である。私たち人類は、化学とともに文明をつくり、歴史を歩んできた。

「火」というきわめて身近な化学的現象がある。

世界史（人類史）上、最初に人類が知った化学的現象は、おそらくは「火」であった。火は、「燃焼」という化学反応にともなう激しい現象である。原始の人類は、自然の野火、山火事などに、他の動物と同様に「おそれ」を抱いて近づくことはなかったのだろう。

しかし、私たちの祖先は「おそれ」を乗り越えた――。彼らは火に近づき、火遊

びをし、さらには火を利用するようになった。それは、私たち人類が持つ「好奇心」の表れでもあり、おそらく、彼らは火への接近・接触をくり返すなかで、火を利用することの「有用性」を学んでいったのであろう。

いまからおよそ七百万年前、立って歩き始めた猿人がいた。初期猿人である。初期猿人は、直立二足歩行をすることによって、頭を下から支えることができるようになり、前あしは自由になり、手になった。人類の器用な前あし――手は、石や骨、木で道具をつくるようになり、脳を大きくさせた。より複雑な道具がつくれるようになると、発火技術を獲得し、さらには炉をつくって、火をいつでも使える技術も獲得した。

火は、暖房、照明、狩猟、焼き畑のような直接的利用はもちろん、土器やレンガを焼いたり、調理、鉱石から金属を得る精錬、金属加工にも利用された。しかし、「火の技術」は、人々の生活を豊かに便利にしてきたが、森林破壊を起こすことで自然環境、景観を大きく変えてきた負の面もある。

約五千年前あたりからいわゆる「四大文明」が生まれる。インダス川沿いに生まれたインダス文明では、都市は同一規格の焼成レンガでつくられた整然とした舗装道路、下水設備、大沐浴場《もくよくじょう》、城塞《じょうさい》、穀物倉庫群を備えていた。しかし、都市が必要とする大量の焼成レンガをつくるために流域の樹木を乱伐したことから森林が破壊され、その後の土壌は風雨の侵食を受け、地力が低下し、紀元前一八〇〇年あたりから衰退していった。収穫が減って軍隊を養えなくなったところへ、外部からの攻撃を受けたことが原因だと考えられている。

やがて人類は、金属の鉱石から金属を得る「製錬」という化学技術を手にした。とくに鉄は、現在でも鉄器文明の延長線上にあるという最重要の物質・材料である。鉄鉱石から鉄を得るのには銅鉱石から銅を得るよりも高い温度が必要であり、さらには得た鉄を加工するにも高い技術が必要だった。

チタンなどの新しい金属の登場により金属材料の世界は多種多様なものとなったが、やはり主役は鉄鋼（鉄を主成分とする金属材料の総称）だ。鉄鋼は、豊富な資源と強靱《きょうじん》な性質から、古来より武器や、工具（のみ、小刀、のこぎりなど）、農具（すき、くわなど）に使われて歴史を動かしてきた。鉄づくりの技術を先に得た国家や民族が、それを持たない人々を屈服させていった例は、世界史の中に数多い。

さて、「化学とは何か」を簡単に述べてみたい。

私たちの世界は物質からできている。身のまわりには、水、空気、土、石、木、金属、紙、ガラス、薬品、プラスチック、ゴム、繊維など、実にさまざまな物質がある。私たちは、多種多様な物質を生活に利用している。

私たちの生活を便利にしているさまざまな物質は、物質の「構造」(物質をつくる原子・分子・イオンがどんな結びつきをしているかなど)や「性質」、「化学反応」(新しい物質ができる変化。化学変化)を研究する化学が発展してきた成果である。

化学は、「物質を対象とした自然科学の一分野」だ。物質は「化学物質」とも呼ばれる。化学は、とくに物質の「性質」と「構造」と「化学反応」の三つを研究している。化学の三本柱であり、それぞれが関係し合っているのだ。

まず、性質と構造を探究し、その研究結果を元に新しい物質を創り出す。物質は、すべて原子からできている。原子の種類が元素といってもよい。天然に存在する原子の種類は約九〇。これらの原子が結びついてさまざまな物質ができている。

考古学において、文字が使用される以前の時代を、おもに利用された物質・材料によって「石器時代」「青銅器時代」「鉄器時代」と三つに区分する考え方がある。

材料としての石や金属の利用は、世界史に大きな影響を与えてきたからである。

人類、とくに約二十万年前にアフリカで生まれたホモ・サピエンスは、時間の経過とともに、道具、火（エネルギー）、衣類、住居、建物、道路、橋、鉄道、船、自動車、農業、工業などをつくり出し、それらの助けを借りて、全世界にはびこっている。人類の文明の土台には、「化学」という学問の進歩と、化学の成果がもたらした物質・材料がある。私たちは、天然には存在しない物質をも、化学の知識と技術でつくり出してきたのだ。


本書では、第1章〜第3章では、古代ギリシアで芸術・思想・学問が見事な花を咲かせた時代に、自然科学や化学は、どのようにして生まれたのかを紹介しながら、化学の基本的な考え方や原子論、元素、周期表などがどのように生み出されてきたのかを、さまざまな天才化学者たちが織りなすエピソードとともに描いた。

また、第4章以降は、火、食物、アルコール、セラミックス、ガラス、金属、金・銀、染料、創薬、麻薬、爆薬、化学兵器、核兵器にいたるまで、化学の成果がどのように私たちの歴史に影響を与えてきたのか、その光と闇をふくめて紹介していく。

目次

第3章　万物をつくる元素と周期表

第6章　カレーライスから見る食物の歴史

第7章 歴史を変えたビール、ワイン、蒸留酒

第10章　金属が生み出した鉄器文明

第12章　美しく染めよ

第13章　医学の革命と合成染料

第14章　麻薬・覚醒剤・タバコ

第15章 石油に浮かぶ文明

第16章　夢の物質の暗転

第17章 人類は火の薬を求める

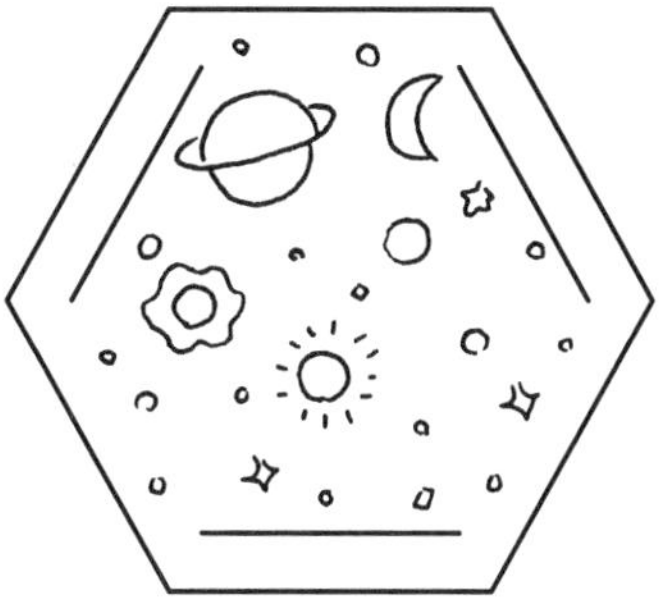

第1章

すべての物質は何からできているのか？

ファインマンの問い

カリフォルニア工科大学の著名な物理学者リチャード・フィリップス・ファインマン教授（一九一八～一九八八）は、『ファインマン物理学I　力学』（岩波書店）で、「もしも（ノアの大洪水のような）一大異変が起こって科学的知識が全部失われて、ただ一つの文章だけしか次の時代の生物に伝えられない場合、最少の語数で最大の情報を込めた文章はどんなものか？」という、SF的な状況設定の問いを発した。あなたならば、どう答えるだろうか？

物理学の教科書の冒頭にあるこの問いに、ファインマンはこのように答えた――。

「あらゆるモノは原子からできている」。

あらゆるモノ（物質）は、原子からできている。まわりを見回しても、机も椅子も本もノートパソコンなどの固体はもちろん、蛇口をひねると出てくる液体の水もすべては物質――つまりは原子からできている。私たちのまわりにあって隙間を埋めている気体の空気も例外ではない。そしてそれらをつくっている原子は、想像を絶するほどの莫大な数が存在している。

ビッグバン理論によれば、宇宙は約百三十八億年前に始まった。そして、約四十六億年前には太陽系ができた。太陽系をつくった原子はビッグバンのときにつくられた水素原子やヘリウム原子だけではなく、太陽系ができる前にあった星々が爆発するときにつくられた原子たちもふくまれている。

地球は、宇宙の星のなかでは小さい。そのため、重力が弱いので気体になりやすい成分を重力圏内に引きつけておくことができなかった。また、太陽にある程度近いために揮発しやすいモノはほとんど地球をつくる材料にならず、岩石状のもの（二酸化ケイ素など）や金属（鉄など）がおもな材料になった。

ちなみに、太陽系全体に存在する元素は、質量が多い順から五位までで一位 水素、二位 ヘリウム、三位 酸素、四位 炭素、五位 ネオン、となる。地球全体で質量が多い元素は、一位 鉄、二位 酸素、三位 ケイ素、四位 マグネシウム、五位 ニッケル、である。

地球全体で一位の鉄は、地球の中心にある核の主成分。二位の酸素は、気体の酸素になり、ケイ素、マグネシウム、鉄、アルミニウムなどと酸化物をつくり岩石として存在する。

さて、地球上に登場した生物は、長いあいだに水中で進化した。ついには陸上にも進出すると、その一種として人類にもなった。生物体をつくる原子は、すべて地球をつくった原子たちだ。その原子たちを辿っていくと、星々の爆発やビッグバンに行き着く。つまり、私たち人は星の子なのだ。

私たちの体をつくる原子のうち一〇億個ほどは、かつてクレオパトラの体をつくっていたかもしれないし、さらにもう一〇億個は仏陀など歴史上の人物からやってきたかもしれない。

インドにはバラナシ（ワラーナシー）というヒンズー教の聖地がある。バラナシでは、ガンジス河の火葬場（マニカルニカー・ガート）で薪の火で遺体が焼かれている。遺体は、二時間半程度で気体と煙と灰になり、灰は河に流される。インドのヒンズー教徒にとって火葬されて灰をガンジス河に流してもらうことが理想なのだろう。

人間の遺体は焼かれるとその六〇パーセント程度を占める水は水蒸気になって飛び去る。タンパク質や脂肪のほとんどは二酸化炭素と水（水蒸気）になってやはり飛び去る。煙には熱で分解された物質、灰には崩れた骨や体内のミネラル分のリン酸カルシウムなどがふくまれているだろう。土葬では遺体が微生物で分解される。こうして空中や水中にばらまかれた原子たちは、どこかでまた別のモノの構成原子になっていく。たとえば、木の葉の一部、魚

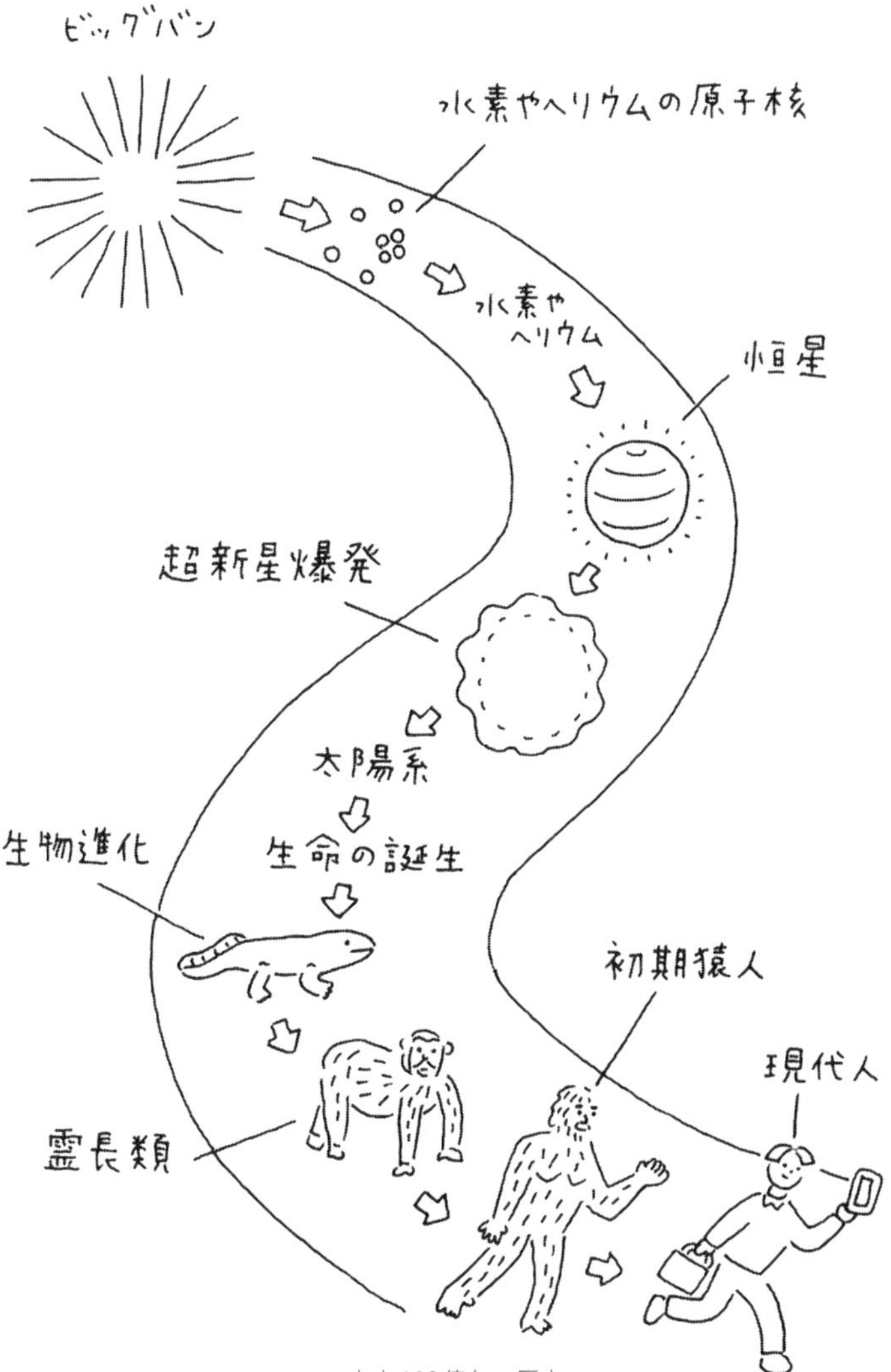
ビッグバン
水素やヘリウムの原子核
水素や
ヘリウム
恒星
超新星爆発
太陽系
生命の誕生
生物進化
初期猿人
現代人
霊長類
宇宙138億年の歴史

の体の一部、ゴキブリの体の一部、他の人間の一部として。それらの新しい場所も原子たちの仮の宿である。原子たちはほとんど永遠に、滅することなく地球のなかでぐるぐる巡回している。私たちの体をつくっている原子たちは、宇宙で生まれ、さまざまな変化をくぐって、いまここにいるのだ。

古代ギリシアに生まれた哲学

紀元前六世紀〜紀元前四世紀にかけて古代ギリシアでは芸術・思想・学問が見事な花を咲かせた。ギリシアの学者の多くは哲学者と呼ばれた経済的に余裕がある人々だった。

哲学者たちの悦《よろこ》びは、ギリシア語で「フィロソフィア」だった。フィロソフィアとは、「知識を愛する」という意味である。たとえば、夜空である星の動きを観察したときに、ほとんどの星とは反対に動く星を見つけたとしよう。何日か観察してその発見に確信を持ったのならば、誰かに話したくなる。そうすると、まわりの人らと知的な議論が始まる。そんな楽しみを見つけた人たちが哲学者だ。

フィロソフィアという言葉はヨーロッパに伝わり（英語ではフィロソフィー）、日本では明治時代に「哲学」という日本語になった。つまり古代ギリシアの哲学者とは、現在の言葉でいえば自然科学者や社会科学者をふくめた科学者にあたる。

スクール（学校）は、実はスコレというギリシア語が語源だ。意味は「暇」。暇な時間における悦びはフィロソフィアであり、会話をする時間や場所もスコレにふくまれるようになった。つまり、スクールとは、知識を楽しむ（フィロソフィア）場所なのである。

古代ギリシアの哲学者には、天体の位置を精密にはかることができた者がいたし、幾何学の知識を利用して、土地の測量をすることができた者もいた。しかし、まだ「実験」という科学の方法を鍛え上げていなかった。その代わり、自然界で起こる変化を注意深く観察した。そして、さまざまな問題を考え、自然や社会についての知の探究者になったのだ。

「すべてのモノは水からできている」

古代ギリシアで「すべてのモノは何からできているか」という問題を最初に深く追求したのはタレス（紀元前六二四頃〜紀元前五四六頃）である。彼は大貿易商人で、地中海を船で旅したり、オリーブ油をエジプトに売りに出かけたりして、広い世界を見ていた。

タレスは、次のような疑問を持った。

「世界には、数えきれないくらい、さまざまなものがあり、すべては物質からできている。

そして、物質は驚くほどさまざまな変わり方をする。もっとも根本的なことは、物質が変化するということだ。絶えず変化しているのに、物質は無から生まれることはないし、あるものが、なくなってしまうことはない。つまり物質は不生・不滅である。数限りない物質が絶えず変化しているのに、物質全体としては不生・不滅なのはどうしてだろうか」。

彼は、「すべての物質がただ一つの〝もと〟からできているからに違いない」と考えた。目をつけたのは水である。

「水は冷えると氷になり、温めると元に戻る。温められた水は、水蒸気に変わり、冷えると水滴をつくる。川や海や地面の水は、水蒸気になって空にのぼり、雲になる。雲からは雨や雪が降る。水の変わり方はさまざまで、どんなに変化しても消えてなくならない。そういえば、金属の変わり方も、生物の体の変わり方も、水の変わり方と同様ではないか。

姿や形は変化しても、それらのものが、消えてなくならないのは、すべてのものが何か〝もと〟のようなものからできているからだろう。金属や生物の体を形づくる〝もと〟も、すべて同じではないか。そうだ、すべてのものを形づくる〝もと〟に〝水〟と名づけよう」。

その〝水〟は、現在の化学が対象とする水という物質ではない。休むことなく変化し、姿を変えて他の物質を生み出し、やがて再びはじめの姿に戻っていく、万物の〝もと〟になるようなものを、タレスは〝水〟と名づけたのだ。そのように考えた背景には、彼が東方の地を旅して、メソポタミアに伝えられる天地創造の物語の中心に〝水〟があることを知ったことが影響していると考えられている。

タレスの〝水〟がきっかけになり、数多くの学者が、何が万物の〝もと（元素）〟なのかについて議論を重ねた。ある人は〝もと（元素）〟を「空気」として、その圧縮と希薄によって、それぞれ水と土、火ができあがり、自然界をつくりあげていると考えた。またある人は、〝もと（元素）〟は〝火〟であると考えた。つまり、「燃え上がり、消え、いつでも活動する火」を自然界になぞらえたのである。

デモクリトスの主張

「すべてのモノは何からできているか」という問題に対して原子論を主張したのは、デモクリトス（紀元前四七〇頃〜紀元前三八〇頃）だった。

彼はタレスと同様に、地中海周辺を旅して回り、風土も歴史も文化も違う国々の自然と人間を観察して歩いて、諸外国の学問と技術を学んだ。万物をつくる〝もと〟は、無数の粒になっており、一粒一粒は壊れることがない。これ以上小さな粒にはすることができない一粒一粒を、ギリシア語の「壊れない物」から「アトム」(原子)と名づけた。

デモクリトスは、もう一つ、「空虚」(空っぽの空間)について考えた。空虚のことをケノスと名づけたが、これは現代の科学の言葉でいえば「真空」のことだ。

原子が、空間である位置を占めたり、動き回るためには、そのための「空虚」がなくてはならないと考えたのだ。

彼の原子論は、シンプルにいえば、「万物は原子と真空からできている。そのほかには何もない」である。

デモクリトスは、「無数の原子は、原子以外はない空っぽの空間のなかで激しく絶え間なく動き回り、ぶつかり合っては渦をつくり、ある原子は、別のいくつかの原子とくっつき合って、一つのかたまりになり、そのかたまりが、いつしか壊れて、元のばらばらの原子に戻る。原子の並び方や組み合わせを変えれば、異なる種類の物質をつくることもできる。万物は原子が組み合わされることでつくられており、〝火、空気、水、土〟も例外ではない」と考えたのだ。

彼は七三巻の大著を書いたといわれているが、いまは一冊も残っていない。「人間の魂さえも、軽くて、活発に動く原子からできており、神の指図に従うのではなく、原子の運動を支配する自然の決まりに従っている。人間の魂は、人間の体をつくっている原子がばらばらになってしまえば、なくなる。つまり、神はいないのだ」と大胆に主張したため、「神をないがしろにしている」と支配層などから攻撃されて、彼の書物は焼かれてしまった。私たちがデモクリトスのことを知ることができるのは、おもに原子論に反対した哲学者たちが、彼の考えを自分の本に書き残していたからだ。

原子論と快楽主義

若くしてデモクリトスの原子論を学んだ古代ギリシアの哲学者エピクロス（紀元前三四一～紀元前二七〇）。彼は三十五歳のときにアテネに学園を開いた。その学園は「エピクロスの

園」と呼ばれ、女性にも子どもにも奴隷にも門戸を開いた。

エピクロスは多数の著作を書いたとされるが残っているものはわずかだ。現存する弟子たちに宛てた三通の手紙と教説、箴言《しんげん》の断片は、『エピクロス　教説と手紙』（岩波文庫）に収められている。

彼は、原子論にもとづいて「快楽が人生の目的である」と快楽主義を説いた。その快楽とは、放蕩《ほうとう》や享楽のなかにある快楽のことではなくて、心の平安、つまり身体に苦痛のないことと、魂に動揺がないことである。エピクロスは、神の存在を否定して「神を恐れることなく平安に暮らすこと」の重要性を説いたのだ。

エピクロスは言う。「死とは私たちの体や魂をつくっている原子の解体である。私が存在するときには、死は存在せず、死が存在するときには、私はもはや存在しない」。

「快楽主義」という言葉は、彼を批判する禁欲主義のストア派による「エピクロスは神をも恐れず、快楽のみを求める快楽主義者だ」というレッテル貼りによるものであったが、実際は「原子論的な人生観」を展開したのである。

やがてヨーロッパ文化の中心は、地中海南岸のアレクサンドリアに移った。紀元前七〇年頃、ルクレティウス（紀元前九九頃〜紀元前五五）という詩人がエピクロスの原子論を叙事詩の形にして伝えた。本にすれば三冊分にはなる長い詩だった。

次はその始めの部分だ。

恐ろしい形相を示して、上方から人類を威《おど》しつつ、天空の所々に首を見せていた重苦しい宗教の下に圧迫されて、人間の生活が、誰れの目にも明らかに、見苦しくも地上を腹ばっていた時に、初めてギリシア人の、死すべき一介の人間（エピクーロス）が、不敵にもこれに反抗して、目を上げた。彼こそは、これに反抗してたった最初の人である。神々のことを語る神話も、電光も、脅迫《きようはく》の雷鳴を以てする天空も、彼をおさえつけるわけにはゆかず、むしろ、かえって彼の精神の烈々たる気魄《はく》をますます、かきたてることとなり、その結果、人間として初めて自然の門のかたい「かんぬき」を破りのぞこうと望ませるようになった。従って、彼の精神の活潑《かつぱつ》な力は、何ものといえども征服せざるものなく、世界の果《はたて》、火ともえる壁をうちこえて遠く前進し、想像と思索とによって、あらゆる無限の世界をふみ歩いた。その結果、彼が勝利者として我々のために、もたらしてくれたものは、次の点を明らかにしてくれたことである。即ち、何が出生《しゆつしよう》しうるものであるか、何が出生しえざるものであるか、要するに、おのおのの物には、如何《いか》にしてその能力に一定の限度がもうけられているか、また深く根ざした限界があるか、の点を明らかにしてくれたことである。このために、宗教の方がおさえつけられ、足の下にふみにじられてしまい、勝利は我々を天と対等なものにしてくれるに至った。（『物の本質について』樋口勝彦訳、岩波文庫）（ルビの一部は引用者が追加した）

デモクリトスから始まった古代ギリシアの原子論は、エピクロスという優れた後継者を得た。エピクロスの学園はその後三世紀においても存続していた。

しかし、原子論は、その後支配的になるアリストテレス（紀元前三八四〜紀元前三二二）の「自然は真空を嫌うという考え」と「四元素説」のもとで、長いあいだ、埋もれてしまうことになる。その復活は十七世紀まで待たなければならなかった。

「火、空気、水、土」の四元素

さて、古代ギリシアの時代に戻ろう。万物の〝もと（元素）〟をタレスのようにたった一つと限定するのは無理があるという考えも登場する。

エンペドクレス（紀元前四九〇頃〜紀元前四三〇頃）は、万物の〝もと（元素）〟を、火・空気・水・土の四つに設定し、「画家が絵の具を混ぜるように、四元素の混合によって自然のすべてのものがつくられる」と述べた。火、空気、水、土の一つ一つは、タレスが考えたように「不生・不滅」で、休むことなく姿を変え、いつかは元に戻る元素だと言うのだ。

デモクリトスが亡くなった頃、幼児だったアリストテレス。彼は「元素はただ一種類の〝第一物質〟（さまざまな〝もと〟の、そのまた〝もと〟）しかない。この元素は火・空気・水・土の四つの形をとり、熱・冷・乾き・湿《しめ》りの性質の組み合わせによって、互いに変化する」と述べた。

- 〝第一物質〟に「熱」と「乾き」という性質が加わると「火」が現れる
- 〝第一物質〟に「熱」と「湿り」という性質が加わると「空気」が現れる
- 〝第一物質〟に「冷」と「湿り」という性質が加わると「水」が現れる
- 〝第一物質〟に「冷」と「乾き」という性質が加わると「土」が現れる

たとえば、なべに水を入れて火にかけると、火の性質の一つの「熱」は、水の性質の一つである「湿り」と一緒になり、〝第一物質〟は「熱」と「湿り」を受けとって「空気」（本当は空気ではなく湯気）になって立ち上るし、水が蒸発してしまうと、火の性質の「乾き」と水

の性質の「冷」と一緒になり、「土」（本当は水に溶けていたカルシウム化合物などのミネラル分）になる、というわけだ。

アリストテレスの四元素説は、直感的に理解しやすい面があったことから、とくにヨーロッパでは十九世紀まで影響を与え続けた。

アリストテレスは、プラトンの弟子であり、皇太子時代のアレクサンドロス大王（紀元前三五六〜紀元前三二三）の家庭教師をしていた。アレクサンドロス大王はのちにギリシアとペルシアにまたがる大帝国をつくった人物である。大王は彼を大切にして、学問を研究するための費用を惜しみなく与えた。あらゆる分野について本を書き、多くの弟子を育てた。その影響力は大きく、「アリストテレスの言うことならば間違いはない」というのが、当時の学問をする人たちの「気分」だった。

アリストテレスは、原子論を「どんなモノも打ち砕けば小さな粒になる。壊れることのない粒なんてありえない、また、真空が存在するはずがない、見たところ空っぽの空間にも何かが詰まっているのだ」と批判した。つまり、「自然は真空を嫌う」と考えたのだ。

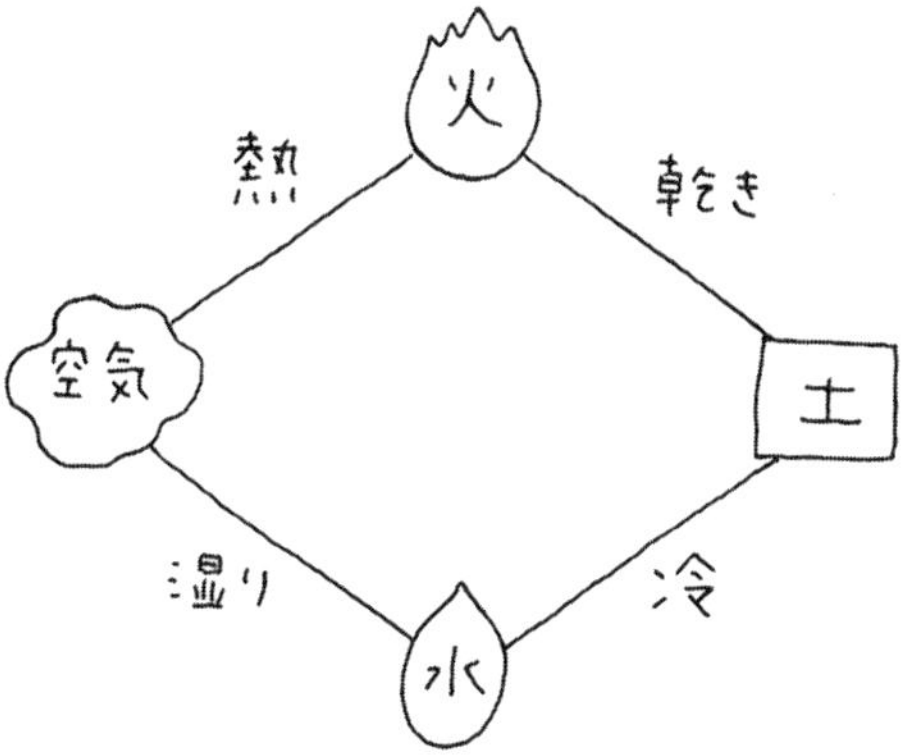

元素	性質
火	乾き、熱
土	乾き、冷
水	湿り、冷
空気	湿り、熱

アリストテレスの四元素説

四元素説と錬金術

「錬金術」という「化学技術」がある。鉱石から金属をつくり出したり、合金をつくったりする技術から生まれたものだ。化学変化が神秘に満ちていた古代社会において、鉛などの卑金属を転換（変成）させて金をつくることを本気で考えた人々が現れ、古代から十七世紀までの二千年近くものあいだ、錬金術が栄えることとなった。

紀元前三三一年、エジプトを占領したアレクサンドロス大王は、この地域の首都として、ナイル川の河口にアレクサンドリアという都市を建設。その後、二世紀ほどのあいだに多種多様な文化と伝統が入り交じった、世界で最大の都市になった。プトレマイオス一世が設立したムセイオンと呼ばれた学問所があり、地中海周辺諸国から多くの学者が集まった。付属の図書館は、ギリシア・ローマ時代で最高のもので、巻物やパピルスの形で保管された七万点以上もの蔵書を誇っていたのだ。

このアレクサンドリアが錬金術の発祥の地と推定されている。ミイラに見られる死体防腐処理法、染色法、ガラス製造法、彩釉陶器づくり、冶金《やきん》法などの技術があった。そこにギリシア文化のアリストテレスの元素の考えが影響を及ぼした。「元素が持つ性質は変えることができる。熱は冷に変えられるし、湿りは乾きに変えられる。金属を金にすることも可能だろう」と彼らは考えたのである。

第２章

デモクリトスも

アインシュタインも

原子を見つめた

真空は存在するのか

古代ギリシアの哲学者デモクリトス（紀元前四七〇頃〜紀元前三八〇頃）は原子論において「万物は原子と空虚（真空）からできている。そのほかには何もない」と主張した。つまり、あらゆるモノは何もない空間（真空）のなかを動き回る無数の原子でできていると言うのだ。しかし、当時、原子の存在はおろか真空の存在も原子論者の頭のなかにあっただけで、その存在を示すことはできなかった。

原子論を支える真空の存在は、「自然は真空を嫌う」と一蹴された。「自然は真空を嫌う」という視点から、ストローでコップの水を飲むことを考えてみよう。ストローを吸ったからといって、ストローのなかが真空になるわけではない。自然はうまくできており、真空になりそうなときに、コップの水がその空いた場所を埋めて上がってくるので水を飲めるというわけだ。このように考えると、たとえば「二〇メートルの長いストローで、二〇メートルの高さからコップの水を飲む」ことも可能になる。

ところが、鉱山では深い場所にわいてくる地下水をくみ出さないと鉱石を掘り出せないのだが、手押しポンプで地下水をくみ出すときに不思議なことが起こっていた。深さが約一〇

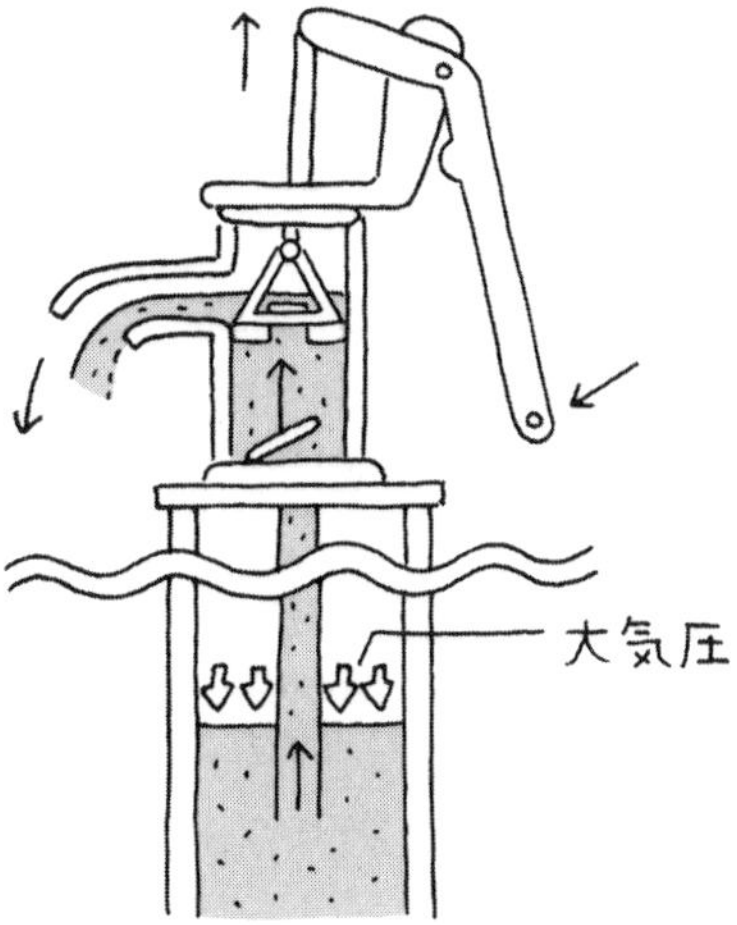

大気圧がポンプのなかへ水を押し上げる

メートルを超えると水をポンプでくみ出せなくなってしまうのだ。

その問題を解決したのは、ガリレオ・ガリレイ（一五六四～一六四二）の晩年の弟子だったエヴァンジェリスタ・トリチェリ（一六〇八～一六四七）だった。空気に重さがあることをガリレイが実験で確かめていたが、トリチェリは水をポンプでくみ上げられるのは、空気の重さによって生じる大気圧で押されているからだと考えた。大気圧がかかっているので、水は押し上げられる。水の柱が重さで下へ押す力と、大気の圧力によって上へ押す力がちょうどつり合う高さまでしかポンプは水をくみ上げられないとした。

一六四三年、トリチェリは水の柱の代わりに、同じ体積で水よりも一三・六倍も重い水

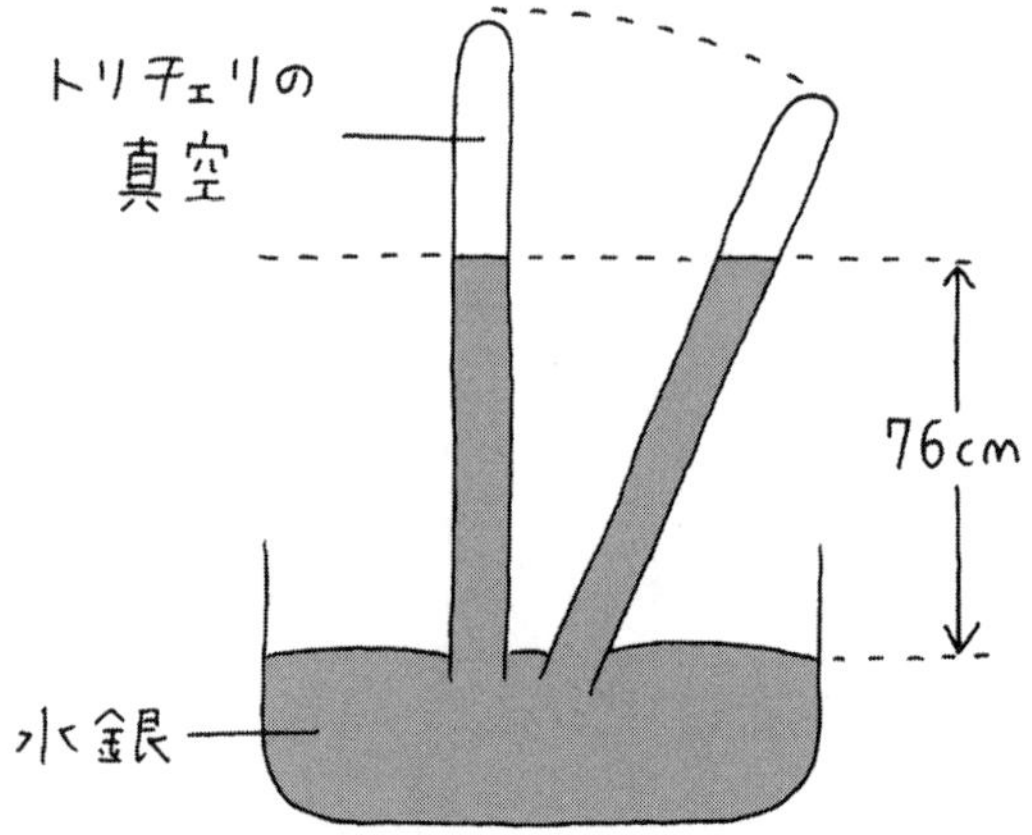

トリチェリの真空

銀を使って実験をした。一端を閉じたガラス管に水銀をいっぱいに入れて、空いている他の端をふさぎ、閉じているほうを上に立ててから下の口を空けた。すると、ガラス管の水銀は液面から約七六センチメートルの高さにストンと落ちた。これは、一気圧で支えられるのが、水銀だと七六センチメートルであることを示している。水銀が入っていたガラス管の上部に空間ができるが、そこにはもともと水銀があったので、空気はない。真空ができたのだ（ただし現在の科学からすると、少量だが水銀の蒸気がある）。

これが水銀ではなく水ならば、一気圧でその一三・六倍、つまり約一〇メートルを支えられることになる。

トリチェリの実験を水で試す

一六四七年、現在は「圧力」の単位に名を残している二十四歳のブレーズ・パスカル（一六二三～一六六二）は、長いガラス管と水で実験したという。

私も理科の授業で、一五メートルの無色透明のビニルホース（内径一〇ミリメートル）を用いて、トリチェリの実験を試したことがある（水を用いた）。

この実験では、ホースの一端を水の入ったバケツ内に入れ、ホース内を水で満タンにする。もう一端はゴム栓でふさぎ、針金できつくしばり、階段を利用してホースを持ち上げる。一二、三メートルの高さから降ろした糸にゴム栓の一端をしばりつけて、糸を上げていくと、九・九メートルのあたりから上部はつぶれてしまう。

観察すると、水のなかに少し泡が上がっている。空気は圧力が高いほど水に多く溶けているので、低圧になって溶けていられなくなった空気が出てきたのである。つぶれたビニルホース上部には、溶けていられなくなって出てきた少量の空気と水蒸気（飽和水蒸気）が残るが、真空に近い。

ここで、「真空は存在する」という立場から、ストローでコップのジュースを飲むことを

ストローのなかの空気を吸い出すと
口のなかの気圧が小さくなる
大気圧≫口のなかの気圧
になり、その圧力差で
ジュースが上がってくる
大気圧

コップのなかのジュースがストローで飲める理由

考えてみよう。コップの水面には一気圧がかかっている。ストローを吸うということは口のなかの圧力を下げることである。つまり、口のなかの圧力より一気圧のほうが大きいので、「一気圧」に押されたジュースが口に入ってくるということである。

真空ポンプをつくったゲーリケ

一六五〇年、ドイツのマクデブルク市の市長をしていたオットー・フォン・ゲーリケ(一六〇二～一六八六)は、改良を重ねてピストンと逆流防止弁つきのシリンダーで容器内の空気を排気する「真空ポンプ」をつくりあげた。

ゲーリケは一六五四年に行った公開実験「マクデブルクの半球」によって科学界にその名を知られるようになった。神聖ローマ帝国皇帝フェルディナント三世や国会議員の前で行ったこの公開実験には、多くの見物客が押し寄せた。

縁がぴったりと合う二つの大きな中空（内部がからになっていること）の銅製半球をくっつけて、真空ポンプで内部の空気を抜く。それぞれの半球には馬八頭ずつがつながれている。ゲーリケが合図をすると馬たちは反対の方向に引っ張り合った。しかし、どんなに馬にムチを入れても半球は離れなかった。馬を解いた後に、半球についていたレバーを開けるとシューッという音がして空気が半球に入り込み、半球は自然に二つにパッと割れた。

二つの半球をくっつけて真空にした球には外から大気圧がかかる。大気圧の大きさは一平方センチメートルあたり約一キログラム（一平方メートルなら約一〇トン）の重さだ。球のなかは真空で圧力はないが、外からそれだけの圧力がかかっているため、離れなかったのだ。

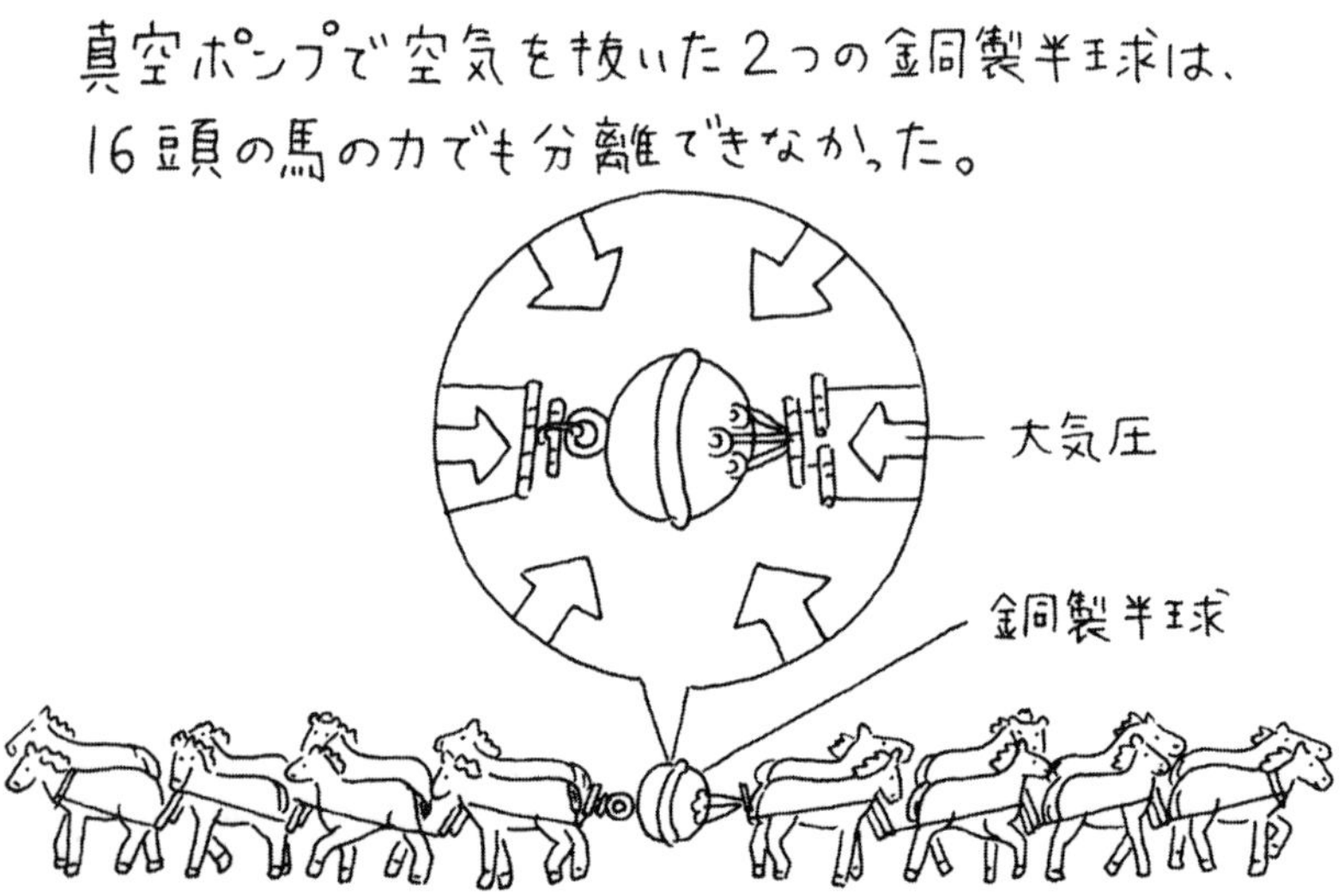
真空ポンプで空気を抜いた2つの銅製半球は、
16頭の馬の力でも分離できなかった。
大気圧
銅製半球

公開実験「マクデブルクの半球」の説明図

ラボアジェの元素表

「近代化学の父」と呼ばれたフランスの化学者アントワーヌ・ラボアジェ（一七四三〜一七九四）は一七八九年、『化学の基本の講義 新しい系統で述べられ、最近の発見に基づく』を出版した。

この本に、ラボアジェが作成した元素表がある。その本にあげられた三三の元素のうち、「マグネシア」「石灰」（酸化カルシウム）をふくめた八つは、後に化合物であることが明らかになったのである。

いまから見ると、ラボアジェの元素表の完全な間違いは「熱」（カロリック）と「光」の二つを元素にしたことだった。元素の「熱」

は、重さはないが、液体や気体と同じようにふるまうと考えられていた。ラボアジェは、「酸素ガスは、酸素と熱からなる化合物である」という誤った考えを持っていたのだ。「熱」や「光」が元素ではないことは、後に物理学者の手で明らかにされた。

当時、「原子論」が受け入れられつつあった。たとえば、一六六一年、ロバート・ボイル（一六二七〜一六九一）は「ものは小さくて硬い、物理的に分割できない微粒子からできている」とする微粒子論（ボイルなりの原子論）を考えた。さまざまな化学反応が微小な粒子の運動によって起こると考えた方が、アリストテレスの四元素説よりも妥当であると考えたのだ。

以前、ラボアジェ著『化学の基本の講義』の古い英訳版の講読会に参加したことがあるが、印象深かったのは「パーティクル」（微粒子）という言葉が時々出てくることだった。おそらく、ラボアジェはボイルの原子論に影響を受けていたのだろう。

ドルトンによる原子論

教科書に原子の話が出てくるとき、必ず名

分類	元素
偏在するもの	光、カロリック（熱素）、酸素、窒素、水素
非金属	硫黄、リン、炭素、塩酸基、フッ酸基、ホウ酸基
金属	アンチモン、銀、ヒ素、ビスマス、コバルト、銅、スズ、鉄、モリブデン、ニッケル、金、白金、鉛、亜鉛、マンガン、タングステン、水銀
土類	石灰（酸化カルシウム）、マグネシア、バリタ（酸化バリウム）、アルミナ、シリカ

ラボアジェの元素表

前が登場するのがイギリスのジョン・ドルトン（一七六六〜一八四四）だ。

彼は、小さな塾で教える教員として人生の大半を過ごした。「エネルギー保存の法則」の提唱者の一人として有名なイギリスの物理学者ジェームズ・プレスコット・ジュール（一八一八〜一八八九）は、彼の個人教授を受けた生徒の一人だ。ドルトンは一生独身を通し、子どもたちに科学と数学を個人教授して生計を立て、ぜいたくを嫌い質素に暮らした。

彼は自分で気象観測器具をつくって、気圧や気温などを毎日記録していた。大変気に入ったのだろう。死の直前まで五十六年間も記録は続いたのだ。そんな気象観測の経験から彼は大気と気体について考えるようになった。

「密度が異なる酸素と窒素が、高度が違っても同じように混じり合うのはなぜか？」。

これは、当時、科学の世界における大きな謎の一つだったのだ。

ふつうに考えるならば、大気（地球のまわりの空気の層）の底部には密度の大きな酸素が、その上にそれより少し密度の小さな窒素が層をつくるはずだ。それなのに事実としては、大気中にはこれらの気体がどこでも同じ割合でふくまれている。どのように理解すればいいのだろうか。

アイザック・ニュートン（一六四二〜一七二七）の『プリンキピア』には、「気体は微粒子、すなわち原子からできていて、この微粒子どうしが近づくと、はね返し合う」と書いてある。この考えはロバート・ボイルに影響を受けたようだ。

しかし、当時の有力な説は、「物質は化学結合した元素が全体に広がる連続的な存在で、原子のようにそれ以上に分けることができない単位からできているのではない」というものだった。もちろん気体もそうだった。
ドルトンは、ニュートンの説で何とか説明

しようと試みた。また、ラボアジェが熱を元素の一つと考えたように、ドルトンは「熱は原子のまわりを取り囲み、原子どうしが近づくと互いに反発する」という「熱素説」の強固な支持者だった。

そこで、彼は「酸素と窒素などは原子からできているが、その大きさが異なるのではないか」と発想した。原子の大きさとは、中心の固い粒子とそのまわりにある熱素雰囲気の全体をひっくるめたものだ。熱素は、成分が一種類の気体のなかでは、どの原子もみな同じ大きさであり密着して静止している。

二種類の気体を混ぜると、それぞれの気体の原子の大きさが異なるために密着して静止することができずに拡散し、ついには均質な混合気体になってしまうと考えたのである。

こうしてドルトンは、「原子はその種類に応じて決まった大きさを持つ」という仮説に達した。さらに、彼は原子の相対質量を求める。相対質量とは、たとえば一番軽い気体である水素ガスの水素原子の質量を「一」とした場合、酸素や窒素はそれぞれ何倍の質量を持っているかということである。

つまり、現在でいえば「原子量」を求めることになる。かなり大ざっぱに言えば、原子量とは、もっとも軽い水素原子の重さを「一」として、知りたい原子が水素原子の何倍の重さがあるかを考えるということだ。

水をつくる水素と酸素の質量比は一対八だった。水素原子や酸素原子が何個ずつ結びついて水になるかはわからなかったので、彼は原子数の比を一対一と仮定した（最単純性の原理）。水素原子の質量を一とすれば、酸素原子は八、つまり原子量は水素一、酸素は八になる。

現在の化学の知識から見ると、原子量は水素一、酸素は一六なので、彼の考えには間違いがある。それは、最単純性の原理という仮定に立っていたからだ。

彼は幾度かの口頭発表を経て、一八〇五年に「水および他の液体による気体の吸収について」という論文のなかで原子量について発表した。

さらに、ドルトンは、化学に関する学説を『化学の新体系』にまとめた。そこには原子量についての記述がある。当時、化学の世界では、フランス人のジョゼフ・プルースト（一七五四〜一八二六）が「一定組成の法則」（化合物はみな、それぞれに一定の元素組成を持つ。かつては定比例の法則と呼ばれた）を発表していた（一七九九年）。この一定組成の法則は、ドルトンの原子論にとっても強力な支援になった。たとえば「水」は、水素と酸素の質量比は一対八になる。水素原子と酵素原子が決まった割合で結びついているということだ。

ドルトンは、二つの元素からできた数種の化合物をつくる場合、一つの元素に対する他の元素の質量は互いに整数比にあるという「倍数組成の法則」（倍数比例の法則）を発見したが、この法則も、物質が原子からできていると考えると理解しやすい。たとえば、一定量の炭素をふくむ一酸化炭素と二酸化炭素の場合、それぞれにふくまれる酸素の質量比は一対二になる。これは炭素原子一個に対してそれぞれにふくまれる酸素原子の粒が一個と二個だからである。

ドルトンの原子論は、古代ギリシアの原子論を復活させただけではなく発展もさせた。まとめると次のようになる。

- モノはすべて原子からできている。
- 原子は生まれることもなくなることもない。それ以上細かくもならない。
- 原子にはさまざまな種類があり、それぞれの原子の質量は一定不変。同じ種類の原子が集まったモノは単体、異なる種類の原子がある決まった割合で集まったモノが化合物である。
- 化学変化は結局、原子の組み合わせの変化である。

ただし、ドルトンは原子量表を提出したものの、原子量を正しく求めることはできなかった。当時も実験的に証明されていない「最単純性の原理」という仮定には強い批判があった。彼の功績は（その原子量は不十分であったにもかかわらず）「化学の研究においては原子量の探究が重要であること」を見抜いた点にある。ドルトンがきっかけとなり、その後百年の長きにわたって原子量の探究がくり広げられた。

分子概念の確立

「酸素ガスや水素ガスの分子はO、Hなのか？　O_2、H_2なのか？　水の分子はHOなのか？　H_2Oなのか？」。

当時の化学者たちは頭を悩ませていた。このことがはっきりしないと正しく原子量を決めることができないのだ。

現在では、酸素ガス、水素ガスや水の分子はO_2、H_2、H_2Oとわかっている。そのため、「何を当たり前のことで悩んでいるのだ」と思うかもしれないが、この問題が解決したのは、ドルトンの原子論のおよそ半世紀後のことである。

正しい原子量の求め方は、イタリア人のア

メデオ・アボガドロ（一七七六〜一八五六）の「水素、酸素などの気体は原子が二個結びついた分子からできている」という発表によって大きく前進した。

その後、「分子」は、「原子が結びついてできている物質の基本構成単位」となった。たとえば、酸素O_2、水素H_2、窒素N_2、塩素Cl_2などはそれぞれの原子が二個結びついた分子からできている。二酸化炭素CO_2は、炭素原子一個、酸素原子二個、水H_2Oは、水素原子二個、酸素原子一個が結びついた分子からできているのだ。

アインシュタインが分子の実在を明らかにした

原子量をもとに周期表がつくられ、原子論は多くの科学者に支持されつつあったが、「原子や分子の存在は『仮説』に過ぎない。そんな正体のわからないものについては、考えないほうがよい」と主張する科学者たちも存在した。二十世紀初頭まで、「原子・分子が本当に存在するのか」は化学の大問題であり、議論の的だったのである。

その事態を変えたのは、ジャン・ペラン（一八七〇〜一九四二）やアルベルト・アインシュタイン（一八七九〜一九五五）によるブラウン運動の理論だった。

一マイクロメートル（一〇〇〇分の一ミリメートル）ほどの微粒子を水などの媒質に浮かべ

ると、ピクピクとわずかずつ不規則な運動をする（二〇〇倍くらいの顕微鏡で観察することができる）。これを「ブラウン運動」という。

一八二八年、ロバート・ブラウン（一七七三〜一八五八）が発見し、「植物の花粉にふくまれている微粒子について」という論文に発表した。花粉を水に浸すと花粉が水を吸って壊れる。そのときに、花粉のなかから出てくる微粒子を顕微鏡で観察すると、どの微粒子もあっちこっちへと動き回っていたのだ。花粉にふくまれる微粒子で観察されたので、当初は生命活動によるものではないかと考えられたが、どんな微粒子でも同じような運動をすることが観察されたため、その説は否定された。

そして、「水のなかの分子も、（気体ほどではないが）激しく運動している。微粒子に水の分子がさまざまな方向からぶつかり、その及ぼす力の平均がとれない。そのため向こうへ押し動かされると思うと、こっちへ押し返されて不規則運動をする」という説が提唱されるようになった。

スイス特許局の技官だったアインシュタイ

ンは、一九〇五年、二十六歳のときに三つの革命的な論文を発表する。「光量子仮説と光電効果」「ブラウン運動の理論」「特殊相対性理論」だ。そのうち、ブラウン運動の理論は、「静止液体中に浮遊する小さな粒子における、熱の分子運動論から要求される運動について」という論文になった。微粒子の重さや大きさが異なると、起こる不規則な運動の仕方は変わるという理論だ。

その後、フランスのペランらがブラウン運動について精密な実験を行う。水の分子が運動するという理論とその計算結果は、実験と見事に一致した。顕微鏡で観察できる微粒子の運動は、水の分子の激しい運動であることを示していたのである。

長年、科学者のあいだで続いてきた「原子・分子は実在するのか」という論争に終止符が打たれた。原子・分子の存在が信じられるようになったのである。天才アインシュタインが残した偉大な業績の一つだ。

壊れないはずの原子が壊れた

十九世紀末から二十世紀はじめにかけて、これまでの自然科学の常識（原子は、もうそれ以上細かく分けることのできない、物質の一番小さな単位である、など）がひっくり返るような物理学上の新発見が次々と起こった。

まずドイツのヴィルヘルム・レントゲン（一八四五～一九二三）がエックス（X）線を発見した（一八九五年）ことがきっかけになり、フランスのアンリ・ベクレル（一八五二～一九〇八）の放射線の発見（一八九六年）や、マリー・キュリー（一八六七～一九三四）らのトリウムの発見、ポロニウムとラジウムという放射性物質の発見が続いた（いずれも一八九八年）。

さらには、イギリスのジョゼフ・ジョン・トムソン（一八五六～一九四〇）の電子の発見（一八九七年）、マックス・プランク（一八五八～一九四七）の量子論（一九〇〇年）、アイン

シュタインの特殊相対性理論（一九〇五年）が発表されたのだ。

ある日、ベクレルは黒い紙に包んだ写真乾板を、ウラン化合物と同じ引き出しに入れた。数日後に眺めると、写真乾板が感光している。つまり、ベクレルは、ウラン化合物から黒い紙を透過するX線に似た目に見えない放射線が出ていることを発見したのだ。

マリー・キュリーは、ウランなど放射性物質が持つ放射線を出す能力を「放射能」と名づけた。彼女は、博士論文のテーマにウラン化合物やトリウム化合物を選び、トリウムも放射能を持つことを示した。また、ピッチブレンドという鉱物が強い放射能を持つことから、そこにはウランよりも放射能が強い元素（原子）がふくまれていると推測。ポロニウムを発見し、さらに夫ピエールと協力してラジウムを発見した。

四トンの鉱物のなかから、せいぜい〇・三グラムしかないラジウムや、もっと少ないポロニウムを取り出せたのは、これらの原子が出す放射線を手がかりにしたからだ。

ポロニウムやラジウムなどの放射性元素は、もはやそれ以上分割できない、不生・不滅の粒子としてのアトム（分割できないという意味）という旧来の知識を一新した。たとえば、ラジウムの原子はヘリウム原子を出して他の原子に変化するのだから、それまでの「原子は決して壊れないもの」という考えは通用しなくなったのだ。

原子の内部はスカスカ

十九世紀末、イギリスのジョゼフ・ジョン・トムソンは、真空放電の際に陰極（マイナス極）から出る「陰極線」を研究していた。金属の電極を取り付けたガラス管内を真空に近い状態にして電極に高い電圧をかけると陽極（プラス極）付近のガラス管が光るので、陰極の金属から「何か」が放射されると考えられた。これが陰極線である。

電圧をかけると陽極側に曲がる実験結果から、トムソンは、陰極線は負電荷（電荷はあらゆる電気現象のもとになるもの）を持つ電子の流れであることを発見。また、陰極の金属の種類を変えても、同様の陰極線を発生する実験結果から、「電子」はすべての原子に共通してふくまれていることも発見したのだ。

原子の内部についてもっとも驚くべき研究結果はイギリスのマンチェスター大学のアーネスト・ラザフォード（一八七一～一九三七）らによるものだった。一九〇九年、ラザフォードとハンス・ガイガー（一八八二～一九四五）の指導のもとに、アーネスト・マースデン（一八八九～一九七〇）は鉛の固まりのなかにラジウムを入れて、真空中で一方向に向いた細い穴から「α粒子」（ヘリウムの原子核）を薄い金箔に向けて発射した。一〇万分の五センチ

メートルの金箔には金の原子が一〇〇〇列ほどぎっしりと並んでいた。

大部分のα粒子は後方に置いた蛍光板に当たってはパッと光った。このことはモノのなかをα粒子が前方に通り抜けたことを示している。

ところが二〇〇〇個に一個程度は、まるで何かにぶつかったかのように、とんでもない横のほうに飛び出したのである。

実験結果から、ラザフォードは、「原子が占める空間はスカスカで、中心にα粒子（正電荷）と反発する、正電荷を持つ原子核があり、原子核は原子全体と比べるととても小さい」ことを予想して、（原子の中心の正電荷を帯びた）原子核のまわりを電子が回っている「原子模型」を提唱したのである。

その後、原子核は正電荷を持つ陽子と、電気的に中性の中性子からなることがわかった。一九三二年、ジェームズ・チャドウィック（一八九一～一九七四）による発見だ。

原子核にふくまれる陽子の数は元素によって決まっており、この数を元素の「原子番号」

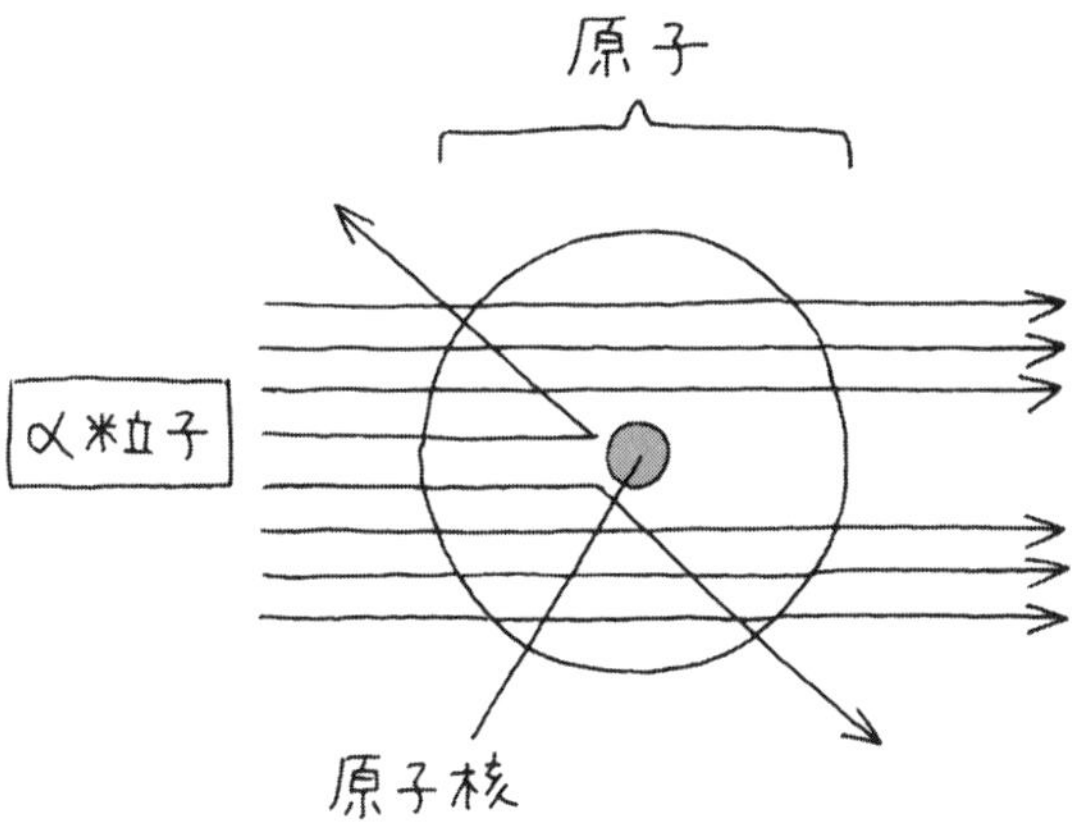

ラザフォードらの実験

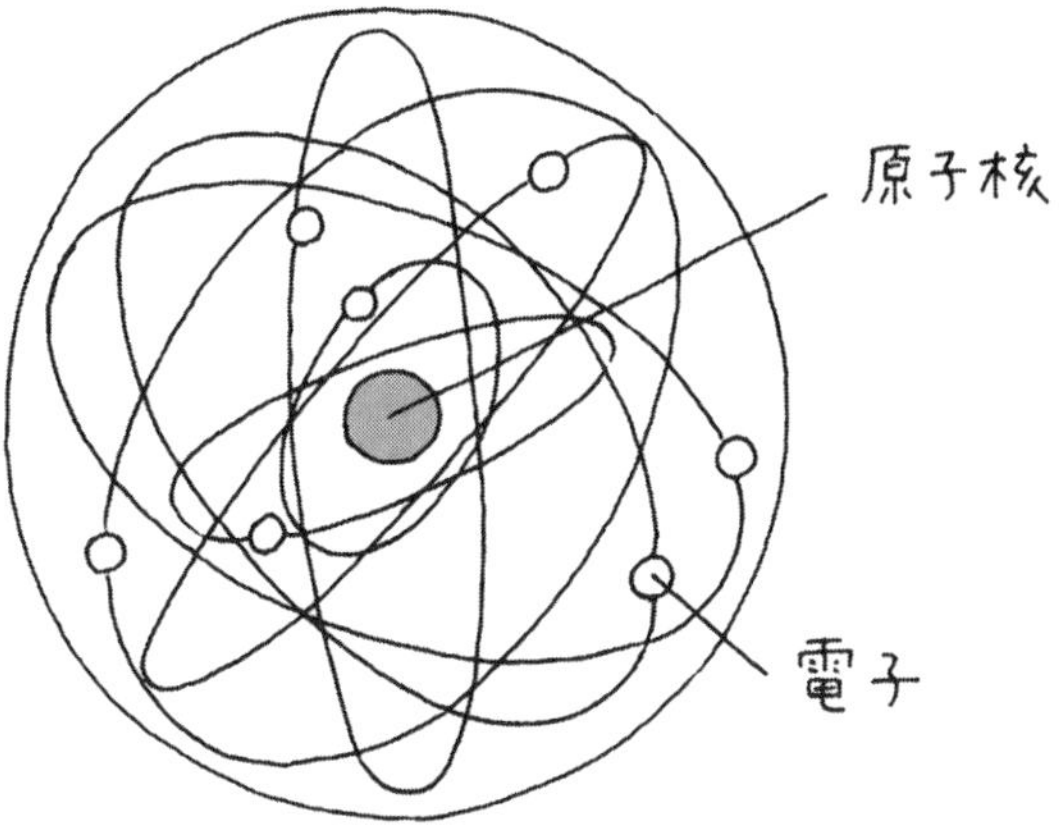

ラザフォードの原子模型

という。また、原子の質量は電子が極めて軽いため陽子と中性子の数でほとんど決まり、陽子の数と中性子の数の和を「質量数」という。

原子については次のことを知っておこう。

・原子は、おおよそ一億分の一センチメートル程度の直径である。

・原子核の直径は、原子の直径のおおよそ一〇万分の一〜一万分の一程度である。仮に一万分の一とすると、原子の直径を東京ドーム一個分とした場合、そのなかの原子核の直径は一円玉程度である。

・原子核は、正電荷を持った陽子と電気的に中性な中性子からなっている。

・まわりにある電子は非常に小さく、重さで考えると水素原子核の約一八〇〇分の一ほどである。したがって、原子の質量はほとんど原子核（陽子＋中性子）の質量と考えてよい。

・電子はバウムクーヘンやタマネギのように原子核のまわりに層状になっており、それぞれの部屋（電子殻）のなかに何個かずつ割り当てられて存在している。もっと詳しく言うと、電子は原子核のまわりに無秩序に存在しているのではなく、とびとびに存在する電子殻のなかにいる。電子殻を内側からK殻、L殻、M殻……といい、それぞれに定員があり、K殻には二個、L殻には八個、M殻には一八個の電子が入る（次頁の図にヘリウ

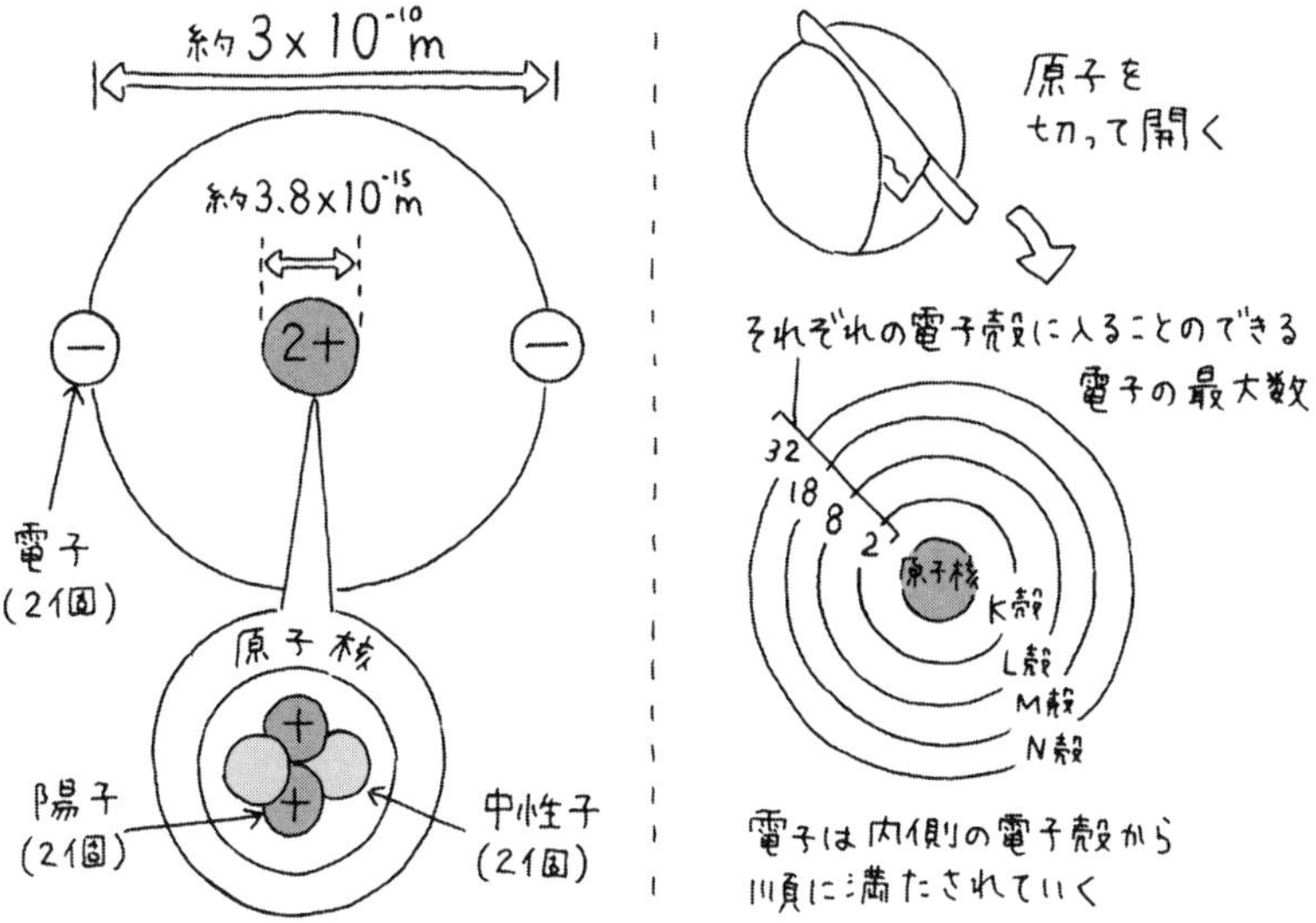

ヘリウム原子の内部と電子殻のモデル

ム原子と電子殻の例を紹介する)。

現在では、電子という粒子の軌跡は追跡できるようなものではなく、波の性質が強く表れて、原子全体に広がって存在しているというモデルになっている。イメージとしては、電子の存在確率に対応した濃淡のある「電子雲」が原子核を取り巻いているというものだ。

ただし、各電子の高い存在確率が重なったところは電子殻に対応しており、電子殻のモデルもある程度、原子の実態を反映している面がある。

化学は、「はじめに」で述べたように、物質の構造と性質および化学反応が三本柱である。物質の構造とは、物質のなかでどのような原子たちがどのように結びついているか、それらがどのように立体的に配置されているかなどのことだ。

原子論の確立、原子構造の探究の歴史は、化学反応の設計図をより確かなものにしてきた。そして、化学の知識は、工業、農業、医学など、すべての技術に応用されているのだ。

第3章

万物をつくる元素と周期表

周期表

10族	11族	12族	13族	14族	15族	16族	17族	18族
								2 He ヘリウム Helium 4.003
			5 B ホウ素 Boron 10.81	6 C 炭素 Carbon 12.01	7 N 窒素 Nitrogen 14.01	8 O 酸素 Oxygen 16.00	9 F フッ素 Fluorine 19.00	10 Ne ネオン Neon 20.18
			13 Al アルミニウム Aluminium 26.98	14 Si ケイ素 Silicon 28.09	15 P リン Phosphorus 30.97	16 S 硫黄 Sulfur 32.07	17 Cl 塩素 Chlorine 35.45	18 Ar アルゴン Argon 39.95
28 Ni ニッケル Nickel 58.69	29 Cu 銅 Copper 63.55	30 Zn 亜鉛 Zinc 65.38	31 Ga ガリウム Gallium 69.72	32 Ge ゲルマニウム Germanium 72.63	33 As ヒ素 Arsenic 74.92	34 Se セレン Selenium 78.96	35 Br 臭素 Bromine 79.90	36 Kr クリプトン Krypton 83.80
46 Pd パラジウム Palladium 106.4	47 Ag 銀 Silver 107.9	48 Cd カドミウム Cadmium 112.4	49 In インジウム Indium 114.8	50 Sn スズ Tin 118.7	51 Sb アンチモン Antimony 121.8	52 Te テルル Tellurium 127.6	53 I ヨウ素 Iodine 126.9	54 Xe キセノン Xenon 131.3
78 Pt 白金 Platinum 195.1	79 Au 金 Gold 197.0	80 Hg 水銀 Mercury 200.6	81 Tl タリウム Thallium 204.4	82 Pb 鉛 Lead 207.2	83 Bi ビスマス Bismuth 209.0	84 Po ポロニウム Polonium (210)	85 At アスタチン Astatine (210)	86 Rn ラドン Radon (222)
110 Ds ダームスタチウム Darmstadtium (281)	111 Rg レントゲニウム Roentgenium (280)	112 Cn コペルニシウム Copernicium (285)	113 Nh ニホニウム Nihonium (286)	114 Fl フレロビウム Flerovium (289)	115 Mc モスコビウム Moscovium (289)	116 Lv リバモリウム Livermorium (293)	117 Ts テネシン Tennessine (294)	118 Og オガネソン Oganesson (294)

63 Eu ユウロピウム Europium 152.0	64 Gd ガドリニウム Gadolinium 157.3	65 Tb テルビウム Terbium 158.9	66 Dy ジスプロシウム Dysprosium 162.5	67 Ho ホルミウム Holmium 164.9	68 Er エルビウム Erbium 167.3	69 Tm ツリウム Thulium 168.9	70 Yb イッテルビウム Ytterbium 173.1	71 Lu ルテチウム Lutetium 175.0
95 Am アメリシウム Americium (243)	96 Cm キュリウム Curium (247)	97 Bk バークリウム Berkelium (247)	98 Cf カリホルニウム Californium (252)	99 Es アインスタイニウム Einsteinium (252)	100 Fm フェルミウム Fermium (257)	101 Md メンデレビウム Mendelevium (258)	102 No ノーベリウム Nobelium (259)	103 Lr ローレンシウム Lawrencium (262)

1	原子番号
H	元素記号
水素	元素名
Hydrogen	元素名(英語)
1.008	原子量

	1族	2族	3族	4族	5族	6族	7族	8族	9族
1周期	1 H 水素 Hydrogen 1.008								
2周期	3 Li リチウム Lithium 6.941	4 Be ベリリウム Beryllium 9.012							
3周期	11 Na ナトリウム Sodium 22.99	12 Mg マグネシウム Magnesium 24.31							
4周期	19 K カリウム Potassium 39.10	20 Ca カルシウム Calcium 40.08	21 Sc スカンジウム Scandium 44.96	22 Ti チタン Titanium 47.87	23 V バナジウム Vanadium 50.94	24 Cr クロム Chromium 52.00	25 Mn マンガン Manganese 54.94	26 Fe 鉄 Iron 55.85	27 Co コバルト Cobalt 58.93
5周期	37 Rb ルビジウム Rubidium 85.47	38 Sr ストロンチウム Strontium 87.62	39 Y イットリウム Yttrium 88.91	40 Zr ジルコニウム Zirconium 91.22	41 Nb ニオブ Niobium 92.91	42 Mo モリブデン Molybdenum 95.96	43 Tc テクネチウム Technetium (99)	44 Ru ルテニウム Ruthenium 101.1	45 Rh ロジウム Rhodium 102.9
6周期	55 Cs セシウム Caesium 132.9	56 Ba バリウム Barium 137.3	57~71 ランタノイド lanthanoid	72 Hf ハフニウム Hafnium 178.5	73 Ta タンタル Tantalum 180.9	74 W タングステン Tungsten 183.8	75 Re レニウム Rhenium 186.2	76 Os オスミウム Osmium 190.2	77 Ir イリジウム Iridium 192.2
7周期	87 Fr フランシウム Francium (223)	88 Ra ラジウム Radium (226)	89~103 アクチノイド Actinoid	104 Rf ラザホージウム Rutherfordium (267)	105 Db ドブニウム Dubnium (268)	106 Sg シーボーギウム Seaborgium (271)	107 Bh ボーリウム Bohrium (272)	108 Hs ハッシウム Hassium (277)	109 Mt マイトネリウム Meitnerium (276)

57 La ランタン Lanthanum 138.9	58 Ce セリウム Cerium 140.1	59 Pr プラセオジム Praseodymium 140.9	60 Nd ネオジム Neodymium 144.2	61 Pm プロメチウム Promethium (145)	62 Sm サマリウム Samarium 150.4
89 Ac アクチニウム Actinium (227)	90 Th トリウム Thorium (232.0)	91 Pa プロトアクチニウム Protactinium 231.0	92 U ウラン Uranium 238.0	93 Np ネプツニウム Neptunium (237)	94 Pu プルトニウム Plutonium (239)

※安定同位体がなく、同位体の天然存在比が一定しない元素はその元素の代表的な同位体の質量数を(　)内に示してある。

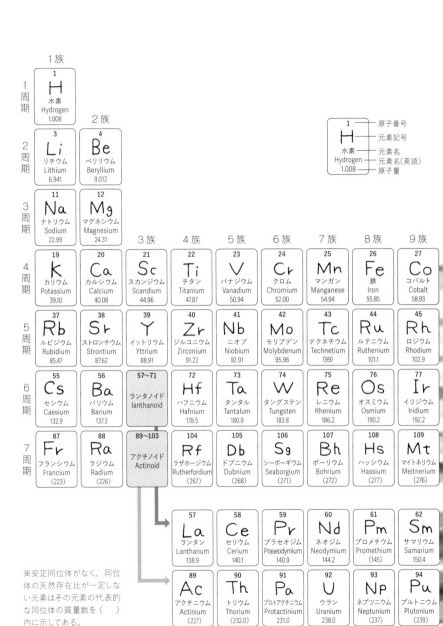

元素の発見と周期表

本章の冒頭に掲載されているのは、元素の周期表である。このような周期表ができあがるまでに、化学者たちはどのように研究を積み重ねてきたのだろうか。

十八世紀にイタリアの物理学者アレッサンドロ・ボルタ（一七四五〜一八二七）の電池による電気分解や分光分析法などによって新しい元素が続々と発見された。

分光分析法は、ある元素だけからできた純粋な物質がなくても、元素がふくまれている物質が少量でも、元素を分析できる画期的なものだった。物質を炎のなかで加熱して、そのときの光をプリズムが入った分光器に通すと、光が波長の違いによって分かれてスペクトルが観測される。とびとびの波長の光だけが光る輝線と、そのあいだの暗線が見えるのだ。それらは、各元素の「指紋」のようなものだ。

古代ギリシアから続いた新しい元素を探求する旅は、周期表の登場によって最高潮に達した。元素の原子量の増加に伴って、周期的に現れてくる元素の性質の類似性が体系化されたからだ。

アントワーヌ・ラボアジェ（一七四三〜一七九四）による元素表の発表以降、新しい元素が次々と見つかり、一八六九年にロシアの化学者ドミトリ・メンデレーエフ（一八三四〜一九〇七）が「元素の周期表」を発表する頃には、六三種の元素が発見されていたのである。

当時の化学者は元素を分類整理しようと試みていた。多数の元素が発見されたことで、元素間に何らかの関係があるのではないかと考えられるようになった。

メンデレーエフ以前に、ハロゲン族やアルカリ金属、白金族のような類似性のある元素のグループの存在、化学的性質がよく似た三個一組の「三つ組元素」には「塩素、臭素、ヨウ素」「カルシウム、ストロンチウム、バリウム」「硫黄、セレン、テルル」の三グループが存在すると考えられていた。

また、イギリスのジョン・ニューランズ（一八三七〜一八九八）というアマチュア化学者は、元素を原子量順に七列に並べて、ピアノの鍵盤の「オクターブ（八音階）」になぞらえて、「どの元素を一つ目に選んでも八つ目の元素は一つ目の元素の性質に似ている」という「オクターブの法則」を提唱した。現代から眺めると、時代の先を行くアイデアであっ

たが、当時は荒唐無稽だとして笑い者にされてしまった。落胆したニューランズは、自説を主張する気を失って化学界から去ってしまう。いつの時代も、先駆者は周囲から理解されないことがあるのだろう。

メンデレーエフの予測元素の発見

さて、ペテルブルク大学で化学を教えていて、講義用教科書の執筆を始めたメンデレーエフは、元素を体系的に取り扱う理論に興味を持つ。まず窒素の族（族は周期表の縦の列のこと）、酸素の族、ハロゲン族は原子量の順に並べられた。

当初、重視されたのは原子価である。原子価とは、ある原子が他の原子何個と結合しうるかを示す数で、中学や高校では「原子が持つ手の数」と教えられることがある。ふつう、水素を標準として、水素原子一個と結合する原子の原子価を一、二個と結合するものを原子価二とする（水素と結合しないものは水素と結合する原子から間接的に決定する）。たとえば、酸素原子一個は水素原子二個と結合するので「原子価二」となるのだ。

そこで、メンデレーエフは、一価の水素、二価の酸素、三価の窒素、四価の炭素、最後に一価のハロゲン族（塩素、臭素、ヨウ素、フッ素）と記した。

列＼族	I	II	III	IV	V	VI	VII	VIII
1	H							
2	Li	Be	B	C	N	O	F	
3	Na	Mg	Al	Si	P	S	Cl	
4	K	Ca	⬚	Ti	V	Cr	Mn	Fe Co Ni Cu
5	(Cu)	Zn	⬚	⬚	As	Se	Br	
6	Rb	Sr	Y	Zr	Nb	Mo	−	Ru Rh Pd Ag
7	(Ag)	Cd	In	Sn	Sb	Te	I	
8	Cs	Ba	La	Ce	−	−	−	------
9	−	−	−	−	−	−	−	
10	−	−	−	−	Ta	W	−	Os Ir Pt Au
11	(Au)	Hg	Tl	Pb	Bi	−	−	
12	−	−	−	Th	−	U	−	------

メンデレーエフの周期表
メンデレーエフは周期表の各所に空欄（⬚部分）を残し、
そこに未発見の元素があるとして、その性質を予言した

次に、一枚のカードに一つの元素の原子量と名前と化学的性質を書き込んだものを、原子量の小さい元素から順に左から右へ配置し、しかも原子価の同じ元素が上下に並ぶように、何段にも重ねて並べてみた。こうして「周期表」の最初の形ができ、一八七一年にドイツのユストゥス・フォン・リービッヒ（一八〇三〜一八七三）が編集している『化学年報』に投稿し、掲載された。

メンデレーエフは、まだ多くの元素が見つかっていないことを予測して、周期表に「将来発見されると思われる元素」の空欄を設けた。とくに三つの元素については詳しくその性質を説明したのである。

空欄は、それぞれホウ素（B）、アルミニウム（Al）、ケイ素（Si）の下にあった。彼は

サンスクリット語で「一」を意味する接頭語「エカ」を用いて、それらをエカホウ素、エカアルミニウム、エカケイ素と名づけた。

一八七五年にフランスの化学者ポール・ボアボードラン（一八三八〜一九一二）による「分光分析法」で新しい元素が発見され、ガリウムと命名された。メンデレーエフは、ガリウムは彼が予言していたエカアルミニウムであり、なおかつ、発表されたガリウムの密度の測定は間違っていると主張した。実際にガリウムの性質は彼が予言したエカアルミニウムと一致し、発見者のボアボードランが密度を測り直すとエカアルミニウムに近かったのだ。

その後スカンジウム、ゲルマニウムが発見されたが、それぞれの性質はメンデレーエフが予言したエカホウ素、エカケイ素とほぼ同じだった。

メンデレーエフによる発表の直後、多くの化学者たちは周期表に注意を払わなかった。しかし、彼の予言が実証されるにしたがって、周期表は化学界で承認されるようになったのである。周期表は、新しい元素の探索や、元素間の関係について調べるための「地図」の役割を果たすようになったのだ。

貴ガス元素の発見

周期表の右端の一八族に属するヘリウム、ネオン、アルゴン、クリプトン、キセノン、ラドン、オガネソンの七種を貴ガス元素という（六六頁を参照）。かつては、希少――つまり大気や地殻に存在する量が少ないということから希ガスと呼ばれた。しかし、アルゴンは空気中に約一パーセントもあり、二酸化炭素よりずっと多いのである。

一八九二年、第三代レーリー男爵（ジョン・ウィリアム・ストラット、一八四二～一九一九）が空気中から酸素を除去して得た窒素一リットルの質量と窒素化合物を分解して得た一リットルの質量にわずかのずれ（約〇・五パーセント）があることを見いだした。

レーリーの承諾を得てウィリアム・ラムゼー（一八五二～一九一六）は、空気からあらかじめ酸素を除去して得た窒素をマグネシウムで窒化マグネシウムにして除去したが、ど

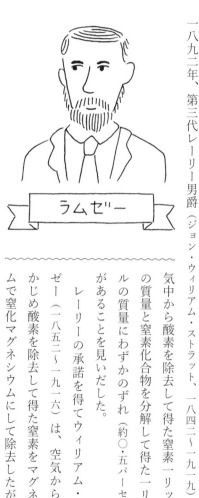

うしてもマグネシウムと化合しないで気体が残った。調べるとこれまでに知られていたどの元素とも性質が違った。一八九四年、ラムゼーによる「アルゴン」の発見だ。アルゴンという名は、「はたらかない、怠け者」というギリシア語に由来する。化学的に不活性で、空気中にじっと潜んでいたからだ。

ラムゼーは引き続き、ネオン、クリプトン、キセノンを発見し、また、太陽のスペクトルから存在が推定されていたヘリウムもウラン鉱石から単離した。

一九〇四年、ラムゼーは「空気中の貴ガス類元素の発見と、周期律におけるその位置決定」の功績によりノーベル化学賞を受賞した。同年のノーベル物理学賞はアルゴンの発見でレーリーが受賞した。貴ガス元素は「化合物をつくらない」という共通の性質を持っており、周期表上の一つの族をつくることが予測された。原子量から考えるとハロゲン元素とアルカリ金属元素のあいだに位置すると考えられた。こうして貴ガス元素は一つの族になったのだ。

周期表はより理解しやすいものになった。陰イオンをつくりやすいハロゲン元素の次にイオンになりにくい貴ガス元素がきて、その次に陽イオンになりやすいアルカリ金属元素がくるという配置になったのだ。ちなみに「イオン」とは電気を帯びた原子（原子のかたまり）のことである。

同位体の存在とポーリングの元素の定義

どのような化学的な方法によっても二種類以上の物質に分けることができないとき、その純粋な物質をつくっているものが元素である。たとえば水は、電気分解で水素と酸素に分けることができるため「元素」ではない。水素や酸素は、それ以上別の物質に分けることができないので、それぞれが「元素」である——このように元素は実験にもとづいて定義されてきた。

しかし、分けることができないと考えられていた物質をさらに分けられる場合が出てきた。同位体の存在が理由である。同位体とは、同じ元素であるのに、その原子の質量数（陽子と中性子の個数の合計）が異なる原子のことだ。

陽子の個数と電子の個数は同じなので、同位体の化学的な性質は同じである。「ウラン二三五」と「ウラン二三八」のように元素名のあとに質量数をつけて同位体を区別する。

たとえば水素には、ふつうの水素（軽水素）と重水素がある。三重水素（トリチウム）などもあるが、天然にはごくわずかしか存在しないので、ここでは無視しておこう。それらの水素原子の電子は一個、陽子は一個と共通しているが、中性子の数が異なるのだ。軽水素は電

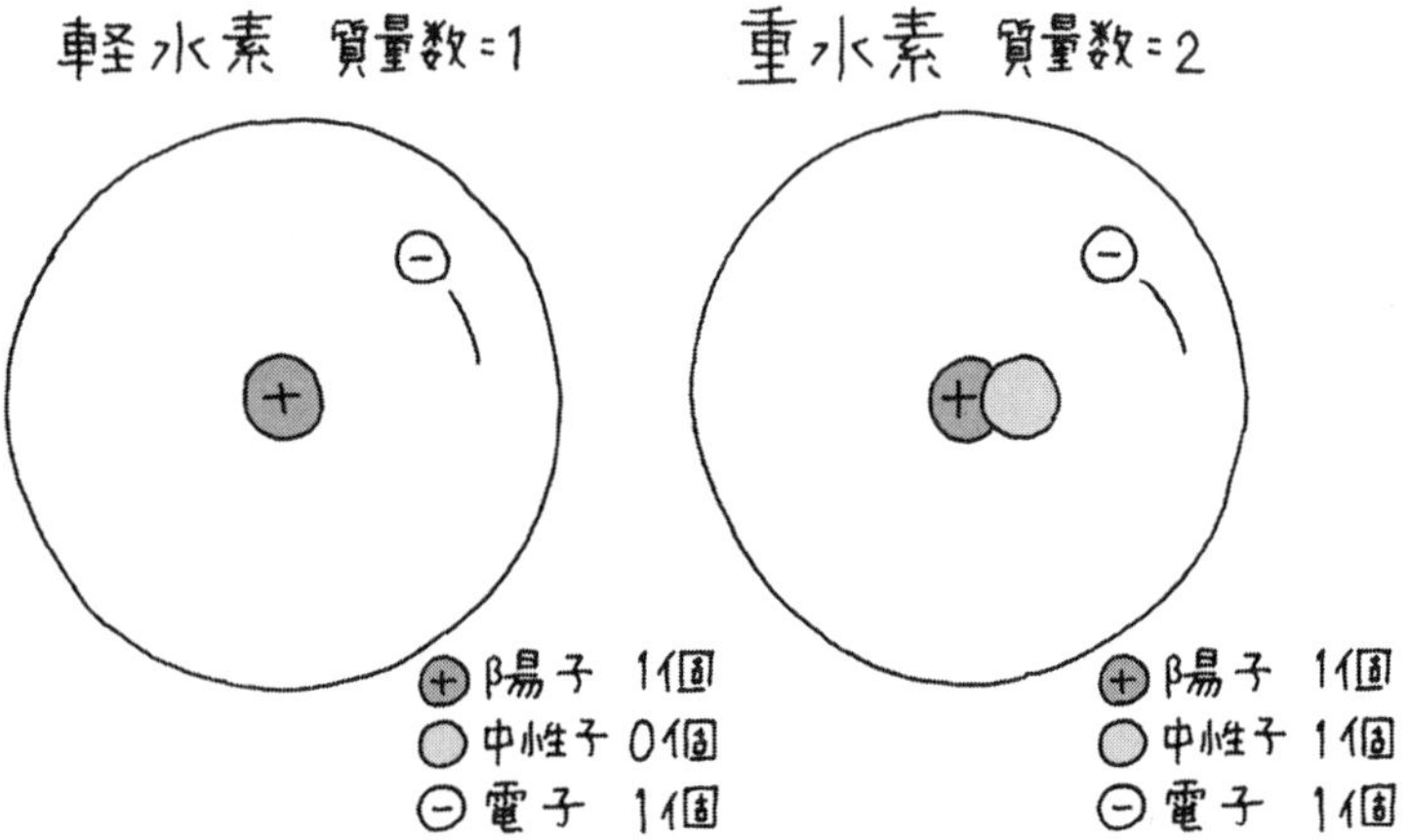

軽水素と重水素

子は一個・陽子は一個、重水素は電子は一個・陽子は一個だが、さらに中性子が一個ある。

これらは、周期表では「水素」の一マスに入っている。つまり原子番号が同じでも、実は何種類かの原子核が異なるものがふくまれている場合があるのだ。原子番号が等しく、原子核が異なるものたちは、原子核の中性子の数が異なる。それが同位体である。

水には、軽水素と酸素からできたふつうの「水（軽水）」と、重水素と酸素からできた「重水」がある。私たちが飲んでいる水は、ほとんどは軽水だが、わずかに重水が混ざっているのだ。ふつうの水一トンあたり、重水は約一六〇グラム。ふつうの水を電気分解すると、軽水のほうが分解されやすいので重水と分けることができ、そこから軽水素と重水素を得られる。しかし、そうすると、軽水素と重水素は別の元素だということになってしまう。つまり、実験技術の向上に伴い、化学的性質がほぼ同じ元素でも別の元素にせざるを得ない場合が生じるのだ。困ったものである。

そこで、ライナス・ポーリング（一九〇一〜一九九四）は「元素とは、原子核の陽子数で分けた原子の種類のことである」と定義した。前述のケースの場合、「軽水素と重水素は水素という元素に所属する」と理解できる。これは、一九五九年にポーリングが『一般化学』という教科書に記述して以降、化学者のあいだに広まった定義である。

現在の周期表

現在の周期表では元素を原子量の順ではなく、原子番号（原子の原子核のなかの陽子の数）の順に並べている。現在のところ元素数は一一八種類。

周期表のうち、天然に存在する原子番号がもっとも大きい元素は九二番のウランである。

原子番号が九三番以上の元素や四三番のテクネチウムなどは天然には存在せず、人工的に合成された元素である。そして現在も新しい元素の合成を目指して、研究が続けられている。

周期表の縦の列を族といい、左から順に、一族、二族、……、一八族という。同じ族に属する元素を同族元素という。また、周期表の横の列を周期といい、上から順に第一周期、第二周期、……と呼ぶ。第一周期には水素とヘリウムの二つの元素があり、第二、第三周期には、それぞれ八個の元素がある（本章の冒頭を参照）。

これらの元素のうち、天然に存在する約九〇種の元素の約八割は、金属元素だ。残りが非金属元素。その境界線付近のホウ素、ケイ素、ゲルマニウム、ヒ素などは金属的な性質を持っていて、半金属と呼ばれることがある。半導体的な性質を示すものが多い。

周期表の両側にある一族、二族と、一二族〜一八族の元素を典型元素という。典型元素の同族元素は、化学的性質がよく似ている。

たとえば、水素以外の一族元素の単体はいずれも軽い金属で、水と反応して水素を発生する。これらの元素をアルカリ金属という。最外殻電子（原子殻からもっとも離れた原子）はどれも一個で、その電子を他の原子に与えて一価（原子価が一であること）の陽イオン（正の電気を帯びたイオン）になりやすいという性質を持っている。

二族元素の原子は、最外殻電子がどれも二個であり、その電子を他の原子に与えて二価の陽イオンになりやすいという性質を持っている。これらの元素をアルカリ土類金属という。

一七族の元素はハロゲンといい、最外殻電子はどれも七個で、他の原子から一個の電子を得て一価の陰イオン（負の電気を帯びたイオン）になりやすいという性質を持っている。

物質を大きく三つに分ける

世の中の物質は大ざっぱに三つに分けられる。金属、イオン性物質、分子性物質である。かつては、すべての物質が、原子が集まってできた分子からできていると考えられていた。ところが金属や塩化ナトリウムなどは分子からできていないことがわかったのだ。

金属は、金属原子が電子を放して陽イオンになって、陽イオンの集合体のあいだを自由電子（所属する原子なしの自由に動ける電子）がうろうろしている。

イオン性物質は、陽イオンと陰イオンが静電気的な力で結びついてできており、塩化ナトリウム、水酸化ナトリウム、硫酸ナトリウム、炭酸カルシウムなどがある。

分子性物質は、原子が結びついた分子からできている。分子は、ふつう複数の原子が結びついてできているが、貴ガスの単体（たとえばヘリウム）は一個で分子（単原子分子）である。

水素、酸素などの気体、エタノールなどの液体、ショ糖（砂糖の主成分）などの固体がある。

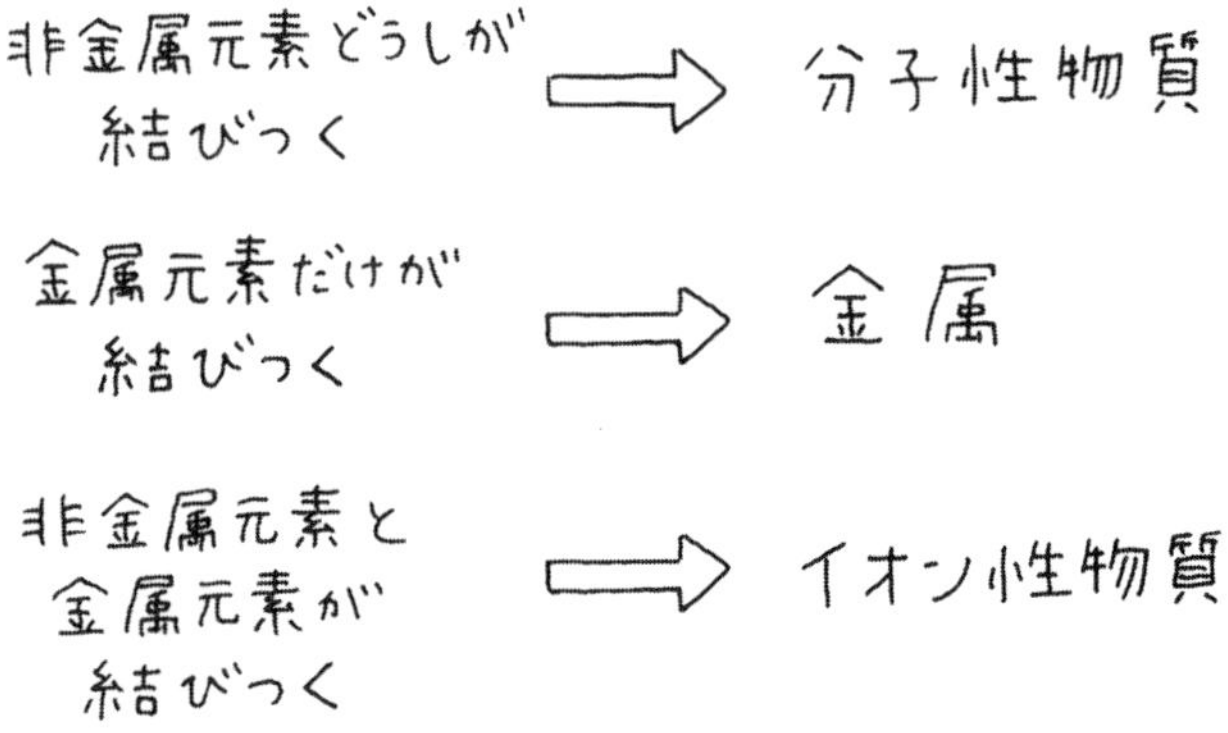

非金属元素・金属元素と分子性物質・イオン性物質・金属

この三つに、無機高分子と有機高分子を加えて五つに分ける場合もある。

無機高分子は、炭素原子でできたダイヤモンド、二酸化ケイ素などがあり、その固まりは、一つの巨大な分子ともいえる。有機高分子は、タンパク質、セルロース、ゴム、合成繊維やプラスチックの材料のナイロン、ポリエチレン、ポリ塩化ビニルなどで、炭素原子を骨組みの中心とする巨大な分子である。

まずは金属元素と非金属元素に注目しよう。物質がどんな元素からできているかがわかると、三大物質（金属、イオン性物質、分子性物質）のどのグループかが大まかに理解できる。

・金属は金属元素からできており、固体は金属結晶である。

・イオン性物質は金属元素と非金属元素が結びついてできている。金属元素は陽イオンになり、非金属元素は陰イオンになる。陽イオンと陰イオンが電気的な力で結びついている。固体はイオン結晶である。
・分子性物質は非金属の元素どうしが結びついてできている分子からなり、固体は分子結晶である。

金属の特徴

現在、周期表にある約九〇種類の天然元素のうち、金属元素は約八割を占めている（金属元素だけからできている物質が金属だ）。現代文明は金属なしでは考えられない。いたるところに金属材料が使われている。日常生活でもっとも多く使われている金属は鉄で、全金属の九〇パーセント以上である。続いてアルミニウム、銅の順になる。

金属が材料として多方面に使われている理由は、次のような性質を持つためである。

〔一〕金属光沢（銀色や金色などの独特のつや）を持つ
〔二〕電気や熱をよく伝える

〔三〕叩けば広がり、引っ張れば延びる
〔四〕合金をつくることができる

〔一〕の金属光沢は、金属が光をほとんど反射する性質によるものだ。
〔二〕の性質は、電池と豆電球でつくった簡単な道具で調べられる。読者も理科の実験などで経験したことがあるだろう。
〔三〕の性質があるから、金属を圧延（金属の塊をローラーのあいだに通して圧力で延ばし、板・棒などの形にすること）して、さまざまな金属製品をつくることができる。針金や電線などは穴に通して引っ張ってつくる。分子性物質やイオン性物質などは叩くと粉々になってしまう。
〔四〕の性質があるから、一つの金属では得られない、新しい長所を持ったさまざまな金属材料をつくり出すことができる。

昔の鏡は、金属の表面をぴかぴかに磨いた青銅鏡だった。現在の鏡もガラスと後ろの赤色などのもの（保護材）のあいだにとても薄い銀の膜が張ってある（ガラスに銀メッキしてある）。現在の鏡も金属光沢を利用している。単体のカルシウムやバリウムも金属で、銀色をしている。ふつう、カルシウムやバリウムというと白色とイメージされるのは、それらの化合物が白色だからだ。

合金名	成分	特徴（利用例）
青銅	Cu、Sn	銅Cuとスズ Snの合金。硬くてさびにくく、安価で非常に加工しやすい。（銅像など美術品、硬貨）
黄銅（真ちゅう）	Cu、Zn	銅Cuと亜鉛Znの合金。黄色の光沢を持ち、丈夫で美しい。（楽器、装飾品）
白銅	Cu、Ni	銅Cuとニッケル Niの合金。さびにくい。（パイプや硬貨）
ジュラルミン	Al、Cu、Mg	主成分はアルミニウムAl。他にも少量の銅Cu、マグネシウムMgなどをふくむ。非常に軽く、強度が高い。（航空機の機体）
ステンレス鋼	Fe、Cr、Ni	鉄Fe、クロムCr、ニッケルNiの合金。さびにくく、硬い。（台所用品）
マグネシウム合金	Mg ＋他の金属	マグネシウムMgとその他の金属の合金。非常に軽量。（ノートパソコンの筐体）

おもな合金

合金にすると、それぞれの構成金属とはまったく異なった性質の金属が得られる場合があるのだ。

たとえば、さびない鉄の製造は長いあいだ人類の夢であった。十九世紀の末に特別な処理をしなくてもさびにくい金属〝ステンレス鋼〟がつくられた。

単に、ステンレス、あるいはステンレス・スチールともいわれる。「ステンレス」の「ステン」は「さびや汚れ」、「レス」は「〜がない」「〜しない」なので、「さびない」という意味になる。「スチール」は「鋼」。

ステンレス鋼は、成分やその割合によってさまざまな種類があるが、なかでも一八－八ステンレス鋼（鉄にクロム一八パーセント、ニッケル八パーセントを添加したもの）は、家庭用品から原子力発電設備まで幅広く使われている。

ステンレス鋼がさびにくいのは表面にできる非常に緻密なクロムの酸化皮膜、つまりさびで内部を強く保護するからである。

合金にして、さびにくいものだけではなく、非常に硬いもの、強度が大きいもの、加工しやすいもの、磁性などの特殊な性質を持つものなどが利用されている。たとえば、やわらかいアルミニウムに銅とマンガンおよびマグネシウムを混ぜると、ジュラルミンという合金になる。この合金は軽い上に丈夫なので飛行機の機体などに利用されている。

古代から利用された青銅をはじめ、現在利用されている実用金属の多くは合金として用いられることが多いのである。

第4章

火の発見とエネルギー革命

人類はいつから火を利用してきたのか？

人類は、二足歩行をすることで自由になった「手」で、道具を使うようになり、火を利用するようにもなった。おそらく人類は、火山の噴火あるいは落雷によって木や草が燃え出すなどの自然の火災から、燃焼という現象を発見したのだろう。

そして、「野火」へ接近し、火遊びなどに一時的に使うなかで、少しずつ火を恒常的に使用するようになっていったのだと思われる。その後、人類は木と木の摩擦によって火をつくり出す方法を発見した。

火を知った人類は、あかり、暖房、調理、猛獣からの防御に火を利用してきた。

それでは、人類が火を利用し始めたのはいつ頃のことだろうか。まず大きく人類の進化を見ていこう。人類史は、約七百万年前に始まったと考えられており、大まかに初期猿人、猿人、原人、旧人、新人と時代区分をすることができる。

初期猿人、猿人、原人、旧人、新人という用語を並べると、たとえば旧人から新人に人類が進化してきたと誤解する人がいるが、それは違う。実際には、人類の進化の道筋は直線的で段階的なものではなく、多くの種類に枝分かれした人類が栄枯盛衰をくり返しているのだ。

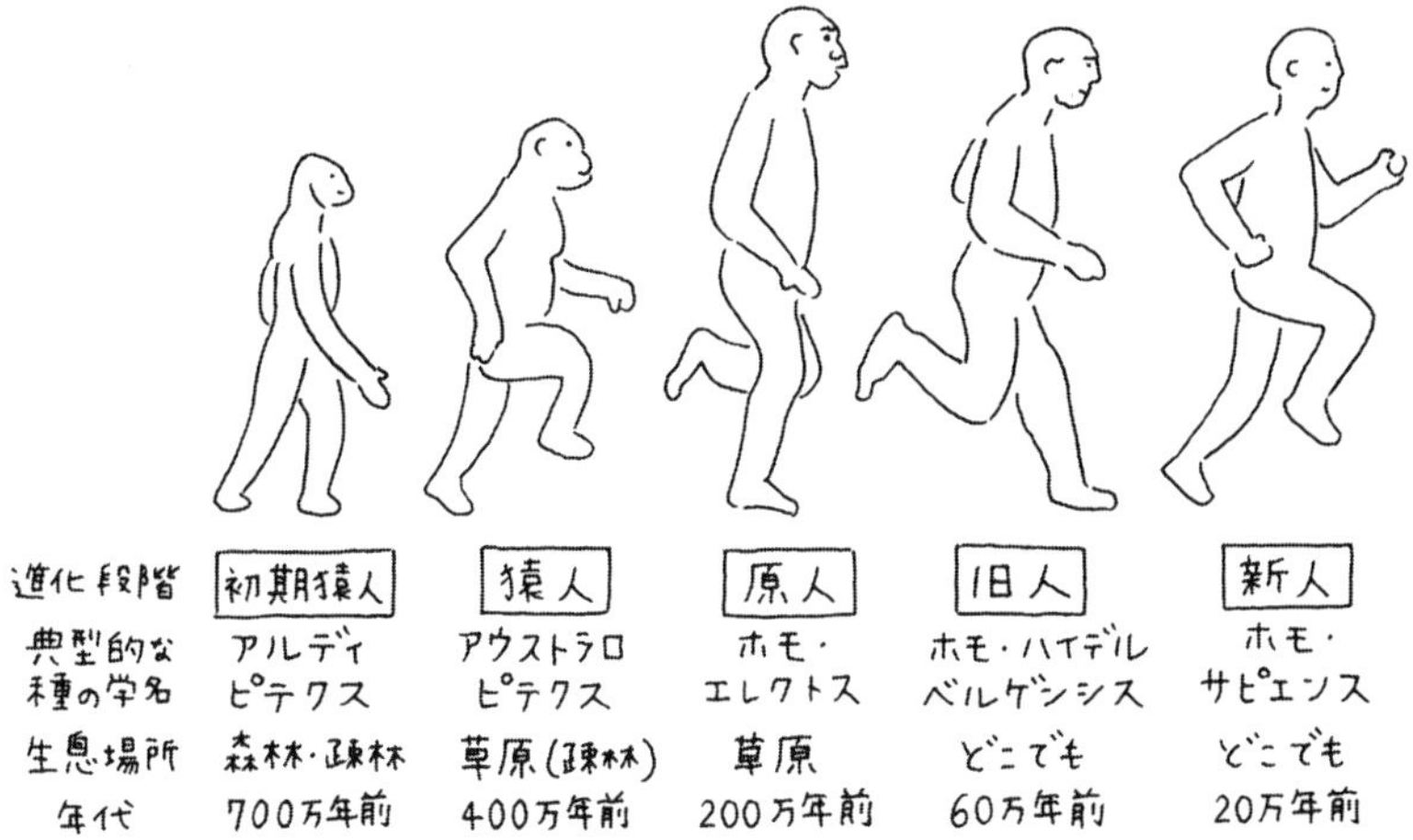

人類の大まかな時代区分

絶滅に至ってしまう道もいくつかある複雑なものである。

それでも、初期猿人、猿人、原人、旧人、新人という用語は、進化のグレード（等級、程度）を表すのに便利なので、使われる場合がある。ここでは、そのように便宜的に使っている。

・約七百万年前～　初期猿人の時代。アフリカでチンパンジーとの共通祖先から分かれた初期猿人が、森林で直立二足歩行を開始した。犬歯は退化した。

・約四百万年前～　猿人の時代。猿人は森林から草原にも出ていくようになる。安定した直立二足歩行が可能になった。猿人の一部は脳が五〇〇ミリリットル以上になるなどの進化をとげ、ホモ属というグループになった。
・約二百万年前～　原人の時代。アフリカで原人が誕生。脳が拡大し、知能が発達し始める。本格的に道具を作製するようになり、はじめは死肉あさりだったが後に積極的に狩りを行うようになった。
・約六十万年前～　旧人の時代。アフリカで旧人が誕生。手・脳・道具の相互作用が進み、さらに脳が大きくなった。中・大型動物の狩猟が発達した。
・約二十万年前～　新人の時代（現在まで）。アフリカでホモ・サピエンスが誕生。
・約六万年前～　アフリカからホモ・サピエンス（一部混血）が世界中に拡散した。
・約一万年前～　農耕と牧畜を開始する。

考古学上、人類が火を使用した可能性がある遺跡はいくつか見つかっている。たとえば、百万年から百五十万年前のものでは、焼けた骨が見つかった南アフリカのスワルトクランス洞窟、焚き火と関連して高温に熱せられた石が見つかった東アフリカのケニアのチェソワンジャ遺跡などがある。しかし、落雷などの自然現象の可能性もあり、確証には至っていない。人類が意識的に火を使った証拠を見つけるのは難しいのだ。

火の使用をはっきり伝えるもっとも古い遺跡は、焼けた種（オリーブ、大麦、ブドウ）、木、火打ち石が発見された七十五万年前のイスラエルのゲシャー・ベノット・ヤーコブ遺跡だ。ホモ・エレクトスなど原人の時代だ。火打ち石はいくつかの場所に集められており、焚き火をしていたと推定される。手斧や骨（体長一メートルほどのコイなど）も見つかっているので、焚き火を囲んで木の実や魚などを焼いて食べていたのだろう。

火を使用した明確な証拠が多いのは、旧人のネアンデルタール人の時代からだ。

人類がはじめて火を使った時期を考古学が明確に示さないのならば、生物学的に考えてみようと試みたのがリチャード・ランガムである（『火の賜物　ヒトは料理で進化した』ＮＴＴ出版）。

彼は人類化石をもとに、料理した食物に適応した結果の解剖学的変化から、火の使用、つまり料理が始まった時期を推定した。たとえば、生肉を食べることから料理した肉を食べるようになったと仮定しよう。加熱すると、肉はやわらかくなり消化吸収がよくなるので、人類の臼歯は小さくなり、胃腸の容量が小さくなる。消化に費やすエネルギーが少なくてすむので、脳のほうにエネルギーを振り向ける余地ができ、脳容量が大きくなる変化が起こる。そうすると、火の使用の始まりは、百八十万年前の原人ホモ・エレクトスの時代と推定することができるのだ。

火起こし（発火法）の技術

私は『原始時代の火』（岩城正夫著、新生出版）を参考に、何度かキリモミ式発火に挑戦したことがある。キリモミ式発火とは、木の板と木の棒を手でこすり合わせる、もっともシンプルな方法だ。

V字形の凹みを切ったスギ板に、両手ではさんだアジサイの細枝を垂直に立てて、下に押しつけながら手をこするようにして回転させる。きな臭いにおいが漂い始め、煙が出てくる。摩擦部分の焼け焦げた粉末がV字形の付近にたまる。細枝に加える圧力を強めスピードを上げていくと、火の粉をふくんだ粉末があふれてくる。この火種を乾燥した葉の上に載せて、フーフーと息を吹きかけると炎が上がるのだ。

コツは摩擦部分に集中すること、力を加えるのを休まないこと、余力を残しておき最後にスピードアップすることなど、なかなか大変だ。私は数十秒かかった。

キリモミ式は発火法としてはシンプルだが、人類がこの方法を発見したときには、板に穴を開ける技術が先にあったことだろう。そのときに、穴の部分から煙が出てくること、熱くなることを知って発火法に至ったのだと推定できる。先を見通しながら手の力をうまく配分

キリモミ式発火法

し、連続的に細枝を回転させて発火に至るわけだから、ある程度の知的能力がないと無理だろう。

人類は発火法を発見し、火をコントロールする技術を持った。

そして、火で肉食獣を遠ざけ、草木に火を放って罠や待ち伏せ場所に獲物を追い込んだりした。また、暖をとり、明かりや料理にも火を使った。とくに炉を発明することで火をいつでも利用できるようになった。火を囲んだ食事と団らんによって、お互いのコミュニケーションも密になり、人類の社会性は高まったのだろう。

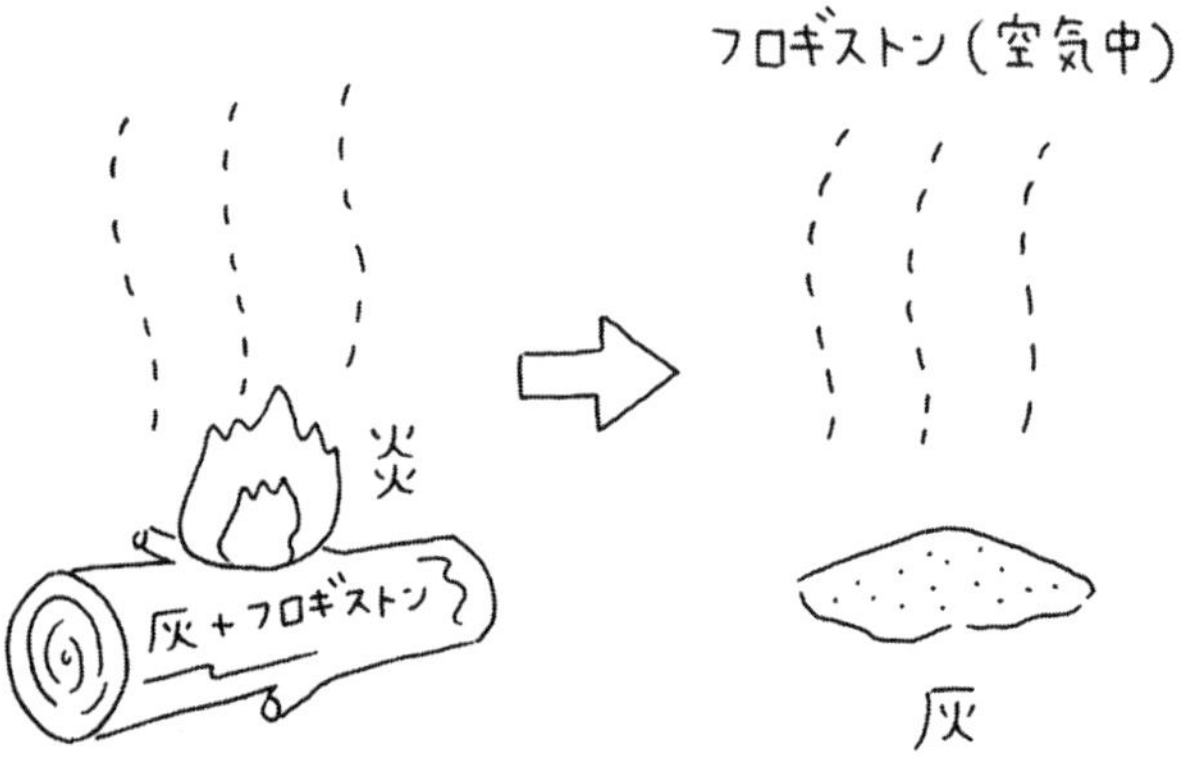

フロギストン説

モノの燃焼とフロギストン説

火の化学の歴史にも注目してみよう。

十八世紀のはじめにドイツのゲオルク・シュタール（一六五九〜一七三四）は、「燃えるモノは灰とフロギストン（燃素）からできていて、モノが燃えるのはフロギストンが放出されるからだ」という説を唱えた。ロウソク、炭、油、硫黄、金属などすべての燃焼する物質にはフロギストンがふくまれていて、燃焼すると飛び出していくというのだ。

たとえば炭は燃えた後にわずかな灰のみを残すので、炭はフロギストンを多量にふくんでいる。燃焼とは「燃える物質からフロギストンが放出されて灰が残る現象である」と考えたのである。フロギストンには、ギリシア語で「燃える」という意味がある。

フロギストン説が打ち破られたのは、アントワーヌ・ラボアジェが燃焼とは「燃える物質と酸素の結びつき」であることを明らかにしたからである。

酸素の発見

一七七二年、イギリスのジョゼフ・プリーストリ（一七三三〜一八〇四）は『さまざまな空気についての観察』という本を出した。この観察シリーズは最終的に六巻に達した。

彼は、アンモニア、塩化水素、一酸化窒素、二酸化窒素、二酸化硫黄の発見などをしたが、最大の功績は一七七四年の「脱フロギストン空気」（いまでいう酸素）の発見・命名である。

黄赤色の水銀灰（現在の化学では酸化水銀）は不思議な物質だ。水銀を熱すると、水銀は

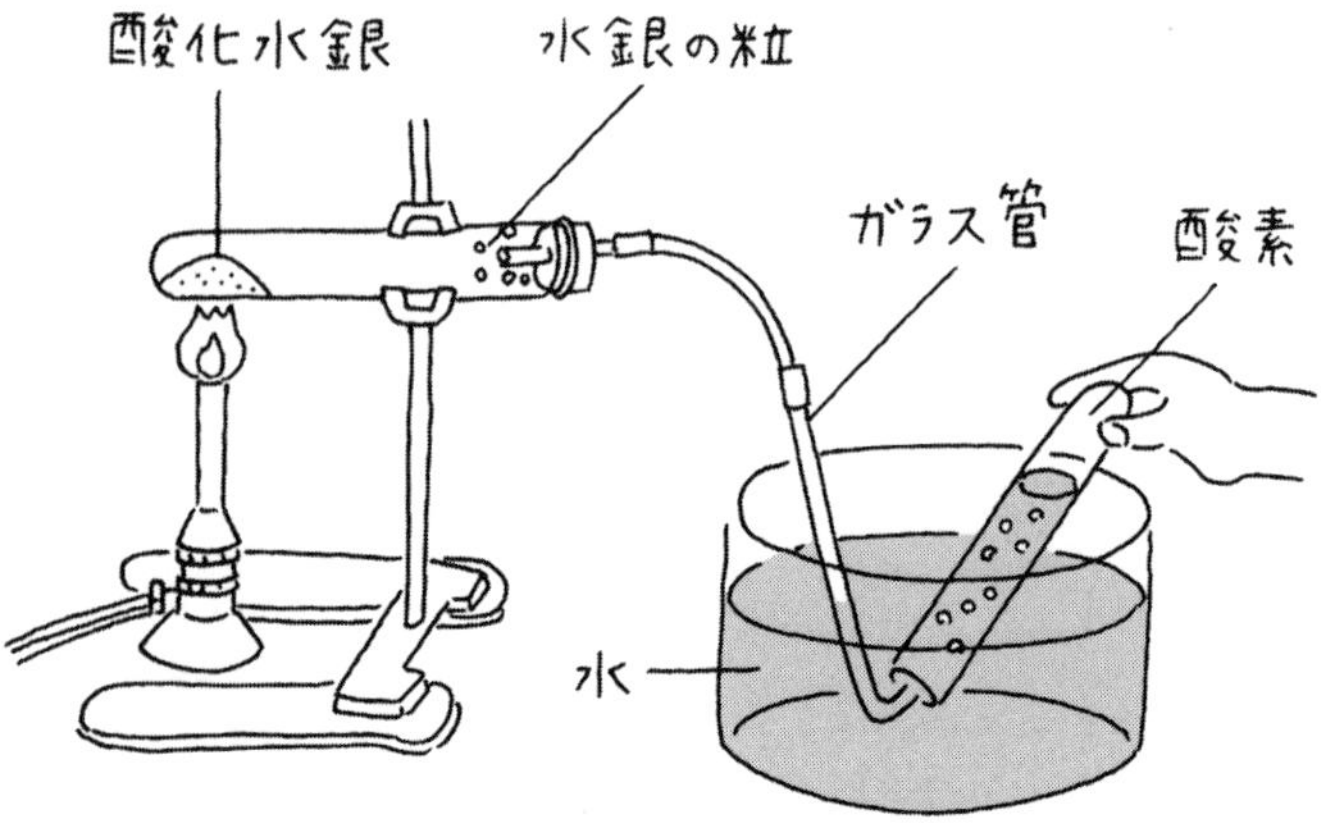

酸化水銀の熱分解

蒸発するが、表面に黄赤色の水銀灰ができる。この水銀灰を高温で熱すると、また水銀に戻るのだ。

私は中学理科の授業で、化学変化の導入として酸化水銀の熱分解の実験をしていた経験があるので、水銀灰を不思議な物質だと思った当時の化学者の気持ちが理解できる。

試験管に入れた黄赤色の物質は、加熱するにつれて少なくなり、ついには姿を消す。そのとき気体が発生し、火のついた線香をかざすと、その火が激しく燃え上がるのだ。試験管の口付近には銀色の液体の粒がついている。

つまり、「酸化水銀→水銀＋酸素」という化学反応が起こるのだ。

さて、プリーストリは、水銀灰のこのような性質について、「水銀灰を熱した後、金属の水銀に戻るときに、何らかの気体が出ていくのではないか」と考えた。彼はそれを確かめるために大きな凸レンズで太陽光を集めて水銀灰を加熱した。発生した気体を集めて、ロウソクの火を入れると、まばゆい光を出して、激しく燃える。大きなびんに気体を入れてハツカネズミを入れると、ふつうの空気ならば十五分くらいで死ぬのに三十分たっても元気に動き回っていた。

プリーストリは、この気体に「脱フロギストン空気」という名前をつけた。フロギストン説によると、モノが燃えるとフロギストンが逃げ出して空気に混じり込む。空気はフロギストンをある程度取り入れると、飽和してそれ以上取り入れることができなくなり、ついには火が消える。その気体はふつうの空気よりもモノを激しく燃やすので、彼は、「ふつうの空気からフロギストンを取り除いた空気（脱フロギストン空気）」を想定したのである。

実は、酸素はプリーストリの一年ほど前に、スウェーデンの化学者カール・ヴィルヘルム・シェーレ（一七四二〜一七八六）が発見していた。印刷所の手抜かりで論文の発表が遅

れてしまったのである。

シェーレは燃える物質の代表に鉄粉を選び、鉄がさびる現象を調べた。すでにヘンリー・キャヴェンディッシュ（一七三一〜一八一〇）が発見していた「燃える空気」（いまでいう水素だが、当時はフロギストンと思われていた）を空気中で燃やす実験や、プリーストリと同様に水銀灰の実験に取り組む。ふつうの空気は、「火の空気」（いまでいう酸素）と「くさった空気」（燃焼に無関係の気体）の混合物であり、「火の空気」は水銀灰を熱して取り出される気体だと考えたのだ。

シェーレはさまざまな有機酸や無機酸などを発見した大化学者だ。酸素以外にも塩素、フッ化水素、マンガン、バリウム、モリブデン、タングステン、窒素を発見しているのだが、その成果が見過ごされたり、発表前にほかの人間が同じ発見をしてしまったりしたため、残念ながら彼の功績にはならなかった。

シェーレには悪癖があった。研究材料を何でも舐めてみないではいられなかった。それは、化学への愛、化学物質への過剰な愛情だったのかもしれない。

ある日、彼は、四十三歳の若さで作業台に突っ伏して息絶えているのを発見された。死因ははっきりしないが、まわりには有毒な化学薬品がずらりと並んでいた。

近代化学の父ラボアジェ

プリーストリの誕生より十年後、シェーレの誕生より一年後の一七四三年にフランスの化学者ラボアジェが生まれた。

「近代化学の父」と呼ばれたラボアジェ。彼は、プリーストリが「脱フロギストン空気」、シェーレが「火の空気」と呼んだ空気中の気体を「酸素」と名づけた。また、「燃焼は可燃物と酸素が結びつく」という燃焼理論を確立した。ラボアジェは、高精度の天びんを活用して重さを追究することで化学変化を調べる方法を駆使したのだ。

ここでは、ラボアジェが、フロギストン説を追放して「燃焼理論」を確立するまでの経緯を追いかけよう。

高校化学の教科書に必ず載っている「ボイルの法則」（温度が一定の場合、気体の体積は圧力に反比例する）の発見者ロバート・ボイル。彼は一六六一年に、レトルト（球状の容器と、生成物が出ていくための側面に斜めに付いた管からなるガラス製実験器具）のなかで金属のスズを灰化させると重くなるのは、「火の微粒子」がガラスの壁を通り抜けてレトルトに飛び込んでスズに結びついたからであると説明した。

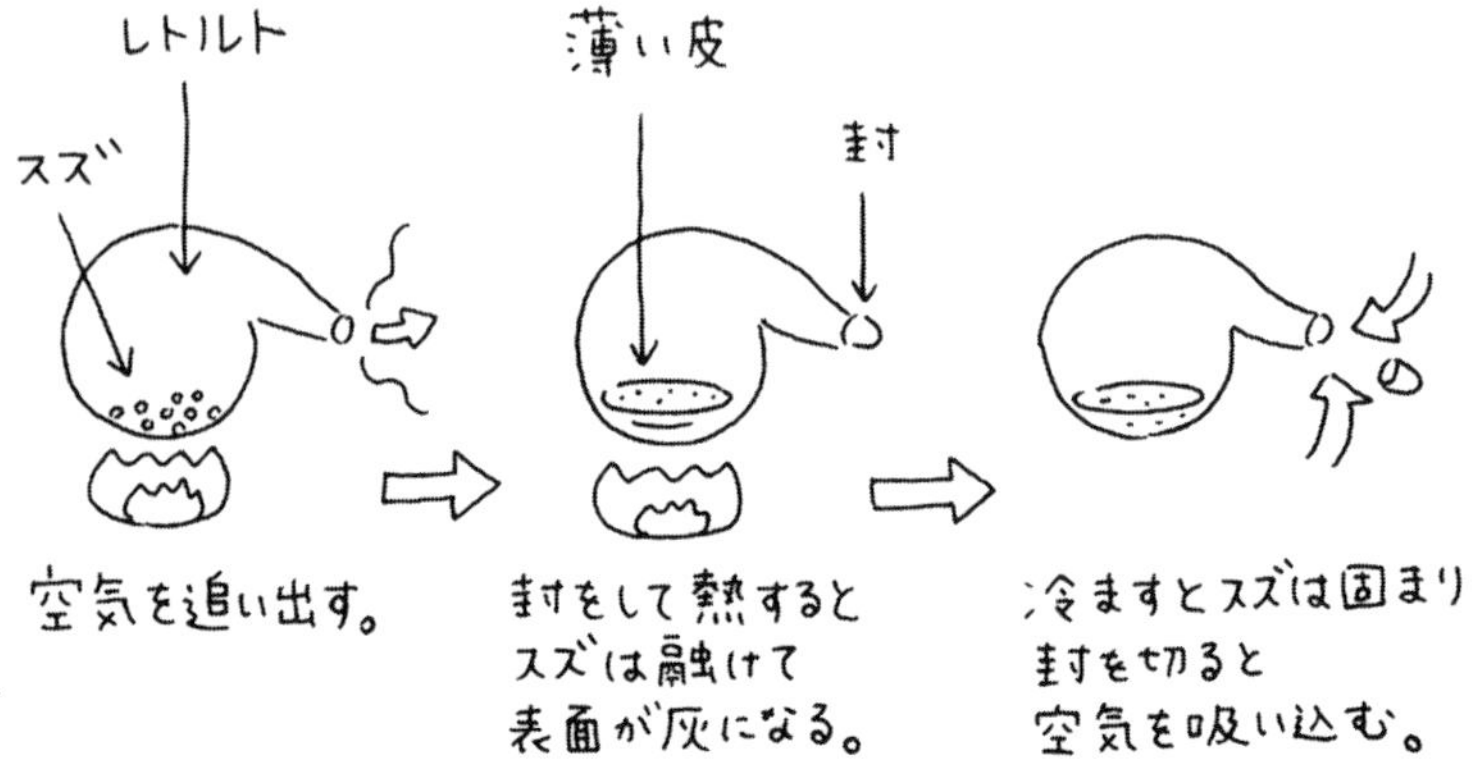
レトルト
スズ
空気を追い出す。
薄い皮
封
封をして熱すると
スズは融けて
表面が灰になる。
冷ますとスズは固まり
封を切ると
空気を吸い込む。

ボイルの実験

スズの灰というのは、スズが酸素と結合してできた酸化スズである。ラボアジェはこの実験に挑戦する。スズが入ったレトルトの口を封じて重さをはかり、次に凸レンズでスズを熱して灰にしてから、熱するのを止めて全体の重さをはかる。しかし、重さに変化はなかった。そこでラボアジェは、「灰が重くなったのはレトルト内の空気がスズに吸収されたからだ」と考えた。

次にリンでも実験してみた。リンは燃焼後に白い粉になり、重さは増えていた。空気は約五分の一減っており、残った空気はもう燃焼を起こす性質はなかった。

つまり、彼は、熱せられた金属やリンと結びついたのはプリーストリの提唱する「脱フロギストン空気」ではないかと考えたのだ。

ラボアジェが自分の仮説を検証するために使ったのは水銀の灰である。水銀を入れたレトルトを熱すると、やがて水銀の表面に赤色の皮ができ始める。この赤色の物質こそ水銀の灰なのだ。

そこで来る日も来る日も、昼も夜も、ラボアジェは炉でレトルトを熱し続け、そのなかの空気の体積、水銀灰の重さをはかった。次に水銀灰を熱してできた気体（プリーストリが言う脱フロギストン空気）の体積をはかると、水銀灰ができたときに吸収された空気の体積と同じだった。

彼は、「空気はモノを燃やし金属を灰に変化させる気体Aと、燃焼には関係のない気体Bからなっている」「燃焼のときに燃える物質と気体Aが結びついて新しい物質ができる」と考えた。もうフロギストンは必要がない——。ついにフロギストン説は終わりを告げた。彼は、燃焼はモノと酸素の反応だと結論付けたのである。

ラボアジェは気体Aに、当初は「生命の空気」、その後「酸素」という名前をつけた。炭素、硫黄、リンなどが燃えると二酸化炭素（炭酸ガス）、二酸化硫黄（亜硫酸ガス）、十酸化四リン（リン酸）といった酸性の物質になる。そこで、「酸をつくるもの」という意味のギリシア語から、「酸素」という名前にしたのだ（後に、塩酸（塩化水素の水溶液）には酸素がふくまれておらず、酸のもとは水素で、酸素は酸のもとではないことが判明する）。

家庭で使われる燃料ガス

現在の燃料の主役は石油と天然ガスである。家庭で使う燃料ガスはパイプで送るガス（都市ガス：天然ガス）と、ボンベで配達するガス（液化石油ガス〔LPガス〕）がある。ボンベはドイツ語のボンベ（爆弾）に由来する。容器の形からこう呼ばれるようになったのだ。

家庭の台所でガスが使われるまでは炊事は薪で行われていた。普及が格段に伸びたのは、第二次世界大戦後、それも一九五五年頃からだ。

私は栃木県小山市の外れに中学二年生まで住んでおり、土間にあった二つのかまどでは、薪を使って炊事をしていた。薪をくべる担当は私だった。小学生の頃から毎日、吹き竹（吹いて空気を送る竹の筒）で燃えている薪に空気を送り、鉄釜から出る湯気などの状態を見ながら火加減をしてご飯を炊いた。薪を割ったり、かごを背負って山で枯れ枝などを拾ったりもした。ガスを使える生活は本当に便利なのである。

いま使われている都市ガスの中身は天然ガス（成分はメタン）だ。以前は、一部のガス会社が石炭ガスやナフサガスを使っており一酸化炭素がふくまれる場合もあったが、現在はない。ガスには、においのする物質が微量のみ加えられている。これは、ガスを直接吸ってしまうことによる「ガス中毒」を防ぐためではなく、ガス漏れで爆発事故が起こることを防ぐためである。

天然ガスの成分はほぼメタンCH_4、液化石油ガスの成分は八〇パーセント以上がプロパンC_3H_8で、次いでブタンC_4H_{10}だ。ともに炭素と水素の化合物である炭化水素の仲間だ。

プロパンは常温付近でも八気圧にすると液化できる。ガスは液化すると体積が二五〇分の一と大変小さくなるので運搬は楽だ。家庭用の標準的なガスボンベ（二〇キログラム詰め）には約四〇リットルの液体状のガスが納まっている。これが全部気化すると一〇立方メートルのガスになる。これは平均的な家庭の一カ月分の使用量だ。

原油（精製していない石油）は、蒸留して沸点の似た成分を次々に分離する「分留」という操作で分けられる。もっとも低温で分離されるのがプロパンやブタン。圧縮して液化石油ガス（ＬＰガス）になる。続いてガソリン・ナフサ留分、灯油留分、軽油留分などに分離される。ガソリンや灯油はおもに炭素数の大きい炭化水素からできている。炭素数はガソリンで四〜一〇、灯油で一〇〜一五の炭化水素の混合物だ。炭素数が大きいほど、分子が大きくなり、分子どうしの引き合う力が強くなって揮発しにくくなる。

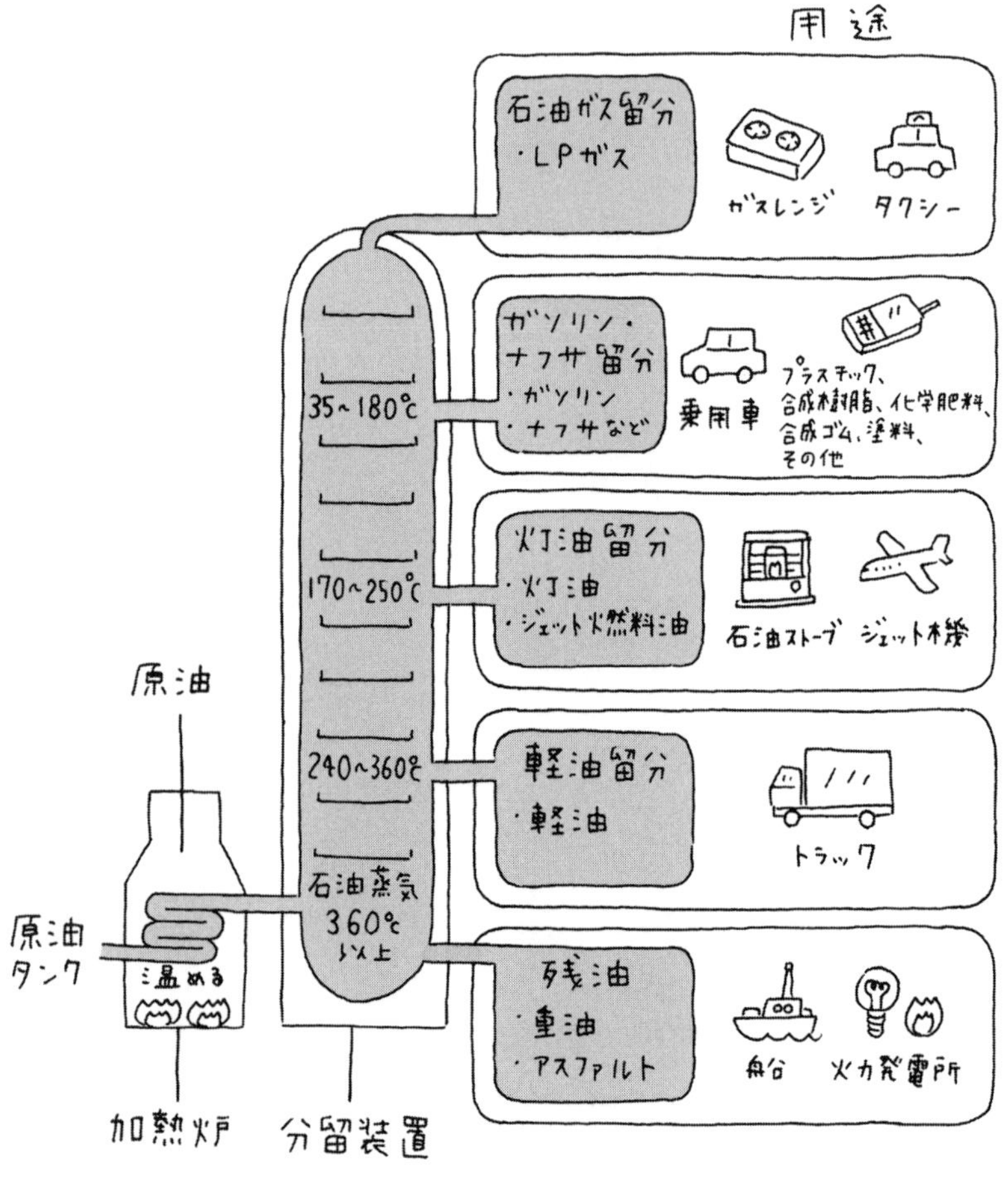
用途
石油ガス留分
・LPガス
ガスレンジ
タクシー
ガソリン・ナフサ留分
・ガソリン
・ナフサなど
35~180℃
乗用車
プラスチック、合成樹脂、化学肥料、合成ゴム、塗料、その他
灯油留分
・灯油
・ジェット燃料油
170~250℃
石油ストーブ
ジェット機
原油
240~360℃
軽油留分
・軽油
トラック
石油蒸気 360℃以上
原油タンク
温める
残油
・重油
・アスファルト
船
火力発電所
加熱炉
分留装置

石油の分留と用途

燃料の歴史とエネルギー革命

人類は火を利用し始めてから長いあいだ、おもに木および木炭を燃料にしていた。しかし、鍛冶《かじ》、染物、陶器、ガラス、レンガなどの燃料の需要が高まると深刻な木材の不足が起こるようになった。十二〜十三世紀にはイギリス、ドイツで石炭の本格的採炭が、さらにはコークスを使う近代製鉄が始まると、石炭の消費量は飛躍的に増大。これが産業革命の原動力となってイギリスの世界制覇が完成する。一七六五年、イギリスのジェームズ・ワット（一七三六〜一八一九）による蒸気機関の改良は画期的で、蒸気機関の蒸気をつくるための石炭を燃料の主流に押し上げた。

有史以来の木（薪）や木炭から石炭への転換は、「第一次エネルギー革命」と呼ばれる。石炭は、水素、炭素、酸素、窒素、硫黄などの元素によって構成されている有機質高分子（一部に金属元素との結合をふくむ）である。そのため、石炭を燃やすと大気汚染の原因となる窒素酸化物（NO_x）や硫黄酸化物（SO_2）ができる。そこで、石炭をむし焼きにしてつくったコークスが大量に使われるようになった。なお、石炭をむし焼きにすると石炭ガスが副次的に生産される。

十九世紀照明の花形になったガス灯は、石炭ガスの最初の本格的な用途だった。当時、欧米では、照明用にはもっぱら鯨の油のランプや獣脂や蜜ロウからつくったロウソクが用いられていた。安価なガス照明でイギリスの産業界は夜間の労働を確保できた。

一八一二年には都市におけるガス照明を目的としたガス会社がロンドンに設立されると、石炭ガスが各家庭までパイプで運ばれた。その後ガス会社が多く生まれ、一八五〇年頃の欧米の主要都市にはほとんどガス灯が普及していた。

そして、日本では一八七二年、横浜に最初のガス灯が灯った。一九一五年には全国に一五五万個のガス灯が灯った。同時に動力用として二六〇〇を超えるガスエンジン（気体燃料を使って往復動をする機関）が設置された。

しかし、強力なライバル――電力が台頭すると、照明用、動力用の石炭ガスは電力に敗退する。電力による白熱灯とモーターの時代になっていった。それでもガスは燃料用としての用途は残り、都市ガス事業は熱エネルギーを供給する事業へと大きく発展していった。ガスの成分は、石炭ガスから、大気汚染物質を出しにくく、供給の安定性が高い天然ガスに変わった。

エネルギーの勝者である電力も、主力の火力発電は、石炭、石油、天然ガスの燃焼で成り立っており、高温・高圧の水蒸気をタービンに送り、発電機を回して発電している。

	固体燃料	液体燃料	気体燃料
燃焼の容易さ	やや困難	容易	容易
灰の有無	あり	なし	なし
輸送方法	ばら積み	パイプ	パイプ
代表例の発熱量	石炭 (16800〜33600 kJ/kg)	灯油 (46200 kJ/kg)	天然ガス (55860 kJ/kg)

燃料の比較

第二次世界大戦後、中東の豊富な石油資源が開発され、また、タンカーの大型化によって輸送費が低下した。そのため、燃焼が容易で灰も出ず、パイプラインで遠距離大量輸送が可能であり、石油化学工業としてさまざまな製品をつくる原料になる「石油」が石炭を圧倒するようになった。一九四〇年代末に始まったこの傾向は、一九五〇年代末にはより顕著になった。これを「第二次エネルギー革命」という。

一般には、第一次、第二次などと分けずに、第二次エネルギー革命を「エネルギー革命」と呼ぶことが多い。石炭（固体）から石油と天然ガスの流体（液体と気体）への転換なので「エネルギーの流体化」ともいわれる。

メタン（CH_4）を主成分とする天然ガスは、

同じ熱量を発生させるときの二酸化炭素排出量が少なく、さらに、大気汚染物質となる窒素酸化物（NO_x）の排出が少なく、硫黄酸化物（SO_x）も排出しない大変にクリーンなエネルギーである。そのため、石炭・石油・LPガスからのエネルギーシフトが期待されている。

さらに今後のエネルギーとして期待されているのは水素エネルギーである。燃焼時に二酸化炭素を排出せず、出すのは水蒸気（水）のみだ。ただし、課題も多い。定置用では家庭用燃料電池が一部実用化しているが、まだまだコストが高い。

また、移動用では燃料電池車の開発が進められているが、燃料電池のコストだけではなく、水素は液化しにくい気体のため、「水素の積載量」が課題になる。また、水からつくるときに大きなエネルギーが必要だ。そのとき、太陽光や風力などの再生可能エネルギーや原子力を用いない限り、結果的に二酸化炭素排出量が多くなってしまうのだ。

第5章

世界でもっとも おそろしい 化学物質

生きるために不可欠の物質

私たちの体の水の割合は、健康な成人男子で体重の約六〇パーセント、女子で約五五パーセントを占める。男女で水の割合が異なるのは、男子は筋肉組織が多く（水が多い）、女子は脂肪組織が多い（水が少ない）ためだ。

体のなかをかけめぐる血液は、さまざまな物質を溶かし込んでいる。体のなかをぐるぐる回りながら、各細胞に栄養分と酸素を届け、老廃物を受け取って捨てるのは、水の大切なはたらきの一つである。

人間が生きていくために必要な水の量は一日に約二〜二・五リットルといわれている。その量は体の大きさのほか、外気の状態や運動の有無などによっても左右される。

一方、体から出ていく水は、大部分は尿や汗などだ。私たちの体を出入りする水の量は、入る水と出る水がほぼ同量でバランスがとれている。

栄養分や酸素の運び役として、化学反応の場として、また、体温や浸透圧の調整役として、水は私たちの生命維持に欠かせない重要な物質である。

私たちの体内の水の二〇パーセントが失われると死に至るといわれている。体重が六〇キ

1 溶媒作用

体のなかの化学反応は反応物質がすべて水に溶けた状態ではじめて進行する。

2 運搬作用

栄養分、ホルモンあるいは代謝老廃物などを溶かし、各臓器の間を血流に乗せて運搬する。

3 体温調節

体重の半分以上（成人60%〜66%、新生児75%）と大量の水をふくむ。水は熱容量が大きく、体温を一定に保ちやすくしている。また、体温が高くなると皮膚から汗を流し気化熱（蒸発熱）を奪わせ体温を下げる。

4 体液の酸・塩基平衡および浸透圧の調整

イオン性物質の溶解度を調節している。すなわち、生体内の電解質をイオン化し緩衝化している。

5 細胞の物理的状態の維持

6 体液の流れの調節

粘性により生体内の体液の流れを調節している。

水のおもな生理的役割

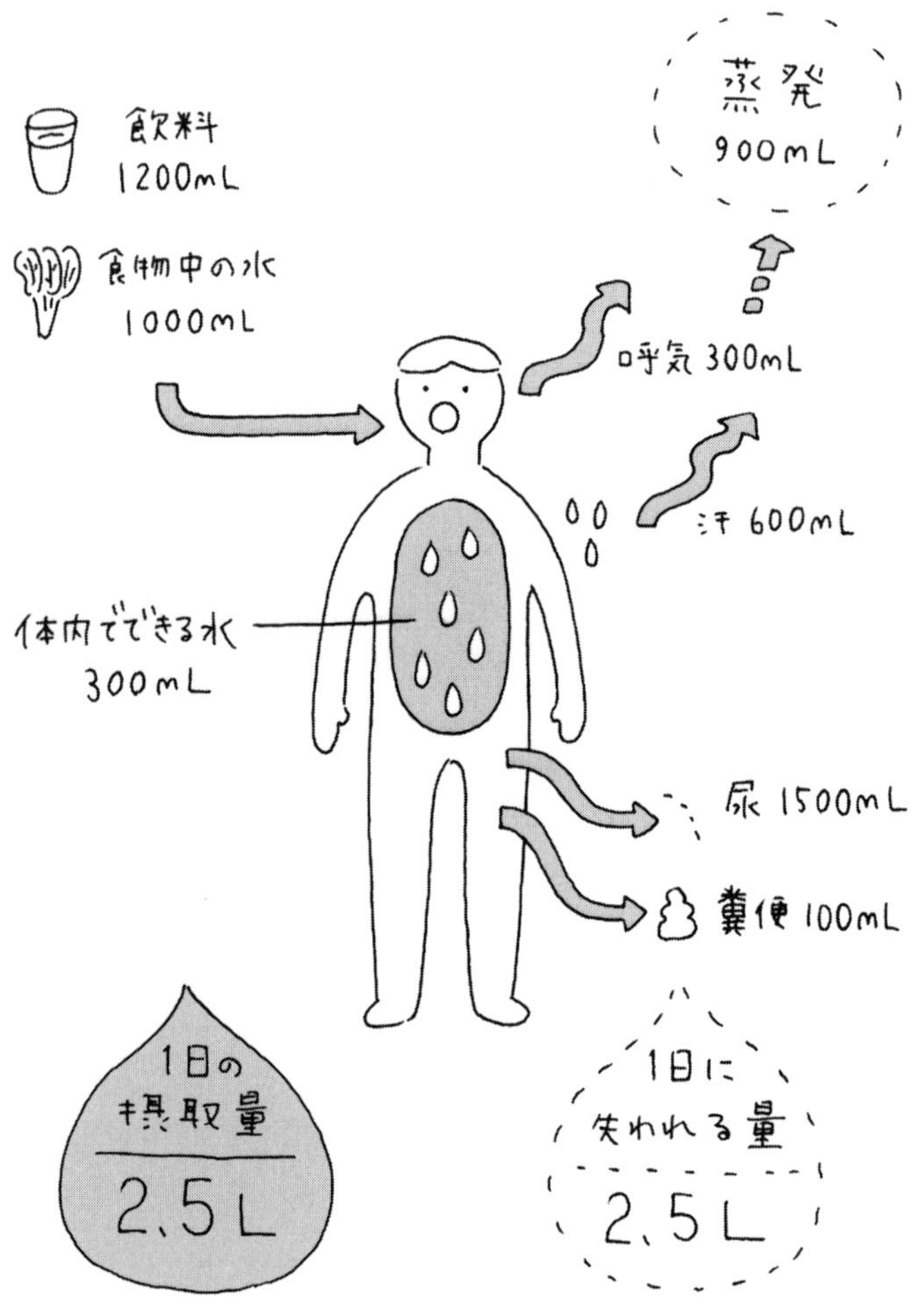

人体の水の収支（体重60kgの人の場合）

ログラムの人の場合、体の水の量は約三六キログラム（水一キログラムは一リットルだから三六リットル）。その二〇パーセントは七・二リットル。尿や汗などで人間は一日に約二・五リットルの水を体外に排出しているので、七・二リットルといえば、約二・九日分だ。もちろん実際に水を断ったら体から出ていく量も減るので、もっと長く生きられるだろうが、計算上では水を三日飲まないだけでも生命は危険にさらされることになるのだ。

だから宗教の修行などで断食をする場合でも、食べ物は摂らなくても水は飲む。健康な成人は、何も食べなくても水さえ飲んでいれば三週間程度は生きることができる。それだけ水は生命にとって重要なものなのだ。

古代ローマの上水道と公衆浴場

水は都市の衛生にも大きく関係している。人類は、川、湖、わき水のそばなど、きれいな水がすぐに得られるところに住んでいた。しかし、文明の発展につれて人口が集中する「都市」が発達すると、その水量では不十分となり、清浄な水を多量に供給する設備――上水道――が生まれた。上水道は郊外の湖や川の上流から、トンネルなどの水路をつくって市内まで導いた。

古代ローマの水道（水道橋ポン・デュ・ガール）

最初に大がかりな上水道を敷いたのは、古代ローマ人である。上下水道が整備され、汚物を水で洗い流す公衆トイレもつくられた。驚くべきことに公衆トイレもつくられており、一六〇〇個もの便器が一カ所から発掘されているのである。

紀元前三一二〜三世紀、数多くの上水道が建設された。数十キロメートルも離れたところからきれいな水を都市まで引く。おもに地下を水路にしたが、石材やレンガでアーチ構造の水道橋もつくり、さらに水の透明さを保つため、水道本管に沿ってため池やろ過池を設けた。市内の分水施設に到達した水は、公衆浴場・邸宅・公共施設や庶民が水をくみにくる噴水（泉）などに配水されていた。

古代ローマの公衆浴場は、規模が大きかっ

たし内部は豪華であった。多くの都市に少なくとも一つの公衆浴場があり、社会生活の中心の一つになっていた。体にオイルを塗り、（木製または骨製の）肌かき器で汚れとともにオイルを落とすための部屋、高温水・温水・冷水の浴槽、サウナルーム、ジム、図書室などがあった。講堂では哲学や芸術を論じることができた。

ハイヒール・マント・香水

ところがローマの滅亡とともに、上水道は大部分が破壊され、上水道も下水道も中世末期までの長いあいだ暗黒の状態を続けた。トイレも姿を消した。当時のキリスト教の教えでは、いかなる肉欲もできる限り制すべきと、肉体をさらす入浴は罪深いとなり、公衆浴場、自家風呂は消え失せた。衛生観念が無視されたのである。

そうなると街はどうなってしまうのか。

道路や広場は糞便で汚れ放題。ほんの間に合わせで片付けるだけとなったので地下にしみ込み、井戸を病原菌で汚染する結果になった。

貴婦人たちの裾が広がったスカートは、どこでも用を足せるようにするための形である。十七世紀はじめにつくられたハイヒールは、汚物のぬかるみでドレスの裾を汚さないために、考案されたもので、当時はかかとだけでなく爪先も高くなっていた。なかには全体が六〇センチメートルの高さのハイヒールまであったという……。

また、二階や三階の窓から、しびん（寝室用便器）の中身が道路に捨てられるので、その汚物をよけるためにマントも必要になった。この頭上から降る危険のため、紳士は淑女が道の真ん中を歩くようにエスコートする習慣ができたと考えられる。

当時は服もあまり洗濯しなかったし、お風呂やシャワーもまったく利用しなかったため、体臭などをごまかすために、金持ちは香水を大量にふりかけていた。香水の発達の背景にはこんな事情があったのだ。

〝エチケット〟の語源？

当時、便意を催せば、時、ところかまわず、排せつ行為が公然と行われた。十七世紀フランス芸術を代表するベルサイユ宮殿。その初期建設工事にはトイレ用にも浴室用にも水道の設備がなかった。

宮殿のなかで、ルイ一四世や有名な王妃マリー・アントワネットなどが使用していたトイレは腰かけ式便器だ。おしりの部分に穴が空いている椅子型の便器で、汚物は下の受け皿にたまるようになっていた。王様用は、ビロード張りで金銀の刺繍《ししゅう》付きの豪華なものだった。

この時代、ベルサイユ宮殿には、王様や貴族、その召使いなど約四〇〇〇人が住んでいたと推定されているが、腰かけ式便器は二七四個しかなくあまりにも数が不足していた。このため、豪華絢爛《けんらん》な舞踏会のときには、清潔好きな人は携帯用便器（おまる）を持参した。便器にたまった汚物は、召使いたちが庭に捨てていた。宮殿内の便器の中身も庭に捨てていたのに加え、近くに便器のない人は廊下や部屋の隅、庭の茂みで用を足した。その結果、美しいことで有名な庭園も、糞便であふれ、ものすごい臭いが漂っていたらしい。

この様子に宮殿の庭師が怒り、庭園に「立ち入り禁止」の札を立てた。はじめは無視されていたが、ルイ一四世が立て札を守るよう命令を出してから守られるようになった。

実はエチケットはフランス語で「立て札」の意味なのだ。このエピソードからエチケットが現在のように「礼儀作法」を示すようになったといわれている。

コレラ流行は何が原因なのか？

コレラは、感染者の便で汚染された水や食物を口から摂ることによって感染する病気である。その原因菌のコレラ菌は一八八三年にロベルト・コッホ（一八四三〜一九一〇）によって発見された。コレラ菌は、その毒素により激しい下痢や嘔吐を起こす。適切な治療をすれば死亡率は一一パーセントと低いが、そのまま治療しないと死亡率は五〇パーセントにもなり、重症の場合は、症状が現れて数時間後に死ぬこともある。

コレラ菌などの病原菌が発見される以前、コレラに限らず病気は悪い空気（瘴《しょう》気《き》、ミアズマ）を吸うことで起こると考えられていた。ミアズマはギリシア語で「不純物」「汚染」「穢《けが》れ」の意味である。

コレラは何度も大流行を起こし、多数の人々を死に至らしめた。世界的流行としては、第一次：一八一七～一八二三年、第二次：一八二六～一八三七年、第三次：一八四〇～一八六〇年、第四次：一八六三～一八七九年、第五次：一八八一～一八九六年、第六次：一八九九～一九二三年、第七次：一九六一～継続中　の七回を数える。

「コレラはミアズマで起こるのではない。水にふくまれる何かが原因である」ことを、一八五五年、麻酔学者のジョン・スノー（一八一三～一八五八）が明確に証明した。

一八五〇年頃のロンドンでコレラの流行が起こっていたが、彼は水道を供給する会社によって、コレラによる死亡率が異なることに気がついた。汚染された水を供給する水道水（取水口が下流にあった）を飲んでいる家庭では、コレラの死亡率が高かったからだ。ミアズマ説では、このことを説明できない。

スノーは、一八五四年にロンドンのブロード街でコレラが流行したとき、死者が出た家と、彼らがどこの水を飲んだかを一軒一軒訪ねて調べ、地図に書き込んだ。死者を黒点で表してその分布を分析すると、ほとんどの死者がブロード街の中央にある手押し井戸付近の住民であることがわかったのだ。井戸から離れている家でコレラにかかったのは、井戸の近くの学校に通っている子どもであったり、レストランやコーヒー店の客であったりして、いずれも井戸の水を飲んでいた。

また、奇妙なことに、井戸の近くにある従業員七〇人のビール工場では、重症のコレラを発症した人はいなかった。調べてみると、工場の従業員は井戸の水は飲まずビールを飲んでいたのだ。そこで、汚染された井戸の使用を禁止にすると、コレラの流行は、ぴたりと止んだ。

十九世紀のロンドンで起こった一連の経緯は、「疫学」的方法の重要性を示している。「疫学」的方法では、集団を観察し、病気になる人とならない人の生活環境や生活習慣などの差異を検討して要因を明らかにする。

後年の調査によると、この井戸近くの肥料の汚水だめにコレラ患者の糞便が混入したこと、汚水だめと井戸が九〇センチメートルしか離れていないことがわかった。

伝染病が上下水道を発達させた

中世末期まで、家庭の汚物は、道路の上または道路の中央の溝に流した。しかし、何度もペストやコレラの伝染病が流行し、その度に多数の人命が犠牲になった。

そこで、十六世紀になってようやく、市民生活の衛生を保つことが重要視されるようになり、少しずつではあるが、小規模の上水道の工事が行われるようになった。一五八二年、ロンドン橋に水車で動くポンプを据えて配水したが、テムズ川は激しい船運のために汚濁しがちだった。

十九世紀になると、蒸気ポンプ・排水用の鋳鉄《ちゅうてつ》管および浄水装置（砂による人工的ろ過）が発明され、水を処理してきれいにし、ポンプによって送水をする大規模な近代水道の条件が整ってきた。

ヨーロッパ最初の公共給水は、一八三〇年、産業革命の先進国イギリスのロンドンで実施された。また、一八三一年のコレラ流行は、ロンドンの地下下水道を発達させた。しかし、せっかく下水道ができてもただ河川に放流するだけだった。そのため河川はますます汚れて、工業用水としても使用不能なものになりつつあった。一八六一〜一八七五年にはテムズ川の両岸に川と平行の水路をつくって流したが、それでも下流の汚染は防げなかった。

また、一八四八年のドイツのハンブルクに次いで、十九世紀後半からは、ドイツやフランスの都市でも下水道がつくられるようになった。下水を噴水のようにして「ろ過材」をまき、その表面にできる細菌の膜で汚物を分解する方法、あるいは、現在の下水処理場で行われている「活性汚泥法」(好気性微生物をふくんだ汚泥で有機物・無機物を分解する汚水処理の方法)が考案・改良されていった。

なお、日本では、江戸時代に水道の建設が始まっている。江戸市民の生活用水を、小石川上水(一五九〇年、のちの神田上水)、玉川上水(一六五四年)などから給水。水源からの傾斜を利用する「自然流下方式」と呼ばれる設備が建設された。

水を処理してきれいにし、ポンプによって送水をする近代水道が始まったのは、一八八七年からだ。その年の十月に、横浜で水道の給水を開始。その後、函館、長崎、大阪、東京、神戸と次々に給水が開始された。

このように急速に水道が敷かれていった背景には、水系伝染病であるコレラの大流行がある。一八二二年、日本ではじめてコレラが発生する。これは第一次の世界的流行の影響である。

り、西日本から東海道にまで広がった。

第二次の世界的流行を日本は免れたが、第三次の世界的流行が日本に襲いかかる。一八五八年から三年に及ぶ流行は、死者三万人を超え、攘夷《じょうい》思想にも大きな影響を与えたといわれている。一八五三年のペリー来航から、日本には外国船が次々と押し寄せた。多くの人々は、コレラは異国人がもたらした悪病と考えたのだ。そのため、異国人に対する排斥思想（攘夷思想）が高まっていった。歴史は政治思想によってのみ動くのではない。複合的な要因により、形づくられているのだ。

また、コレラなどの疫病を退治するために、中部・関東地方では、秩父の三峯《みつみね》神社や武蔵御嶽《みたけ》神社などニホンオオカミを神様の使いである眷属《けんぞく》として、憑《つ》き物（人にとりついて災いをなすとされる動物などの霊）落としに霊験あらたかな「眷属信仰」が盛んになった。

その結果、憑き物落としに使うニホンオオカミの遺骸の獲得を目的とした捕殺が増えたことが絶滅の一因になったと考えられている（『続・人類と感染症の歴史　新たな恐怖に備える』加藤茂孝著、丸善出版）。

現在では、改善されつつあるとはいえ、たとえばコレラ・チフス・赤痢などの病原菌をふくんだ水や、自然環境中に広く存在しているヒ素が基準以上にふくまれている水を飲まざるを得ないなど、いまだに世界には安全な水を飲めない人々がいる。

二〇一七年時点でも、毎年五二万五〇〇〇人の五歳未満児が下痢によって命を落としている。トイレの不足など不衛生な環境と汚染された水が原因とされるが、水に関係した衛生状態の改善により、予防をすることができる。また、ヒ素で汚染された地下水の飲用による慢性ヒ素中毒は、インド・バングラデシュをはじめ、世界各地で発生している。

水道水の塩素殺菌

水が伝染病の大きな媒介物になっていることから、「水を消毒して供給する」ことの重要性が認識されるようになった。十九世紀末には、イギリス、ドイツ、アメリカなどで水道水に塩素剤が試験的に使われ始める。二十世紀になると塩素剤による消毒の研究がますます盛んになった。塩素剤は伝染病発生時の緊急時に使用されていたが、一九〇二年にベルギー、一九〇五年にはイギリスで継続的に使われるようになり、一九一二年にドイツで塩素注入器が発明されると、各地で塩素消毒が行われるようになった。

日本では一九四五年に終戦を迎えると、ＧＨＱ（連合国軍最高司令官総司令部）から浄水場において消毒用の塩素を常時注入することが指示された。その後、政府は「水道管の末端においても〇・一ｐｐｍ（ｐｐｍは濃度の単位で一〇〇万分の一のスケールで割合を表す）の遊離残留塩素があること」を定めた。これは「水道法」に引き継がれて現在に至っており、浄水場では水を処理してきれいに安全なものにしたうえで、塩素や次亜塩素酸ナトリウムを投入して塩素殺菌をして家庭などに配水している。

遊離残留塩素には消毒効果がある。それは、塩素が水と反応してできる次亜塩素酸（HClO）とそれがイオン化した次亜塩素酸イオン（ClO^-）という物質の強い酸化力によるものだ。炭素や水素などからできた有機物があれば、そのなかの炭素や水素の一部分を二酸化炭素や水にするなどして分子を変えることにより、有機物からできた細菌やウイルスに殺菌作用をもたらす。

なお、殺菌作用を示す濃度は、ヒトの健康に悪影響を及ぼす可能性がある濃度の一〇〇〇分の一以下とかなり低いため、塩素の酸化作用がヒトの健康に悪影響を及ぼす可能性は低いと考えられる。

世間の注目を集めた嘆願書

本章の最後は、ジハイドロゲンモノオキサイド（一酸化二水素。略称DHMO）という化学物質の話で締めることにしよう。

DHMOは、私たちの身のまわりに気体、液体、固体の状態で多量に存在している、無色で無味・無臭の化学物質である。

この化学物質の危険性について、とくに世間の注目を集めたのは、一九九七年、アイダホ州の中学生ネイサン・ゾナーが行った調査が、地元の科学展で優秀賞を受賞して話題になったからだ。ゾナーは、「ジハイドロゲンモノオキサイドの使用を禁止せよ」という嘆願書を作成し、街頭でDHMOの危険性を説明し、署名を集めた。

彼の訴えは次のようなものだった。

「ジハイドロゲンモノオキサイド（以下DHMO）は、無色、無臭、無味である。そして毎年数え切れないほどの人を殺している。ほとんどの死因はDHMOの偶然の吸入によって引き起こされている。

DHMOは、今日アメリカの、ほとんどすべての河川、湖および貯水池で発見されている。それだけではない、DHMO汚染は全世界に及んでいる。汚染物質（DHMO）は南極の氷からも発見されている。アメリカ政府は、この物質の製造、拡散を禁止することを拒んでいる。いまからでも遅くない！　さらなる汚染を防ぐために、いま、行動しなければならない」

通行人五〇人のうち四三人の署名を得たという。

それでは、DHMOにどのような危険性があるというのだろうか。

〔人への危険性〕

・液体のなかで呼吸ができなくなって死亡

・固体に長時間さらされると、皮膚に深刻な損傷を与える

・気体は重度の火傷を引き起こす可能性がある

・液体の過剰摂取は、多くの不快な副作用を引き起こし、時には中毒により死亡

・液体は強い習慣性があり、常時摂取者は飲用を止めると短期に死亡

・がん細胞から発見。がん細胞から取り除くとがん細胞は死滅。つまりがん細胞の増殖の原因の一つ

〔地球環境、自然災害に関与〕

・酸性雨の主成分

・温室効果にもっとも強い影響を与える

・台風や集中豪雨など自然災害に関与

・岩石や土壌の侵食を引き起こし地形を変える

・崖崩れを起こす

・気体は車の排気ガス、工場からの排気ガスの主成分

しかし、化学物質DHMOはよく使われている。そのため、私たちの食べ物も私たちの体も大いに汚染されているままだ。ゾナーの署名活動の結果のように、この実態を知らせることで、多くの人がジハイドロゲンモノオキサイドの使用を禁止することに賛成したのである。

……と、ここまできて種明かしをしよう。

DHMOとは水H_2Oのことである。水分子は水素原子二個と酸素原子一個が結びついているので、ジハイドロゲンモノオキサイド（一酸化二水素）なのだ。

ゾナーがこの調査結果から訴えたかったのは「あらゆるレベルで科学教育（理科教育）をもっと充実させるべきである」ということだった。「水」といわずに化学物質の「ジハイドロゲンモノオキサイド」という一見難しそうな、恐ろしげな名前にしたことで、コロリと騙されてしまう人の多さに警鐘を鳴らしたのだ。

「化学物質」というだけで「恐ろしい物質」というイメージを持った人がいるかもしれないが、化学物質とは、「モノの材料になる物質」のことだ。

化学に関する知識が少しでもある人ならば、すぐに「この話はジョークだな」とニヤリとするだろう。あなたは、お分かりになっただろうか。

第6章

カレーライスから見る食物の歴史

カレーライスの誕生

多くの人に愛されているカレーライス。カレーライスを構成する、ご飯（イネの種子コメ）とその具材であるジャガイモや豚肉を、人類はどのようにして食してきたのだろうか。

こんな笑い話がある。日本の家庭でつくるカレーライスをインド人に食べてもらったところ、こんな感想が返ってきたという。「なかなかおいしかったのですが、生まれてはじめて食べました。何という料理ですか？」。

日本の家庭でつくるカレーライスと、本場インドのものは少し異なる。インドのものはさらっとしているし、ビーフカレーやポークカレーはない。

インドのカレーは、シナモン、カルダモン、クローブ、胡椒《こしょう》、クミン、ターメリック（うこん）など、何種類ものスパイスをすりつぶし、混ぜ合わせたものを一種の調味料にして、野菜や豆、ときには肉や魚介類を入れてつくる。

カレーの語源は、南インドのタミル語のカリ（汁）ではないかといわれている。小麦粉を入れてとろみをつけるようになったのは、十八世紀末頃にイギリスに紹介されてからである。調合済みのカレー粉が誕生し、牛肉料理などのソースに使われて広まった。十九世紀になると文明開化の日本に渡来する。カレーは西洋渡来の洋食の一つとしてハイカラなイメージで広がっていった。大正時代になると、ソース型から、ジャガイモ、ニンジン、タマネギ、牛肉あるいは豚肉などの具がいろいろ入り、黄色みがあって、やや辛いという、シチュー型のものに日本化されたのである。現在のカレーはこの大正時代の日本型カレーを引きついでいる。

ジャガイモ、ニンジン、タマネギは、明治時代以降に普及した新顔の野菜だったし、牛肉あるいは豚肉も鎌倉時代から江戸時代まで仏教の影響により肉食禁忌の風習があったから、大っぴらに食べられるようになったのは明治時代になってからである。

コメをつくりあげた人類の偉業

カレーライスの主役の一つは、ご飯である。人口比率で見るとコメを主食にしている人が圧倒的に多く、世界の約半分の人口を占める。その次がコムギ、そしてトウモロコシが続き、これらは世界三大穀物と呼ばれている。次いで多いのがジャガイモだ。

コメは日本や多くのアジア諸国の主食で、イネ目イネ科イネ属の植物の実（種子）である。日本人の主食のコメを例にして、人類の営々たる努力の跡を辿ってみよう。コメはイネの実（種子）の皮をむいて食べられるようにしたものだ。日本には縄文時代後期に中国から稲作が伝わった。そして、紀元前四世紀頃からの弥生時代には、稲作が広く行われるようになった。

作物として栽培されているイネは、もともとは野生のイネだった。人類は数千年前に栽培化を始めたのだ。野生のイネのなかから「倒れにくい」「実が落ちにくい」実を選んだのだろう。

作物としてのイネは、野生のイネ科植物と比べて一粒の実がとても大きく、デンプンが多く詰まっている。実はいっせいに（同じ時期に）熟す。しかも、熟しても地面に落ちずに、稲穂に留まっているのだ。

野生のイネは花が開いて自分の花粉がめしべについても受精しない。他のイネの花粉がめしべにつくと受精する「他家受粉」という性質を持っている。つねに他の花の花粉がついて雑種になるのだ。そのほうが、さまざまな性質の実ができ、環境の変異や病害虫のためにいっせいに死に絶えることがなく、どれかが生き残るという点で、野生のイネにとっては大切なことなのだろう。

しかし、長い歴史のなかで人類に栽培されたイネは、野生のイネの特徴を失った。花が咲くとすぐに自分の花粉がめしべにつく自家受粉によって受精し、実ができるようになった。

野生種	作物
小さな実(種子)	大きな実(種子)
さわると落ちる種子	さわっても穂から実(種子)が落ちない
ばらばらに熟す	一度に(同時期に)熟す

野生種のイネと作物のイネ

私たちが、そのような突然変異体を選び出して育ててきたからだ。こうしてすべて同じ性質を持ったイネになり、栽培しやすくはなったが、そのぶん弱くなったといえる。

野生種は実が小さく、熟すとぱらぱらと落ちてしまう。また、一度に熟さず、熟すのに時間的なばらつきがあった。植物にとって子孫を維持するための生存戦略であり、広い範囲にばらまくとともに、環境の変化があっても対応できるように、時期をずらして熟すのだ。

しかし、作物としては、一粒の実に栄養たっぷりが望ましい。また実が落ちにくく、しかも一度に熟すほうが収穫しやすくなる。収穫した実の一部は翌年にまくために残される。人類は、大きい粒のもの、落ちにくく、一度に熟すものを選んでいった。何百年、何千年という選択をくり返すなかで、現在のような品種をつくり上げたのだ。

人類はイネを品種改良して野生のイネの性質を大きく変えて、栽培・収穫しやすいイネにつくり変えてきた。コムギやオオムギも基本的に同様である。結果、作物としてのイネは、自然のなかで(野生で)育つには不都合な性質を持ってしまった。そのため田畑で人間が管理しながら栽培せざるをえないのだ。

大航海時代以降とジャガイモ

ジャガイモはカレーライスに欠かせない。

実は、ジャガイモが世界各地で植えられるようになったのはそんなに古いことではない。ジャガイモの故郷を辿っていくと、南米のチリの山のなかに辿りつく。アンデス山地だ。そのあたりにはいまもジャガイモの野生種が暮らしている。紫色の花も葉の形も全体もジャガイモに似ているが、あまりにも小さい。根元から掘ってみると、小指の先ほどのイモをつけている。中央アンデスのあちこちに見られるが、このイモには毒があって食べられない。

アンデスの人々は、こうした野生種にさらに手をかけて作物に仕上げていった。イモが、より大きく、よりおいしく、さらに毒が少ない個体を選んでいったのだろう。ペルーでは三〇〇種類ものジャガイモが栽培されていた。

ジャガイモがヨーロッパに伝えられたのは、クリストファー・コロンブス（一四五一頃～一五〇六）やフランシスコ・ピサロ（一四七〇頃～一五四一）などが活躍した大航海時代だ。十六世紀にスペイン人がアメリカ大陸を発見したとき、そこに見なれない植物が生えているのを見つけたが、その一つがジャガイモだった。やがてヨーロッパに導入されたが、それがいつのことかははっきりしない。その後、ジャガイモの有用性が広まり、世界のあちこちで栽培されるようになった。

ヨーロッパの人口増大に貢献

最初、ジャガイモは観賞用だった。花を愛でたのである。ジャガイモはスペイン人が野蛮人扱いしていたアンデスの先住民の大好物だったため、気位が高いヨーロッパ人は下品な食べ物とした。動物と貧民の食べ物とされたのである。

それでも十七世紀半ばになるとジャガイモに対する別の見方が出てきた。

一六六二年にイギリス・サマセット州のある農場経営者は、「ジャガイモがあれば飢饉《ききん》

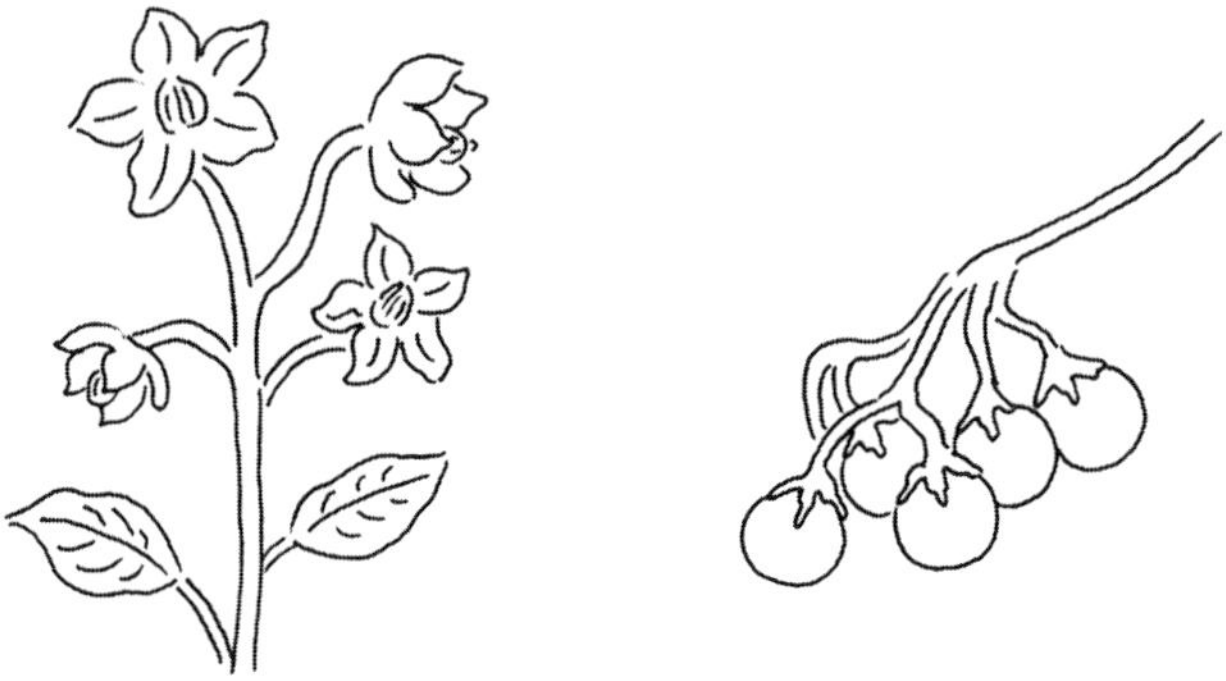

ジャガイモの花と実

のときにこの国を救うことができるでしょう」とロンドンの王立協会に文書で提案した。ジャガイモは高い生産力を持ち、収穫部分が地下にあるため冷害を受けにくく、生育が百日足らずで凶作に強い。

ヨーロッパではまず食料不足が目立ったアイルランドで広く利用された。その後、アイルランドから北アメリカへ伝えられ、一七一八年から動物の飼料として栽培されると、一八〇〇年頃には裕福な人々も食べるようになり、とくにアイルランドでは主食となった。

プロイセン（ドイツ）では、十八世紀にフリードリッヒ大王（二世）が、積極的にジャガイモをつくらせた。拒否する農民には耳と鼻を切り落とすと脅してまで栽培させたという。

フランスでは、一七七一年にある学会が、飢饉のときにコムギに代わる食料を発見した人に多額の賞金を与えると発表した。農学者アントワーヌ＝オーギュスタン・パルマンティエ（一七三七〜一八一三）はジャガイモを提案した。

パルマンティエはジャガイモの普及のためにさまざまな計略をめぐらしたという話がある。王妃マリー・アントワネットは、ある日の夜会で髪にパルマンティエから贈られたジャガイモの花を飾った。すると、パリ中がジャガイモという物珍しい植物の噂でもちきりになった。しかもパルマンティエはジャガイモが育つあいだ、王の承認を得て、畑に番兵を立てて見張らせたので、それを見た人々は栽培している作物が余程貴重なものだと思い、盗み出したという。見事な宣伝戦略である。ジャガイモを収穫した後、彼は多数の有名人を招いてジャガイモ尽くしの料理でもてなす宴会を開いた。客のなかには化学者のアントワーヌ・ラボアジェ、アメリカの政治家で科学者のベンジャミン・フランクリン（一七〇六〜一七九〇）もいた。こうして多くの人がジャガイモ党になったのだ。

パルマンティエは、ジャガイモに毒がふくまれていないこと、また、栽培の方法や利用法について記した本を出版した。ルイ一四世は彼に感謝して、「貴下が貧民のためのパンを発見したことに対して、フランスは今後当分貴下に感謝するだろう」と述べた。

こうしてジャガイモはヨーロッパ全土に普及していった。他方、極端に依存したことによる悲劇があった。アイルランドで一八四六〜一八四七年にかけて始まった飢饉で、七五万〜一〇〇万人が餓死し、一〇〇万人以上が国を出てアメリカやオーストラリアに渡っていった。ジャガイモが目に見えないジャガイモエキビョウキンに感染したことによる大凶作が原因だ。

それでもジャガイモは、十八世紀以降のヨーロッパの人口増大に大いに貢献したといえる。日本へは十六世紀末の戦国時代に、ジャワ（ジャガタラ）から来たオランダ人によって伝えられた。ジャガイモ（ジャガタライモ）の名の由来はここにある。

広く栽培されるようになったのは明治時代以降のことだ。ジャガイモは肉類と一緒に食べるとおいしさが出る。そのため、同じように渡来したサツマイモとは異なり、肉食が普及する明治時代まで時間を必要としたのだろう。

家畜化で定住化が促進

カレーの日本化のポイントは食肉だろう。牛肉・豚肉・鶏肉、魚介類など何でも利用できるのが日本型カレーの特徴である。

人間が野生哺乳類の家畜化に着手した動機は、まず食料の安定供給という経済的な目的だろう。そのほかに、神への「いけにえ」にするという宗教的な目的や、ペットとしての存在意義などもあったと考えられる。

現在、家畜化されている動物には家畜化しやすい要因があった。イヌやブタは野生のときに人間の食べ残しの掃除屋的な存在として生活圏のまわりにいた。ウシやヒツジは群れで生活をし、集団のなかではボスに従う性質が強いので、人間が管理しやすかったのだ。

家畜化は、イヌで一万四千年前、メンヨウ（ヒツジ）、ヤギ、ウシ、ブタで約一万年前、ウマで五千年前、ニワトリで四千年前に行われたとされている。

イノシシからブタへ

イノシシは何でも食べて多産である。人間がイノシシを家畜として長い年月をかけて改良して、ブタにした。では、どう変えたのだろうか。

まず、体つき。野山を駆け回るイノシシは、ブタに比べてずっとスマートだし、鼻ずらが長く、雄の下あごの犬歯はキバとなって外に突き出している。性質も荒々しく、動作も機敏で、走るのも速ければ泳ぎも達者だ。これに比べると肉をとるために家畜化されたブタは、性質もおとなしく、改良されたものほど肉が多くとれるように下半身が太り、鼻の骨が短く、

イノシシとブタ

しゃくれ顔になっている。

さらにブタは、イノシシより発育が早い。体重が九〇キログラムになるのに一年以上かかるイノシシに対し、ブタでは六カ月ほどで済む。

また、ブタはイノシシに比べてきわめて繁殖力が旺盛だ。イノシシはふつう年一回、平均五頭（三〜八頭）の子を産むが、ブタは年に二・五回も産ませることが可能だ。子の数も平均一〇頭以上、種類によっては三〇頭近く産むものもある。子の数に応じて、お乳（乳頭）の数はイノシシでは五対であるのに対し、ブタでは七〜八対もある。

成長して子どもを産めるようになるのに、イノシシでは二年以上かかるのに対して、ブタは、わずか四カ月から五カ月で子どもが産めるまでに成熟する。

なお、イノシシにあるキバ（犬歯）がブタにはないが、これはキバになる歯を乳歯のときに折り取ってしまっているからだ。イノシシにある尾も、ブタではお互いに尾をかみ合ったりするので切られてしまっている。

狩猟採集時代の人類と動物

フランス南西部の渓谷で発見されたラスコー洞窟の壁画は二万年前の旧石器時代のクロマニョン人によって描かれたものだ。

一九四〇年に少年四人によって発見。一九六三年以降は壁画保全のために閉鎖されて、許可を得た研究者だけに公開している。ラスコー洞窟をふくむ装飾洞窟群は一九七九年に世界遺産に登録された。一般向けには精巧に再現されたレプリカが公開されている。

ラスコー洞窟は全長約二〇〇メートルもあり、もっとも深いところにある「井戸状の空間」は、縄ばしごなどを使って垂直に五メートルも下らないと行けない場所にある。クロマニョン人は、漆黒の暗闇のなかを、石でできた皿状のくぼんだ面に動物の脂をおいて火をつけた小さなランプの灯りだけを頼りに進み、洞窟の奥まで辿りつき絵を描いたのだろう。

二〇〇〇点弱ある壁画に描かれている躍動感あふれる色彩豊かな絵の半分近くは動物たち——ウマ、雄ジカ、バイソン（野牛）、ネコ、クマ、鳥、サイなど——だ。クロマニョン人は動物を飼い慣らして家畜にしていないので、これらはすべて野生動物だ。洞窟で発見された動物骨の九〇パーセントはトナカイだが、そのトナカイは一頭しか描かれていない。

これらは、当時の人々の動物への関心の深さを如実に物語っている。

農耕革命と都市の成立

狩猟採集の遊動生活から、定住して作物を育て、牧畜を行う——つまり農業を行う新しい生活への大転換は「農耕革命」（または農業革命）といわれる。農耕革命が起こったのは、ほぼ一万年前、現在のイラン・イラク・ヨルダン・レバノン・イスラエルにまたがる地域（古来、「肥沃《ひよく》な三日月地帯」といわれる）が有力視されている。

農耕革命で、食料の供給が安定すると、人々の定住化はさらに進む。集団で農作業を行うためには指導者が必要になった。石づくりや日干しレンガによる家屋がつくられ、城壁なども登場した。外敵から身を守るためには武人も必要だ。また、豊作を祈るために神殿を中心にした集落に発展した。

狩猟採集の頃は、人々は遊動していたため富の蓄積は難しかったが、農業中心の定住生活になると富の蓄積が可能になる。そして、貧富の差や身分の差も生み出された。

食料に余剰が出ると、農業に従事しない人々も現れてくる。王、神官、武人、平民、奴隷などの階級社会になっていく。こうして約六千年前の古代都市ができて都市文明の発祥に至るのである。

農業の開始は、人類史の大転換点になったのだ。

生きるために必須の五大栄養素

私たちにとって非常に大切なモノである食物。私たちは食物を摂取することによって、生命活動に必要なエネルギーや成長の源になる栄養分（五大栄養素）を得ている。カレーライスを食べることも、五大栄養素を摂取するのに役立っている。

五大栄養素とは、次のものだ。

【炭水化物】　エネルギーのもとになる。体内で直接分解できる糖質と、できない食物繊維がある。糖質にはブドウ糖や乳糖、麦芽糖やデンプンなどがある。主食のご飯やパンのおもな成分はデンプンである。デンプンはブドウ糖が二〇〇〜一〇〇〇〇個結びついてできており、消化されるとブドウ糖になる。

【タンパク質】　動物の細胞で一番多いのは水だが、次に多いのはタンパク質だ。私たちの筋肉や各器官はタンパク質からできている。さらに生命活動を支える酵素、ホルモン、抗体（免疫で体外からの侵入者を攻撃して体を守るはたらきをする）などもおもにタンパク質からできている。タンパク質を多くふくむ食品には肉、大豆、魚、卵、牛乳などがある。タンパク質は多種類あるアミノ酸が数百〜数千結びついてできており、消化されるとアミノ酸になる。

【脂肪】　脂質の一つである脂肪は、体内でエネルギー源や体の構成成分になっている以外に、肝臓から出てくる胆汁酸の材料になったりしている。脂肪は一つのグリセリン分子と三つの脂肪酸分子が結びついてできており、消化されると脂肪酸とモノグリセリドになる。

【ビタミン】　生物が正常に生きるためにわずかに必要であり、体内でつくり出せない一群の有機物。人間に必要なビタミンは一三種類ある。糖からエネルギーを取り出すときに役立ち、神経のはたらきを正常にするビタミンB_1や、カルシウムの吸収を助けるビタミンD、ケガをしたとき止血に役立つビタミンKのほか、赤血球をつくるのを助ける葉酸というビタミンもある。

【ミネラル】　炭素、水素、酸素、窒素の四種類の元素が基本になっているが、それ以外の物質がミネラルである。漢字では灰分。無機質ともいう。多く必要なもの（多量ミネラル）と、わずかに必要なもの（微量ミネラル）がある。多量ミネラルにはナトリウム、カリウム、カルシウム、マグネシウム、リンがある。

私たち人類は雑食性だ。動物食も植物食も行う。だからこそ、あらゆるところで、あらゆるものを食べ物として利用して生き延び、世界各地に拡散することができた。しかし、逆に言えば、幅広く食べないと健康を維持できない。草食獣のシマウマも肉食獣のライオンも、草ばかり、肉ばかり食べても健康を害しないが、人は偏った食生活では健康を害する。現在のような飽食の時代でも健康問題が生じるのは雑食性のゆえだ。

料理によって人類が得たもの

リチャード・ランガム（八九頁）によれば、料理こそが人類を進化させ、現在の人類をつくったそうだ。定説的にはおもに肉食が脳を大きくしたと言われてきたが、彼は料理することで生食よりはるかに多くのエネルギーが得られたため、歯や顎、胃腸が小さくなり、脳を大きくしたと主張する（『火の賜物　ヒトは料理で進化した』NTT出版）。

もし、あなたがランガムの論には賛成できないとしても、料理によって人類が次のようなものを得たことには同意できることだろう。

人類は、石器を使って狩りをしてとった動物や自生している植物や果実、木の実を生で食べていた。火を利用するようになると、食べ物を直接火で焼いたり、灼熱した石で焼いたりした。さらに土器を使って煮炊きするようになり、食材の加熱調理で、安全性を確保したのだ。

自然界には、人体にとって毒である物質も多い。一方で毒を取り除いたり、加熱によって毒性をなくしたりすれば食べられる食材もある。また、食材は、時間の経過にともなって雑菌が繁殖することが避けられない。雑菌のなかには人体に有害なものもある。あるいは寄生虫が入り込んでいる食材もある。しかし加熱をすれば雑菌や寄生虫は死滅するので、多くの場合、より安全に食べられるようになる。

さらに、食材の加熱調理により、やわらかくて食べやすくなり、消化・吸収しやすくなった。たとえば肉は、加熱することでやわらかくなり、消化・吸収されやすくなる。

また、固い穀物の実（種子）など、いままで食べられなかった固い食物でも水と煮ることでやわらかくできるようになり、摂取できる食物の種類が飛躍的に増えたのである。

さらに味や香りがよくなり、「おいしく」もなる。肉の主成分は水とタンパク質と脂肪である。タンパク質は分子が大きく、そのままでは味を感じることはないが、タンパク質が分解されたアミノ酸は、うま味として感じることができる。アミノ酸は肉の細胞のなかや細胞と細胞のあいだの組織液のなかにふくまれているので、肉を調理したときに出てくる肉汁は、アミノ酸が多くふくまれた肉のうま味そのものである。また、肉の脂肪にはさまざまな香りの成分がふくまれており、牛、豚、羊などの種ごとに大きく異なる。これがそれぞれの肉に特有の風味を生み出している。料理のおいしさには、味だけではなく香りも重要なのだ。

第7章

歴史を変えた ビール、ワイン、蒸留酒

酒と農業の始まり

酒（アルコール（エタノール））とのつきあいは、おそらくいまから一億三千万年前までさかのぼる。

果実をつける種子植物（花を咲かせる植物）が登場した時代だ。その頃の私たちの祖先は、まだ人類になっておらず、恐竜に怯えるリスのような初期哺乳類だった。そこに、サッカロミセス（サッカロマイセス）・セレビシエという果実を好む「酵母」が現れた。

サッカロミセスは、果実の果糖やブドウ糖などの糖から生活のエネルギーを得る。アルコールを副産物としてエネルギーを得る方法は効率はよくないが、その代わりにアルコールを毒とする他の微生物を寄せ付けない効果があるのだ。

そして、果実を食べる哺乳類は、果実が成熟したかどうかをアルコールの匂いで知ることができる種が有利になった。そのため、私たちの祖先は、アルコール好きの性質を持って進化してきたのだろう。

はじめは果実や蜂蜜などの自然発酵によって酒ができたのだろう。酒をつくる酵母は自然界では糖分の多い環境に暮らしており、果実の皮などにも付着している。そのため、果実をつぶして容器に置けば、次第にアルコール発酵が進む場合が多い。石でも木でも凹みがあるところに果汁や蜂蜜を放置しておけば、自然界にある酵母の胞子が入り込んで発酵が始まる。いわば自然にできあがった「お酒」である。

水以外の「飲み物」が世界史上に本格的に登場したのは約一万年前。ホモ・サピエンスが定住生活をし、農耕革命を起こしたときだ。

いまのところ年代が確認された最古のアルコール飲料の遺物は、中国の賈湖《ジアフー》遺跡で発見された約九千年前のものである。二〇〇四年、この遺跡から発見された壺の内部に残っていたものを化学分析すると、「米、蜂蜜、ブドウ、サンザシ」が使われていることがわかった。九千年前の人々は、これらの材料を混ぜた「ブドウとサンザシのワイン、および蜂蜜酒、さらには米のビールを混ぜた複雑な発酵飲料」を味わっていたのだろう。

ビールは給料にもなった

ビールは穀物が原料である。かつての人類は、ビールを皮袋や動物の胃袋、くり抜いた木や石、大型の貝殻などでつくっていた。紀元前四〇〇〇年までには近東一帯に普及しており、発祥の地はティグリス・ユーフラテス川流域のメソポタミア平原とされている。

ビールへの欲求から農業が本格化したという見方がある。原料を野生の穀類の採集に頼ったままでは安定してビールをつくることはできない。そこで、耕作で穀物を確保すべく、「栽培」をするようになったというのだ。

紀元前四〇〇〇年頃の現代のイラクにあたるメソポタミアの土器に、二人の人物が大きな陶製のかめからストローでビールを飲んでいる姿が描かれている。当時のビールには、穀物の粒や殻、その他のごみが浮かんでいたので、飲むためにはストローが必要だったのだ。読者の誤解がないように補足しておくと、「ごみ」といっても沸騰した水を使ってつくるので煮沸殺菌はされており、安全性の高い飲み物だったのである。

紀元前三〇〇〇年頃、メソポタミア文明を開いたシュメール人はムギ類の栽培を行った。麦芽をつくって乾燥させ、これをコムギの粉に混ぜて、パンに焼き上げたあとに砕いて湯で溶き、自然発酵によってビールをつくったという。農業を中心とした定住生活をするようになると、余剰穀物のおかげで農業に従事せずに、別の仕事をする人々も出てくる。彼らの給料はパンとビールで支払われた。たとえば、紀元前二五〇〇年頃、エジプトのピラミッド建設の労働者への標準的な配給はパン三〜四斤とビール約四リットルだった。国家が穀物を貢ぎ物として集め、労働の対価として再分配したのである。

古代エジプト人にとってビールはとても身近な飲み物で、家や居酒屋で飲むことができた。当時のビールは現在のものよりアルコール度数が高く、約一〇パーセントであったと考えられている。

飲んで踊り出したり歌ったりするくらいならいいが、酔っ払って迷惑をかける人もいたようだ。古代エジプトには、飲み過ぎを注意する文章が残されており、たとえば次のような箴言がある。

「人々がビールを飲んでいる家に出入りするな。なぜならきみの口から洩れた言葉は人々によって広められるからだ。とりわけきみがなにをしゃべったのか、全くわからないような場合には、きみのために災害となる。またきみが酔っぱらって倒れたら、骨を折るだろう。しかもきみに手を貸して助けてくれる者はいない。きみと陽気に飲んでいた仲間たちは『この酔っぱらいを戸口の外にほうりだせ』というだろう。きみの本当の友人たちがきみを捜しにきた時、きみは幼児のごとく無力に地面に横たわっているだろう」

（『ビールの文化史１』春山行夫著、平凡社）

このあたりは、現在の私たちの宴会とまったく変わらないといえるだろう。なお、ビールは紀元前八世紀〜紀元前七世紀にはアッシリア人に好まれて、次第にギリシア、ローマへと伝わったが、両国はワインを重視したため、麦作をしていた北欧のゲルマン人に引きつがれていった。

パンづくりとビール

パンは、小麦粉、ライ麦粉などパン用の穀物の粉を、酵母（イースト）、水、食塩を中心とした材料を使ってよく混ぜ、練って発酵させた生地を焼いた食品だ。

発酵して生地がふくらむパンの歴史は、紀元前四〇〇〇年のエジプトにさかのぼる。それまで小麦粉を粗粒にして水でこねたものを平焼きにしていた。それがパンの原型だ。しかし、あるときに、大発見があった。小麦粉を水でこねて、しばらく放置しておいてからパンを焼くと、生地がふくらんでやわらかく仕上がった。おそらく、自然界の酵母が生地についたのだろう。しかも、生地の一部は、次のパンのもと（タネ）として使うことができた。

また、ビールづくりでできた泡をタネに使えば、もっとよいパンが焼けた。パンづくりの主役はビールなどのアルコールをつくる酵母だ。酵母はパン生地のなかにわずかにふくまれているブドウ糖や麦芽糖などを栄養に発酵し、発生する二酸化炭素で生地をふくらませる。

一緒にできたアルコールはパンを焼くときにほとんどが揮発してしまうが、わずかに残っていい香りを与える。

酵母と発酵

お酒のアルコール（エタノール）をつくるのは、酵母という微生物の一種である。生物に菌類（真菌類）というグループがある。見た目でカビ・酵母・キノコに分けられる。つまり酵母はカビやキノコと近い。カビ（糸状菌《しじょうきん》）は、胞子が発芽すると数日でみるみる糸状の菌糸が放射状に枝分かれしながら伸びていく。そして菌糸の先端に胞子をつくり、飛散させるのだ。

酵母は一〇〇分の一ミリメートルほどの大きさの単細胞生物で、球形や楕円《だえん》形、ソーセージ形などさまざまな形をとり、出芽や細胞分裂で増える。カビとは違って酵母の細胞はふつう糸のようにつながっていない。酵母が増えると、ばらばらの細胞が集まって、球形の粘性のあるかたまりになる。

しかし、酵母のなかには、人の常在菌のカンジタのように生育条件が変わるとカビのように糸状に生えるものもあるので、カビと酵母の区別は曖昧だ。それでも酵母は発酵などで重

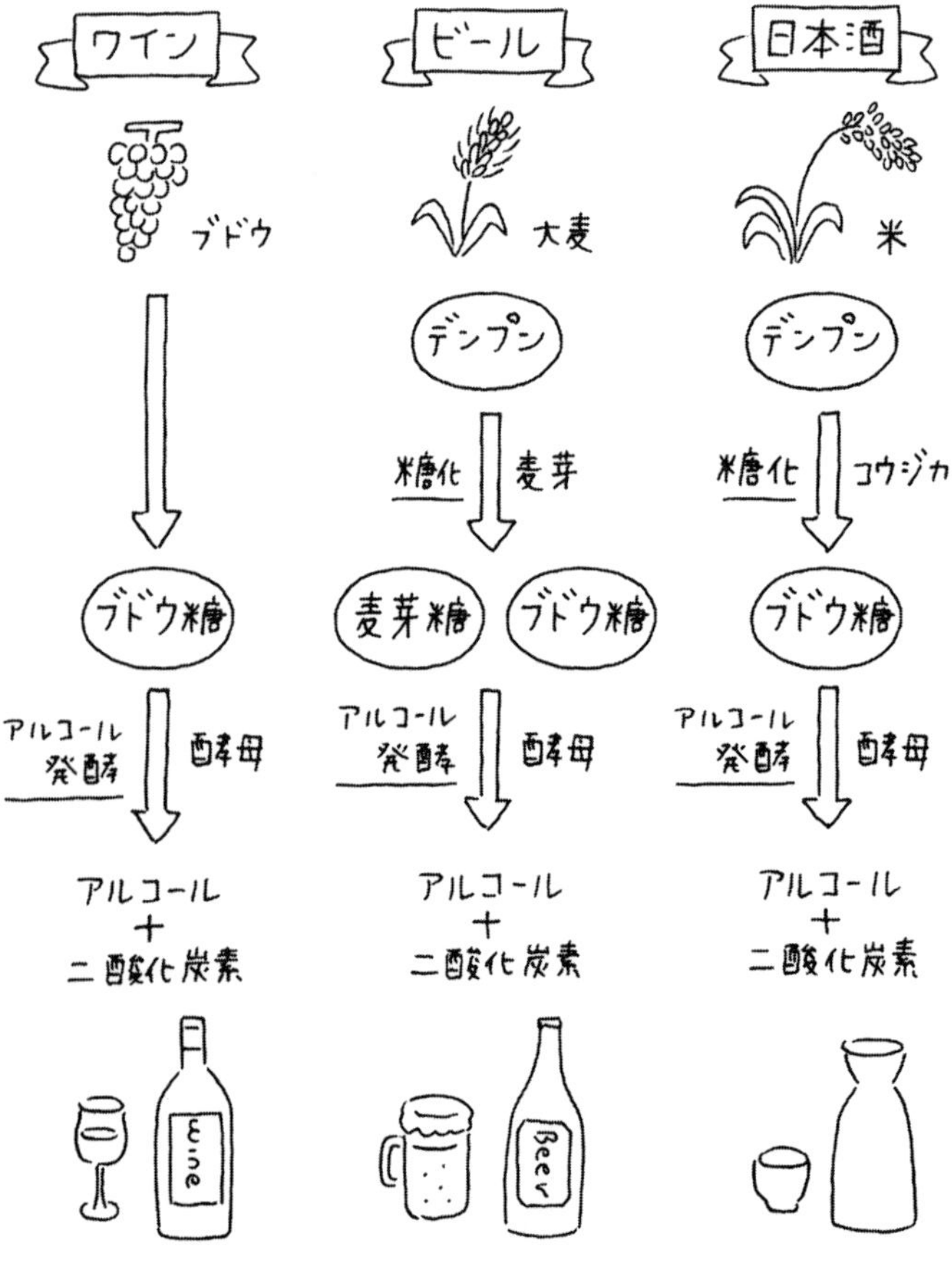

酵母によるアルコール発酵

要なものが多いので、実用上、カビとは区別されることが多い。

ビール、ワイン、日本酒、パンは、サッカロミセス（サッカロマイセス）・セレビシエという酵母のはたらきによってつくられている。同じ酵母でも菌株はそれぞれに適したものを使い、たとえばビールに使う酵母をビール酵母という。

酵母サッカロミセス・セレビシエは、ブドウ糖を好んで食べ、アルコールと二酸化炭素にする。なお、サッカロミセスはギリシア語で「砂糖と菌」、セレビシエはラテン語で「ビール」という意味になる。

酵母は麦芽糖やブドウ糖をもとに発酵するが、デンプンをもとには発酵できない。ワインはブドウの果汁にブドウ糖を多くふくむので、そのままワイン酵母で発酵させることができるのだ。

大麦や米などデンプンをもとに酒をつくるときは、デンプンを麦芽糖やブドウ糖に分解する必要がある（これを「糖化」という）。たとえば、ビールは大麦を原料にしており、大麦を発芽させて麦芽にすると酵素アミラーゼなどができる。大麦のデンプンをアミラーゼなどで分解して、麦芽糖やブドウ糖にしてからビール酵母で発酵させるのだ。日本酒は、米にコウジカビ（麹）をはたらかせてブドウ糖にする。

ブドウ糖を酵母で発酵させると、アルコールと二酸化炭素以外に酸やアミノ酸、香気成分などもできる。

ドイツの「ビール純粋令」

中世になると、ヨーロッパでは、当時学問の府であった修道院がビール製造の中心になっていった。ビール醸造室とパン製造室とが隣り合って配置されている修道院もあったという。十一世紀後半になると、ホップを使うとビールの品質がよくなることがわかって、ホップビールが次第に広まったのである。

一五一六年、ミュンヘンの王侯が「ビールは大麦、ホップと水でつくる」と定めた「ビール純粋令」を布告した。その後、酵母を加えて「ビールは麦芽・ホップ・水・酵母のみを原料とする」となったが、ドイツは現在もこの基準を踏襲している。

十六〜十七世紀になると、修道院で行われていたビール醸造が、国家、あるいは市民の手に移った。大航海時代には、ビールは腐りやすい水の代わりに飲料用として用いられ、アメリカ大陸へ渡航したメイフラワー号には、四〇〇樽《たる》ものビールが積み込まれていた。つまり、ビールがなければ大航海時代は続々と「成果」をあげることができなかったかもしれないのだ（新大陸の人々にとっては「災厄」となったわけだが……）。

ワインの歴史

ワインはつぶしたブドウの果汁を発酵させたものである。おそらく最初は、ブドウの皮についていた天然の酵母によってアルコールができたのだろう。

最古のワインの遺物は、現在のジョージア（旧グルジア）が位置しているコーカサス山脈周辺のエリアから見つかった。二〇一七年に、土器が吸収した成分を化学分析すると、ユーラシア地域のブドウを醸造したことを示す物質が検出された。土器には、ブドウの房や踊る男性の素朴な画が描かれている。このエリアは、ワイン醸造の遺跡も残されており、八千年以上も前からこの地でワインが親しまれていたことが遺物の分析から示されたのだ。

穀物や果物を酒に変える技術は、人を酔わせるアルコールの作用が解明される以前は、大変に不思議なことであり、神秘性、宗教性が付与されていた。そうした宗教的飲み物の代表がワインである。ワインはメソポタミア、エジプト、クレタ島を経由してギリシア世界に伝えられ、ギリシア、ローマで広く愛飲された。

古代ギリシアのワインは、いまと違って生のままでは飲めないくらいどろどろとして濃厚で粘り気があったので、水などで割って飲まれていた。ギリシア人にとって、ワインの割り方、飲み方などにもこだわりを持つことは、みずからの洗練さを強調する行為であった。

シンポジウムの語源

ワインの赤い色は酒神・収穫神ディオニュソスの「血」と重ねてとらえられた。ギリシア人が、この神に捧げた典型的な習慣に、正式な酒宴を意味する「シュンポシオン」があった。シュンポシオンは、参加者一二人がもっとも一般的で、三〇人を超えることはまずなかった。水で割ったワインの杯を傾けながら、高尚な哲学から日常雑事の問題まで、ありとあらゆる話題を取り上げて語り合い、ときにはゲームに興じる。長時間飲み続けるので、乱痴気《らんちき》騒ぎ、けんかなどになる場合もあった。

シュンポシオンでは人間の本質が露わになる。よい面も悪い面もあるが、哲学者のプラトンは『饗宴』で師ソクラテスをふくむシュンポシオンの参加者が、愛について討論する様子を描き、アルコール（ワイン）は、適切なルールさえ守ればよい面のほうが優るとした。プラトンはアテナイ郊外のアカデメイアに学園を創設し、四十年以上に渡って哲学を教えたが、講義や討論の終了後には弟子とともに食事をし、適量のワインを飲み、所定の作法にしたがって順番に話をし、そして相手の話に耳を傾けなければならないと主張した。

古代エジプト・アレクサンドリアの蒸留装置の例

こうして、プラトンが行ったシュンポシオンの形式は、「一つの問題について、二人以上の講演者が異なった面から意見を述べ、討論および議論を行う」というシンポジウム（討論会）の語源になり、学問の世界に残っている。そのように考えると、「ワイン」がギリシア哲学を発展させたと言えるのかもしれない。

錬金術師と蒸留酒

蒸留という操作は、物質の沸点の違いを利用して、いったん気体にしてから、それを冷やして物質を分ける方法である。

蒸留には、レトルトというガラス器具がよく使われた。球状の容器の上に長くくびれた管が下に向かって伸びている形をしている。液体を入れて球状の部分を加熱すると、蒸気が管の部分に結露し、管をつたって取り出したい物質を容器に集めることができる。レトルトは錬金術で広く用いられた。

中世の錬金術師によって蒸留酒をつくる技術は確立された。強い蒸留酒は、何度も蒸留をくり返してつくられた。最初の蒸留では「燃える水」といわれる約六〇パーセントのアルコールが得られる。蒸留をくり返すと、「アクアヴィテ（生命の水）」と呼ばれる九六パーセントくらいのアルコールになる。僧侶や薬剤師は、アクアヴィテに薬草などを溶かし込んだりして、貴重な薬として扱った。そのため、ヨーロッパを襲ったペストはアクアヴィテ、つまり蒸留酒が普及するきっかけになり、ペストの流行が去った後も蒸留酒を飲む習慣が残った。高濃度のアルコールの蒸留酒が持つ「短時間で簡単に酔うことができる」性質が人々の心をとらえたのだ。

大航海時代に重宝された蒸留酒

十二世紀頃、「聖なる水」と呼ばれる、穀物を原料とする蒸留酒「ウィスキー」がアイルランドではじめてつくられた。十六世紀にウィスキーはスコットランドで一般化した。

そして、大航海時代には、当初はワインやビールが積まれていたが、場所を取らずにより多くのアルコールを船に積むことができて、しかも、腐ることがなく長期の保存に適した蒸留酒が取って代わった。

十七世紀には、イギリス、フランス、オランダがカリブ諸島で砂糖きびのプランテーションをつくり、その労働力のために奴隷貿易が盛んになった。アフリカの奴隷との交換品は、布地、貝殻、金属製の器、水差し、銅板など多岐にわたっており、もっとも貴重だったのは布地だったが、蒸留酒（ワインを蒸留したブランデー）も人々の心をとらえた。

さらには、砂糖づくりで出る廃棄物の糖蜜からつくる、格安で強い蒸留酒（ラム酒）が人気になった。航海とともに蒸留酒は世界に広まり、やがて人々の生活のなかに浸透していった。

こうして、世界にウィスキー、ブランデー、ウォッカとさまざまな蒸留酒が現れ、今日、私たちの前には各種のスピリッツ（蒸留酒）が存在するのだ。

私も毎日のように飲んでいるアルコール系飲料は、世界保健機関（ＷＨＯ）のがん研究専門組織である国際がん研究機関（ＩＡＲＣ）による発がん性評価で、「グループ一」にランクされている。

ＩＡＲＣの発がん性評価は、おもに、人に対する発がん性に関するさまざまな物質・要因

グループ1	人に対して発がん性がある（明確な科学的根拠がある）→アルコール系飲料をふくむ120種類
グループ2A	人に対しておそらく発がん性がある
グループ2B	人に対して発がん性があるかもしれない
グループ3	人に対する発がん性を分類できない
グループ4	人に対しておそらく発がん性はない

IARCの発がん性評価

おもに人に対する発がん性に関するさまざまな物質・要因を評価して5段階に分類

を評価し、五段階に分類している。ヒトにおける証拠（疫学研究）と実験動物における証拠の強さにもとづいてのランクだ。

ただし、IARCの発がん性評価は、発がん性の強さではなく、発がん性の「証拠の強さ」を評価したものだ。つまり「グループ一」だからといって、その摂取や曝露がただちに発がんにつながるわけではない。発がん性の強さ、発がんに至る量や時間というリスクの大きさは考慮していないのだ。アルコール系飲料は、発がん性物質としての「証拠」の強さでは、ピカイチということである。

「グループ一」には、他にも迫力ある顔ぶれが並んでおり、ヒ素およびヒ素化合物・アスベスト・ベンゼン・カドミウムおよびカドミウム化合物・六価クロム化合物・ホルムアルデヒド・γ（ガンマー）線照射・放射性ヨウ素被曝・太陽光曝露（紫外線による）・もっとも毒性の強いダイオキシン・X線照射・受動的喫煙環境・タバコの喫煙・紫外線を発する日焼けマシーンなどがある……。

0.01%	軽い酩酊
0.05%	軽い乱れ
0.10%	知覚能力低下、反応が鈍くなる
0.15%	感情が不安定になる
0.20%	ちどり足、嘔吐、精神錯乱（泣いたり笑ったり）
0.30%	会話不明瞭（ろれつが回らない）、知覚喪失、視覚の乱れ
0.40%	低体温、低血糖、筋コントロール不全（腰が抜けて立てない）、けいれん、瞳孔拡大
0.70%	意識障害、昏睡、呼吸不全、死亡

急性アルコール中毒
症状は血液中のエタノール濃度によって分類できる

一気飲みと急性アルコール中毒

あなたが、解毒能力を超えてお酒を飲み続けるとどうなるのだろうか。血液中のエタノール量が増え、新皮質にとどまらず、辺縁系、小脳、脳幹など他の部分も麻痺し始める。後は飲むほどに、酩酊《めいてい》、泥酔、昏睡状態となり、やがて死に至る。これを急性アルコール中毒という。

飲んだアルコールが脳に到達するまでには三十分程度かかると推定されている。それなのに、飲み始めてから酔いを感じないからとどんどん飲み続けると、時間がたってから一気に血液中のアルコール濃度が高まってしまうのだ。突然記憶をなくすなどの症状もあるが、最悪死に至ることがある。

最初は大きな声を出して騒いでいた人が、そのうちにまっすぐ歩けなくなり、ちどり足になったり、ろれつが回らなくなったりした場合は、すぐに飲むのを（飲ませるのを）止めることだ。いまではだいぶ減ったようだが、無理矢理アルコールを飲ませたり、一気飲みをさせたりすれば、死を招くことがある。一気飲みは大変危険なので、絶対にやってはならない。

アルコール依存症になると、肝臓を壊し、飲酒して社会問題を起こすリスクが高まる。また、いったん飲み始めると、飲むのを止める（アルコールの摂取を止める）というブレーキが壊れた脳の状態になり、職場や家庭内でさまざまな問題を起こし始める。

ひと仕事の後、スポーツの後、親しい人との語らい、日頃のストレスの解消に、お酒はこよなき人生の友であるが、ときには人の体や心を駄目にする悪魔の飲み物にもなるのである。

第8章

土器から「セラミックス」へ

揺らぐ縄文時代のイメージ

人類は火を使うようになると、食べ物を直接火で焼いたり、灼熱した石で焼いたりした。さらに土器を使って煮炊きするようになった。土器が発明されたのは、中国江西省では二万年前、極東ロシア、中国南部では一万五千年前のことだ。

土器は、おもに非常に細かい粒の土である粘土からつくる。粘土は、水を加えて練り合わせると適当な粘り気を持ち、さまざまな形にすることができる。それを火で焼くと粘土粒子の一部が融け、粘土粒子どうしが接着して硬くなり土器ができあがるのだ。

また、初期の土器は野焼き（露天火）で焼かれた。焼成温度は六〇〇〜九〇〇℃だ。多くは平地または簡単なくぼ地で焼いたと推定される。土器で煮ると堅果類（ドングリ、クリ、クルミなど）や根茎類（ウバユリ、カタクリ、ワラビ、ヤマノイモなど）がやわらかくなり、アクを除くことができた（アク抜きは水さらしでも行われた）。煮ると肉もやわらかくなり、うま味が増したし、その後干し肉にもできた。

そして、世界史上でも、土器によって煮炊き料理ができ、栄養豊富な煮汁まで摂取できるようになった、いわば「料理革命」で定住生活が始まり、その後、穀物を主役とした農耕革命（一四〇頁）へと進展していった。料理革命も農耕革命も土器なしでは不可能だったのである。

ちなみに、日本の土器で現在までに知られるもっとも古いものは、青森県の大平山元《おおだいやまもと》Ⅰ遺跡から出土した一万六千五百年前の縄文土器だ。これは、炭素一四年代測定法によるものである。

炭素という元素は陽子数六、中性子数六であわせて質量数一二のものが一般的だが、なかには中性子数が七や八のものもあり、なかでも中性子数八、つまり質量数一四の炭素は放射性壊変（放射線を出して他の元素に変わること）を起こす。

この放射性壊変を起こす速度は実験で求めることができ、半分が放射性壊変を起こすまでには、炭素一四の半減期である五千七百三十年もの月日を必要とする。動植物が生きているときは炭素一四の取り入れ量と排出量は同じである。しかし、死んでしまうと、炭素一四は放射性壊変を起こして減少するだけになる。

そこで、遺跡から出てきた動植物の遺骸の炭素一四の放射性壊変の結果を測定することで、元の状態からどれほどの時間がたったのかを計算することができるのだ。

しかし、ここでかつて中学社会、高校日本史などで教えられた縄文時代の知識と大きくぶつかることになる。

あなたは、縄文時代を「およそ一万二千年前から日本列島に住んでいた人類は、残された土器表面の縄による紋様にちなんで縄文人と呼ばれ、彼らの住んでいた時期は縄文時代と称されている。縄文時代はいまからおよそ一万二千年前から二千三百年ほど前の時期で、狩猟採集社会だった。弥生時代に稲作が始まって人々は定住生活をするようになった」と学んでこなかっただろうか。

現在、縄文時代は、土器の製作技術にもとづいて、草創期・早期・前期・中期・後期・晩期の六つの期間に大きく分けられている。考古学者のあいだで議論はあるが、もし時間的にもっとも長く考えた場合、土器の出現の一万六千五百年前を縄文時代の草創期と仮定するならば、いままでの説より四千年以上もさかのぼることになる。

定住についても、南日本では約一万千年前に季節的な定住が始まり、一万〜九千年ほど前には通年の定住が始まったようだ。その他の地域でも、縄文人は基本的に「定住」していったのだ。なお、現在の日本史教科書には、縄文時代に定住生活していたことが記述されている。

日本最大級の縄文集落、三内丸山遺跡（約五千五百年前〜四千年前の縄文時代前期中葉から中期末の集落跡）に見られるように、人々は栗の木を集落のまわりに植えており、栗の実を食用にし、木材は住居の柱にも利用していた。

中期の遺跡ではヒスイ、コハク、黒曜石などが多数出土しているが、たとえばヒスイは新潟県糸魚川《いとい》流域、コハクは千葉県の銚子や岩手県の久慈が原産地である。遠隔地との交易がなされていたのだ。また、エゴマ、ヒョウタン、ダイズ、アズキなどからコメまでの穀類までも栽培していたと見られる。土器をつくるときに粘土中にまぎれ込んだコクゾウムシ（コメ専門の害虫）やダイズの痕跡が多数見つかっている。

おそらく、縄文人は植物の栽培に乗り出していたのだろう。ただし、「農耕」をしていたレベルかどうかには議論がある。コメの栽培などが状況証拠から確実視されていても、稲作が農耕の基本となる弥生時代とは区別して考える考古学者が大勢《たいせい》のようだ。

今後、縄文時代の年代や縄文人の暮らしのイメージも、大きく変わっていくのかもしれない。

焼成レンガとインダス文明

世界史で四大文明とは、エジプト、メソポタミア、インド、中国に発祥した古代文明の総称である。いずれも、ナイル、ティグリス・ユーフラテス、インダス、黄河の大河流域で起こった。

このうち、インダス文明（紀元前三〇〇〇～紀元前一五〇〇。最盛期は紀元前二三五〇～紀元前一八〇〇頃）は、二十世紀初頭、インドを統治下に置くイギリスにより、ハラッパー遺跡とモヘンジョ・ダロ遺跡（ともに現パキスタン）が発見され、調査によって実態がわかってきた。この文明はインダス水系を中心にして、東西一六〇〇キロメートル、南北一四〇〇キロメートルにわたる広範な地域で築かれた。

インダス文明の特徴は、焼成レンガで建てられた建造物群と、きわめて綿密に計算された都市計画にある。

市街地は、全域がほぼ東西南北に走る五、六本の大通りによって区画され、さらにそれぞれは、ほぼ直角に交差し小路によって碁盤目状にくぎられていた。密集して建つ家々は焼成レンガで建てられており、各戸に井戸があり、炊事場や洗濯場が併設されていた。各戸からの排水は、レンガ造りの下水道へと導かれていたのだ。

レンガが建築材料として使用されるようになったのはメソポタミア文明の時代からだ。紀元前四〇〇〇年からの約千年間は、太陽のもとで乾燥させた日干しレンガが使用されていた。ただし日干しレンガは、風雨にさらされると土に帰ってしまうという欠点がある。しかし、インダス文明では焼成レンガを使っていたので、日干しレンガよりずっと丈夫で、耐水性があった。

インダス文明の滅亡は世界史の大きな疑問の一つだ。原因には諸説あり、たとえば「膨大な焼成レンガをつくるために過剰に森林が伐採され、大洪水の原因の一つになった」などの自然環境悪化説などがある。インダス文明の後、インド北部は、アーリア人によるハラッパー農耕文化に変わっていく。おそらくはインダス文明は完全に途絶えて終わったのではなく、さまざまな面で後のインド亜大陸の文化の大きな源流となっているのだろう。

窯の発明

窯《かま》の使用は、焼き物の高温・長時間の焼成を可能にした。窯は内部を耐火物、外側を断熱材で覆い、物質を高温に加熱できる装置の総称だ。

焼成温度が高いと、原料の土中の長石や石英などの鉱物が融けて釉薬《ゆうやく》をかけた状態となり、ついにはガラス質の光沢が出てとても硬くなる。粘土や石英や長石などを原料にして、高温で焼き固めたものを陶磁器という。

陶器は「土物」ともいわれる。粘土（陶土）を原料とし比較的低温（八〇〇〜一二〇〇℃）で焼き上げたもので、磁器と比べると密度が低く割れやすいため、厚く仕上げられる。表面に

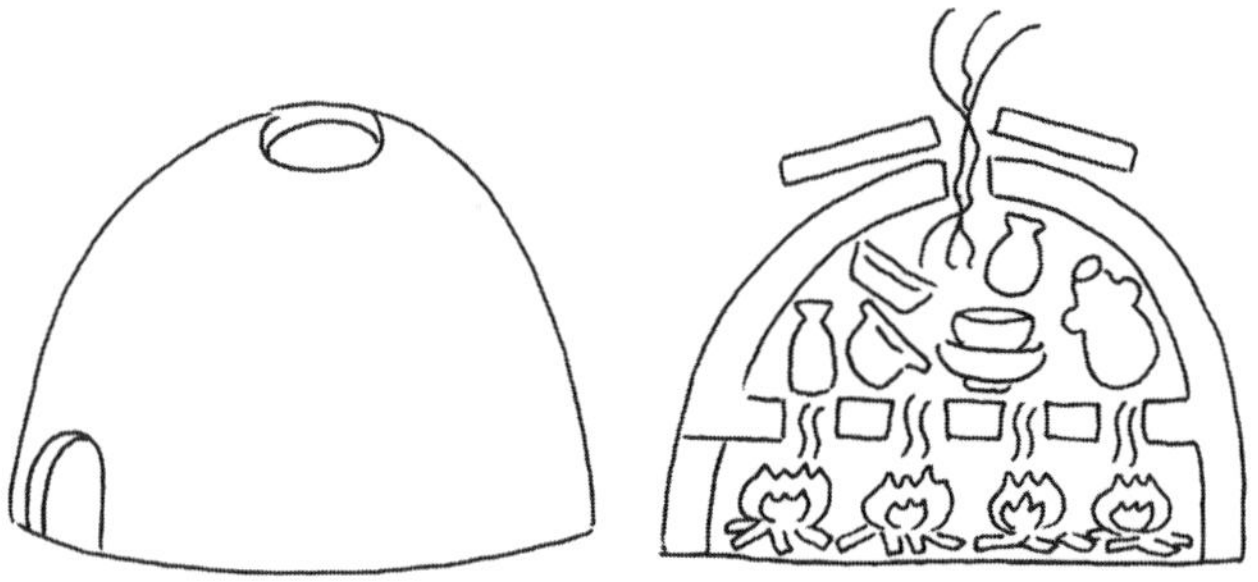

メソポタミアの窯の復元図（紀元前3500年）

種類	特徴	製品
土器 	比較的低い温度で焼成。多孔質で吸水性が大きい。	植木鉢、土管、屋根がわら、赤レンガなど。
陶器 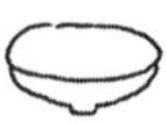	比較的高温で焼成。多孔質で吸水性が残り、たたくとややにぶい濁った音がする。	食器類、タイル、衛生陶器（便器、流し台）など。
磁器 	高温で焼成。吸水性がなく、硬く、強度も大きい。たたくとすんだ音がする。	食器類、装飾品（花びん、置物）、理化学用器具など。

陶磁器の分類

釉薬をかけて焼くことが多く、釉薬がかかった部分はガラスのようにツルッとしている。素朴で土の質感が残るものが多く、磁器より熱伝導率が低いので熱くなりにくく冷めにくいのが特徴だ。

また、磁器は「石物」ともいわれる。おもに石の粉末を練ったものを原料とし高温（一二〇〇～一四〇〇℃）で焼き上げたものをいう。高温で焼くため生地が硬く焼き締まり強度があるため、陶器より薄くつくることができる。素地が白く表面がなめらかなため、鮮やかで細かな絵付けが映えるのだ。

中国での磁器の発展

陶磁器のなかの磁器のうち、白磁は中国の南北朝時代の北斉（五五〇～五七七年頃）に始まるが、唐代（六一八～九〇七年）に発達し、次の宋代（九六〇～一二七九年）に最盛期を迎える。カオリン（白陶土）、石英、長石などを原料にした粘土で、一三〇〇℃台の高い温度で焼成してきれいな白色の硬質磁器をつくった。できあがったものは、強くて、軽くて、透明感を持ち、きわめて滑らかな美しい器になった。

中東や西洋の貿易商は、この硬質磁器に大きな商品価値を見出した。当時のヨーロッパ人は飲み物を木材、銀、土器の器などで飲んでいたためだ。十七世紀、硬質磁器が飲茶の作法とともに中国からヨーロッパに輸出され、先々で熱狂を巻き起こした。

そして、中国の陶磁器は宋・元・明・清の時代（九六〇～一九一二年）を通して重要な輸出品となり、遠く西アジア、ヨーロッパにも運ばれた。インド洋を経てイスラム圏に運ばれたルートは「陶磁の道」と呼ばれている。

磁器は十二世紀には朝鮮へ伝えられ、江戸時代初期より朝鮮の陶工により日本でもつくられるようになった。有田焼、伊万里焼が有名だ。

「マイセン」の誕生

ヨーロッパではつくり出せなかった硬質磁器。列国の王侯貴族、事業家たちはやっきになってその製法を見つけようとしていた。

なかでもドイツのザクセン選帝侯アウグスト強王（一六七〇～一七三三）は、蒐集《しゅうしゅう》した磁器で城館を飾っただけではなかった。錬金術師ヨハン・フリードリッヒ・ベトガーを幽閉して、「磁器製法を見つけないと命はない」と命じた。ベトガーは、さまざまな白い鉱物を使って体系的な実験を進めた。

ついには、カオリンが地元でとれることがわかって転機が訪れる。一七〇八年、磁器に近いものをつくり上げ、一七〇九年には白磁製法を解明、一七一〇年にヨーロッパ初の硬質磁器窯「マイセン」が誕生したのだ。現在もドイツの名窯《めいよう》マイセンは、西洋白磁のトップに君臨している。

エルベ川のほとりの古都マイセンの近辺には露天掘りでカオリンを採掘できるザイリッツ鉱山があり、エルベ川の船運により材料や製品の輸送も容易だった。ザイリッツ鉱山はマイセン窯の自社鉱山になっており、露天掘りができなくなった後も坑道を掘ってカオリンを採掘している。

ウェッジウッド少年の陶器づくり

一七〇〇年代まで、同じ皿やボウル、ティーカップなどの陶器を一度に大量につくろうという試みはされなかった。陶工が一つ一つ丁寧に、多彩な色の陶器を手づくりでつくっていたのだ。同じ物を注文しても、同じ形、同じ色にできる保証はなかった。

チャールズ・パナティ著『はじまりコレクションⅡ　だから〝起源〟について』（フォー・ユー）から、ジョサイア・ウェッジウッド（一七三〇～一七九五）による化学的な陶器づくりを見てみよう。
ウェッジウッドは、一七三〇年にイギリスのスタッフォードの陶工の家に生まれると、九歳で実家の陶器工場ではたらき始めた。探究心に富んだウェッジウッド少年は、さまざまな試行錯誤を経て、伝統的な方法ではなく、化学的な陶器づくりにチャレンジする。

その後、他の兄弟たちと折り合いが悪くなると、一七五九年に独立して陶器工房を立ち上げた。彼は、新しい釉薬や陶土の調合、焼くときの火加減などを克明に記録しながら実験を繰り返した。そして、一七六〇年代のはじめに、発色が安定した、上質で完全に再生産可能な陶器づくりを完成させたのだ。しかも、芸術性の高い製品だった。

当時、イギリスは産業革命の夜明けを迎えていた。蒸気機関と低賃金の労働力が、陶器工場の生産性を向上させた。一七六五年には、シャーロット王妃よりティーセット一式の注文を受けた。

翌年には、王室御用達製品としての「クイーンズ・ウェア」の名が与えられ、ヨーロッパ中の王侯貴族は彼の製品に魅了された。愛陶家として知られるロシアの女帝エカテリーナ二世は二〇〇人分の食器、合計九五二個のクイーンズ・ウェアを注文したという。

大金持ちになった彼が一七九五年に亡くなると、遺産の大部分は娘のスザンナ・ウェッジウッド・ダーウィンに残した。

その息子は「進化論」を提唱したチャールズ・ダーウィンである。ダーウィンは、生涯にわたって生活には不自由せず、研究生活に没頭できたらしいので、ウェッジウッドは、科学の発展に大いに貢献したとも言えるだろう。

ちなみに、ウェッジウッドはいまも世界最大級の陶磁器メーカーの一つである。

コンクリートをつくるセメント

セラミックスの一つセメントは、鉄筋コンクリートの建物や橋などに使われている。鋼の棒を組み合わせたものを芯にして、そのまわりにさらに補強材として砂や砂利を加えたセメントを水で練って入れ、放置して固めたものだ。

セメントは石灰石、ケイ石、酸化鉄、粘土を細かい粉にして混ぜ合わせ、大きな回転炉で一四五〇℃に加熱して粒状のかたまり（クリンカー）にし、それにセッコウを三〜五パーセント加えて、粉末状に粉砕したものだ。これを水で練って固めたものがコンクリートである。

古代ローマ時代においてもある種のコンクリートが使われていた。ナポリ郊外のポッツオーリにできあいのセメントがあったのだ。ここでは何百万年のあいだ、火山によって溶岩や火山灰などが噴出していた。ローマ人は、現代のセメント製造と同様に、岩石が高温に加熱されて噴気口から出て蓄積していた岩石粉末を掘り出し、石灰と石を混ぜて用いたのだ。「コンクリート」で建てられたパンテオンのドームは築後二千年になるが、いまも世界最大の無筋コンクリートドームである。しかし、ローマ人がつくるのを止めてから千年以上、コンクリートの建物は建てられなかった。この技術が失われた理由は現在も謎のままである。

ちなみに、コンクリートは押しの力には強いが、引っ張りやねじれの力には弱い。そこで建物やダムなどの建築材料には鋼の棒と組み合わせて用いられる。鉄筋コンクリートが使われるようになったのはヨーロッパで産業革命が始まったころだ。その後、鉄筋コンクリートの建物は都市を埋め尽くすようになり、私たちはそのなかで生活をしている。

セラミックスとファインセラミックス

日本の焼き物は縄文土器から始まるが、およそ千五百年前からは「ろくろ」を利用し、窯を使って土器を焼くという技術が日本に入ってきた。約千三百年前には釉薬を用いるようになり、焼き物に色を付けることができるようになった。そして、百年ほど前に、焼き物の世界にも工業化の波が押し寄せる。トンネル窯で、大量に焼き上げられるようになったのだ。

陶磁器、焼成レンガなどの耐火物、セメントなど、天然の鉱物である石や粘土を整形し、

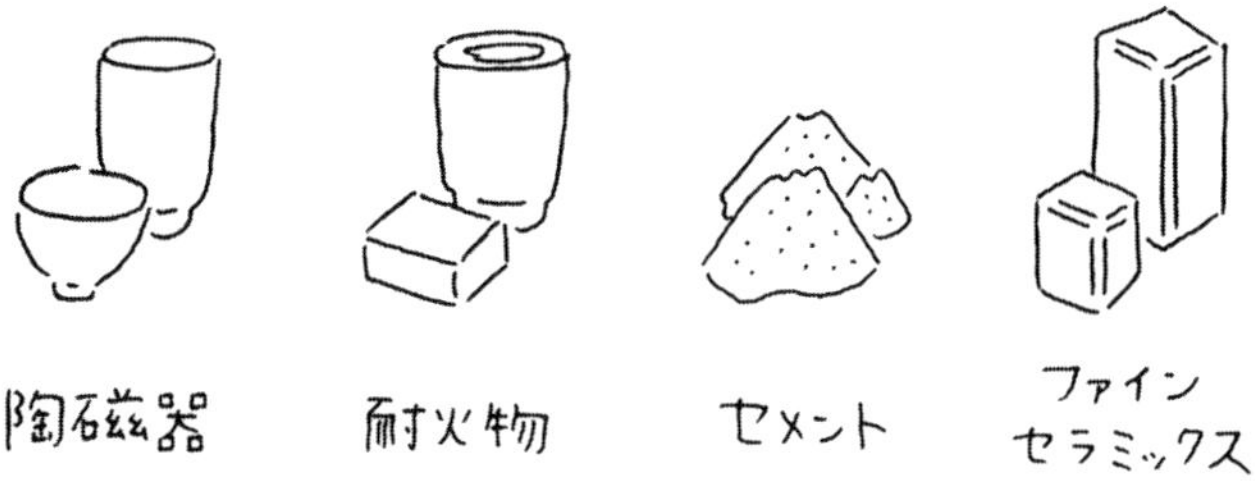

セラミックス

窯を用いて高温で焼いた製品全般をセラミックスという。セラミックスは元々焼き物という意味だ。セラミックスを構成する素材を指す場合にはセラミックと単数形が正しいのだが、ここでは無機粉末を焼き固めたもの（製品など）としてのセラミックスも素材のセラミックも区別しないで「セラミックス」という用語を使っている。

さびない、熱に強い、硬い、望む形につくれる、薬品に冒されにくいなどの性質を生かして、多くの物質がセラミックス化されてきた。

最近では精製した原料を用いて耐熱性や硬度以外の新しい性質を備えたセラミックスが、広く使われるようになっている。このため、現在では「非金属の無機材料で製造行程において高温処理を受けたもの」全般をセラミックスと呼ぶようになった。

　私たちの生活のなかで、セラミックスとしてすぐ目に付くものとして、たとえば包丁や皮むき器の刃があげられる。これらは、ジルコニア（酸化ジルコニウム）を原料とし、硬くて（ダイヤモンドの次に硬い）頑丈で粘りのある性質を利用している。セラミックスの刃のナイフ類はさびにくく、切れ味も長持ちし、食べ物の匂いが移りにくいといった特徴もある。

　なお、高い精度や性能が要求される電子工業などに用いられるセラミックスを、ファインセラミックスと呼び、区別することがある。

　たとえば、アルミナ（酸化アルミニウム）は、窒化ケイ素と同様に耐熱性、耐磨耗性、絶縁性といった優れた性質を備えているので、これを利用して、ＩＣ基板、切削工具、軸受け、ノズルなどに、窒化ケイ素は自動車のエンジン部品、ベアリング、切削工具などに利用されている。

　また、ジルコニアは融点が二七〇〇℃と高いため、耐熱性セラミックス材料である。酸素センサーとしてはたらくので酸素濃度の測定に用いられて、自動車エンジンの燃費の向上、排ガスの浄化の最適な燃焼条件の設定などの用途に利用されている。なお、立方晶ジルコニアは、透明でダイヤモンドに似て高い屈折率を有することから、宝飾品としても用いられているのだ。

種類	特徴と用途
アルミナ（酸化アルミニウム）	耐熱性、耐磨耗性、絶縁性を持つ。ファインセラミックスの代表として広く利用。IC基板、切削工具、軸受け、ノズルなど。
窒化ケイ素	高温における強靭性、耐熱衝撃性に優れ、軽量で耐食性も高い。自動車のエンジン部品、ベアリング、切削工具など。
ジルコニア（酸化ジルコニウム）	高い強度と靭性を持つ。融点が2700℃と高いため耐熱性で酸素センサーとしてはたらくので、酸素濃度の測定に用いられて、自動車エンジンの燃費の向上、排ガスの浄化の最適な燃焼条件の設定などとしての用途に利用される。ハサミや包丁などの刃物。
チタン酸バリウム	おもにコンデンサー部品など。
チタン酸ジルコン酸鉛	電気信号を加えると振動したり、反対に振動を電気信号に変えたりするはたらきを持つ圧電材料。圧電素子や圧電振動子、超音波洗浄機、赤外線センサーなど。

ファインセラミックスの例

チタン酸バリウムはコンデンサー部品に、チタン酸ジルコン酸鉛は圧電素子や圧電振動子、超音波洗浄機、赤外線センサーに、酸化スズは可燃性ガスのセンサーとして利用されている。

また、アルミナ、ジルコニア、ハイドロキシアパタイト（歯や骨の成分物質）などは、バイオセラミックスとして人工関節、人工歯根や人工骨などにも用途が広がっている。

セラミックスは、わが国では縄文土器から始まった。土をこねて器の形にして焼き固め、食物の保存容器として、また、煮炊きの容器として使われた。土器は、最初の「工業製品」なのだ。煮炊きすることによって、肉などやわらかくうま味が出て消化しやすくなり、キノコや堅果・根茎などの渋みやあくが抜けたり、やわらかくなった。もっとも重要なことは病原菌を殺菌できたことだ。

セラミックスは容器の形になっただけではない。かわら、土管、タイル、レンガなどの建築材料や、台所の流し、トイレの便器などの衛生用にとさまざまな形になった。コンクリートをつくるセメントとして、鉄筋コンクリートやダムなど社会の土台にもなっていった。

さらに高性能のファインセラミックスまで、ずいぶんと進歩した。今後もさまざまな種類と用途が研究・開発されていくことだろう。

セラミックスは金属やプラスチックと比べると、「最後には土壌に戻る」という大きな利点がある。私はインドを旅してチャイ(お茶)を飲んだときにそれを感じた。現地の人々は、素焼きでできた容器に注がれたチャイを飲み終わると、容器を地面に叩きつける。ばらばらになった容器は、さらに踏まれて粉々になることで、ついには土に帰っていくのだ(もっとも、最近はインドでもプラスチックの容器も増えており、残念な思いをした)。

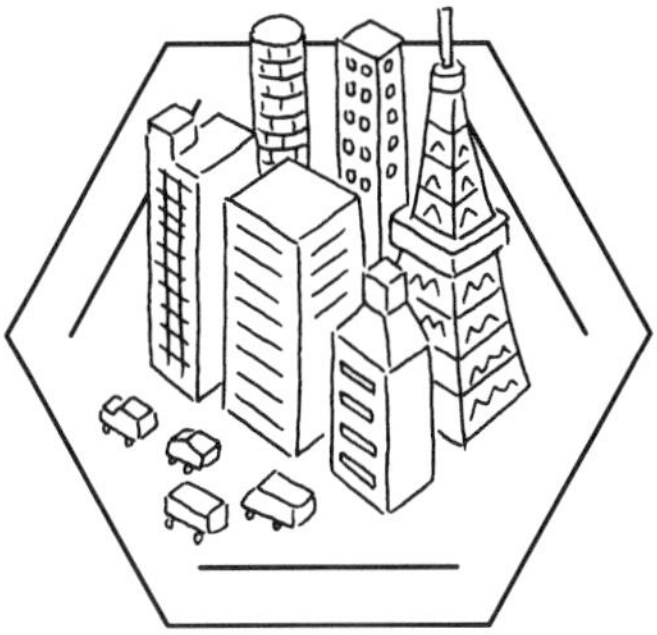

第9章

都市の風景はガラスで一変する

ガラスに囲まれた現代

私たちが朝起きてから眠るまで、驚くほど多くのガラスとの出合いがある。ベットから出て灯りをつければ、ガラスに包まれた蛍光灯やLED照明が室内を明るく照らす。あなたの顔を写し出す鏡もガラスである。また、ガラスの食器やコップは食卓に欠かせない。テレビやスマートフォン、パソコンを見ればディスプレイはガラスでカバーされている。ガラスの窓からは陽の光が差し込む。家を出た後の移動手段に使われる自動車や電車の窓はガラスだ。もちろん、会社や学校の建物にもガラスがふんだんに使われている。

現代において、ガラスのない生活空間は考えられない。

ガラスは透明で成形しやすいという特徴を持っている。一九五九年、イギリスのピルキントン社によって、フロート法という板ガラス工業にとって革命的な発明がなされた。

フロート法は、釜で溶融したガラスを約一六〇〇℃まで加熱して、溶融した金属のスズの上を浮かせながら流す方法だ。液体になった金属の表面は真っ平らなので、徐々に冷却しながら自然に平面に仕上がった板ガラスを連続的に引き出していく。その後の磨きも不要で、両面ともほとんど平らな板ガラスができる。

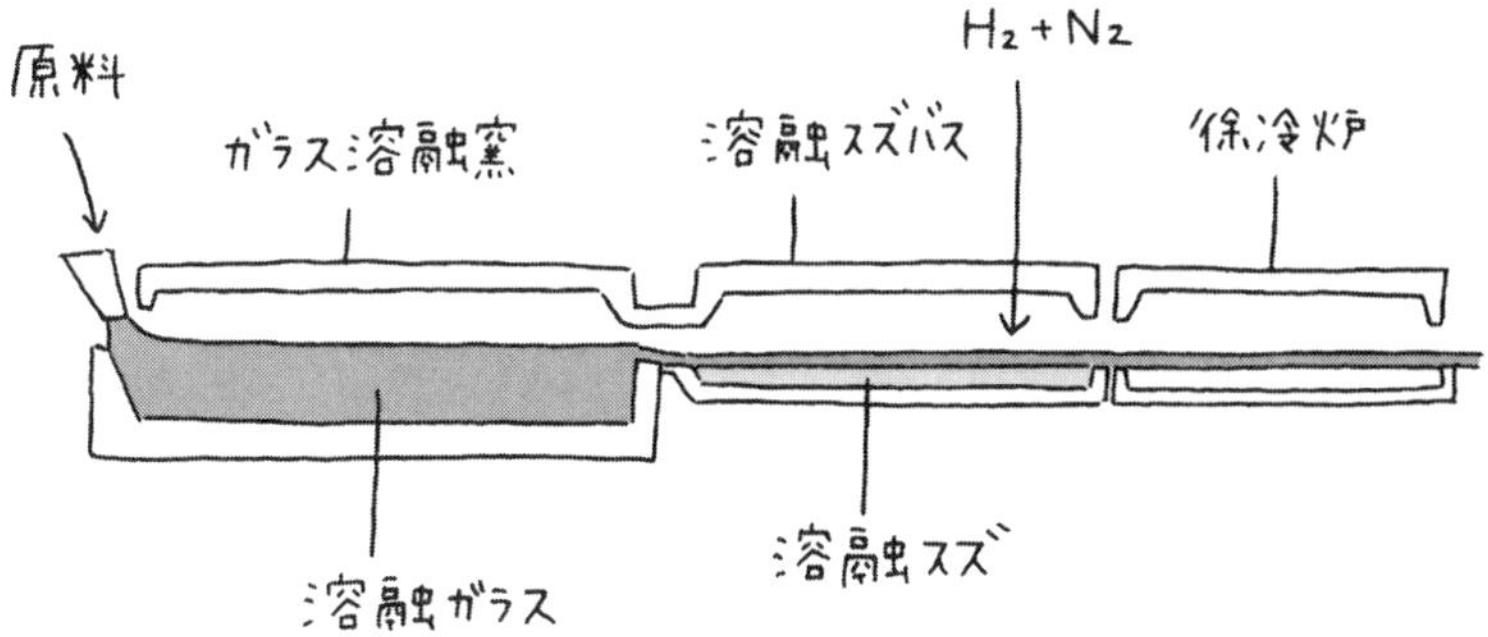

フロート法
溶融スズバスの内部には、酸化を防ぐために水素H_2と窒素N_2の混合気体が充満している

また、設備の大型化によって生産性の向上や省エネルギー化も進められた。自動車業界からの求めに応じて、薄くてゆがみのない厚み二〜三ミリメートルのフロート板ガラスをつくれるようになり、さらなる薄板化技術開発により、〇・七ミリメートル、あるいは一・一ミリメートルの超薄板ガラスまで生産が可能になったのだ。

さて、ガラス工業は、板ガラス、光学ガラス、ガラス器具（びん、家庭用器物、装飾品など）の三部門に分かれているが、中心は板ガラスだ。

ガラスには「硬くてもろい」「耐熱性はあるが温度の急変に弱い」という欠点がある。そこで、割れても破片が飛び散らない「合わせガラス」、割れると小さな粒になる「強化ガラス」、熱に強い「耐熱ガラス」などが開発されて、利用されている。

ガラスの起源

人類がガラスをつくったのはいつのことだろうか。自然界には黒曜石（黒曜岩）などガラス質の岩石があり、石器ナイフとして使われていた。

人類のガラスの発見には諸説ある。ガラスは、石や砂のなかにある材料から取り出してつくることができる。使う材料はおもに、ケイ砂（石英）、炭酸ナトリウム（ソーダ灰）、炭酸カルシウム（石灰石）だ。いまのところ、エジプト・メソポタミアの遺跡から発掘されたガラス玉が世界最古とされている。エジプト第四王朝時代（紀元前二十四世紀頃）の遺跡には、すでにガラス吹製の図が残されている。また、紀元前五〇〇〇年頃にはメソポタミアでガラス玉がつくられていたと推定されている。

古代エジプトやメソポタミア（西アジア）では、紀元前四五〇〇年頃から青色の焼き物「エジプト・ファイアンス」をつくる技術があった。これは、当時貴重だったトルコ石やラピスラズリの代用品として使われ、装飾品や副葬品として広く利用されていた。釉薬にガラスの原料と同じような物質が使われていたので、焼くと表面がガラス質に変化する。こうしてできたものが、最初につくられたガラスではないかというのである。

もう一つ、こんな話がある。

二千年前にプリニウスという学者が書いた『自然博物誌』には、「三千年前のフェニキア（現レバノン）でソーダ灰の商人が食事の準備をする際に、支えの石がなかったためにソーダ灰のかたまりを支えにして鍋をかけたところ、砂と混ざってガラスができた」と書かれているのだ。

しかし、この記述には疑問が残る。砂にケイ砂（石英）と炭酸カルシウム（石灰石）が含まれているという偶然が重ならないと成立しないし、また、焚き火程度の温度で、はたしてガラスはできるのだろうか？

私は高校化学の授業で「鉛ガラス」をつくったことがある。ガラスとしては低い温度でつくることができるものであり、原料は粉末ケイ砂と酸化鉛と炭酸ナトリウム。植木鉢を上下に二つ重ねたような炉に薬品を入れたルツボをセットし、ガスバーナーで熱した。八〇〇℃を維持できる炉を使えば、ルツボに入れた塩化ナトリウムを液体にすることができる。プリニウスには申し訳ないが、焚き火程度の火力で鉛ガラスよりも高温が必要なガラスができるとは、私には思えないのである。

とにかく、偶然にガラスができたとしよう。その後、融けたガラスを型に流す（鋳造ガラス）か、棒に泥をつけてできた芯にガラスを巻きつける方法で、壺やびんなどがつくられたといわれている。

吹きガラスの発明

紀元前一世紀頃に、吹きガラスが発明された。赤熱してどろっと融けたガラスに空気を吹き込んで冷やすと肉薄の球体になった。これで、飲み物の器などをつくることができた。こうしてつくられたガラス製品が日常品として普及し始め、ローマ帝国内の透明なガラス器は、ローマングラスと呼ばれた。

また、中国の戦国時代（紀元前五世紀～紀元前三世紀）の墓からは、多量のガラスの器や丸いガラス玉が出土している。その後、漢代（紀元前二〇六～二二〇）には鋳造ガラス、唐代（六一八～九〇七）には吹きガラスがつくられた。日本には、漢代に中国から伝わり、弥生時代の遺跡から発見されたガラス玉が最古のものと推定されている。

さて、五世紀頃にはカット技法が始まった。ローマングラスの技法を受け継いだのはササングラスだ。シルクロードを通ってササン朝ペルシアで製造されたこのグラスは、円形模様のカットに特色があり、正倉院にある白瑠璃碗はその一つである。

五〜十四世紀頃、ササングラスの技法を引き継いだのがイスラムガラスだ。新たな加工技法が進歩し、そのなかでも代表的なものがエナメル彩色を施した、エナメル技法である。

十二世紀頃、ベネチア共和国はガラス工とその家族をすべてムラーノ島に集め、ガラス産業の保護育成をはかった。色ガラス、エナメル彩色、レースグラスなど美しい装飾と高度なガラス工芸技術が花開いた。さらに十五〜十六世紀にはガラス産業の最盛期をむかえ、鏡、杯、テーブルグラス、シャンデリアなどの各種各様のベネチアンガラスがつくられた。

ガラス窓を実用化した中世ドイツ人

ローマ人は紀元前四〇〇年頃、はじめてガラスを窓用に加工した。しかし、温暖な地中海性気候の場所にあっては、ガラス窓は珍しいものに過ぎなかった。

ちなみに、窓は英語でウインドウという。これは「ウインド＝風」と「オウ＝のぞく、目」がもととなっている。北ヨーロッパでは、古代の家には、煙と汚れた空気の換気用として屋根の穴、すなわち「目」があった。風が吹き込むため、その穴は「風の目」と呼ばれた。やがて、イギリス人は、空気を入れるための開口部「風の目」にウインドウという言葉をあてたのである。後に、窓（ウインドウ）にはガラスがはめられるようになった。

さて、紀元前一世紀頃、吹きガラスが発明され、質のよいガラス窓をつくることができるようになった。窓ガラスの製造を躍進させたのは、中世初期の寒いヨーロッパ北部の国ドイツだった。透明で防水性のあるガラス窓は、光を採り入れつつ雨風をしのげる優れものだった。

ガラス職人がガラス窓をつくる方法の一つが円筒法である。融かしたガラスを吹いて球体にして、それを前後に振って楕円の筒型にしてから縦に切り圧して平たい板にした。ガラス板は小さいものしかつくれなくても、鉛を使ってガラス板をつなぐと、大きなガラス窓になる。

さらに、釉薬で色づけをした色ガラスやステンドグラスの窓は、富と洗練さを表現する手段になり、教会建築に使われた。そして次第に教会から裕福な家へと広がり、もっと後になると一般にも使われるようになったのである。

また、円筒法でできるガラス窓は最大で差し渡し一メートル程度だったが、十七世紀になるとガラス製造技術が進み、幅四メートル、長さ二メートルの板ガラスがつくれるようになった。一六八七年には、熱い融けたガラスを大きな鉄の台に広げ、重い金属ローラーで圧し伸ばすという圧延版ガラス製法が発明された。

錬金術で活躍したガラス器具

錬金術（三七頁）において火は大活躍する。加熱による融解、加熱による分解、加熱による灰化、蒸留、溶解、蒸発、ろ過、結晶化、昇華（固体から直接気体にすること）、アマルガム化（金属を水銀に溶かし合わせて合金にすること）などの操作を行うことができた。

そこで、まず必要なのは、窯などの炉やルツボである。粘土に砂を混ぜて焼き固めて耐火性のルツボをつくった。炉とルツボは錬金術の時代の前からあり、ガラスもあった。

錬金術の時代、いまでいうビーカーやフラスコなどが、ガラスや陶器でつくられた。蒸留には、レトルトというガラス器具がよく使われた（九七、一五九頁）。現在でも活躍の理化学ガラス実験器具の多くは、錬金術の時代のガラス器具がルーツとなっている。

また、その他にもガラスは、たとえばレンズになり、望遠鏡の発明で人類の宇宙に対する認識を大きく広げ、顕微鏡の発明では、細胞学や微生物学、医学などの分野に多大な貢献をした。

ガラスの主原料のケイ砂（石英）は二酸化ケイ素（ケイ素と酸素の化合物）という物質からできている。無色透明で六角柱状の水晶は二酸化ケイ素の結晶が大きく成長したもので、ケイ

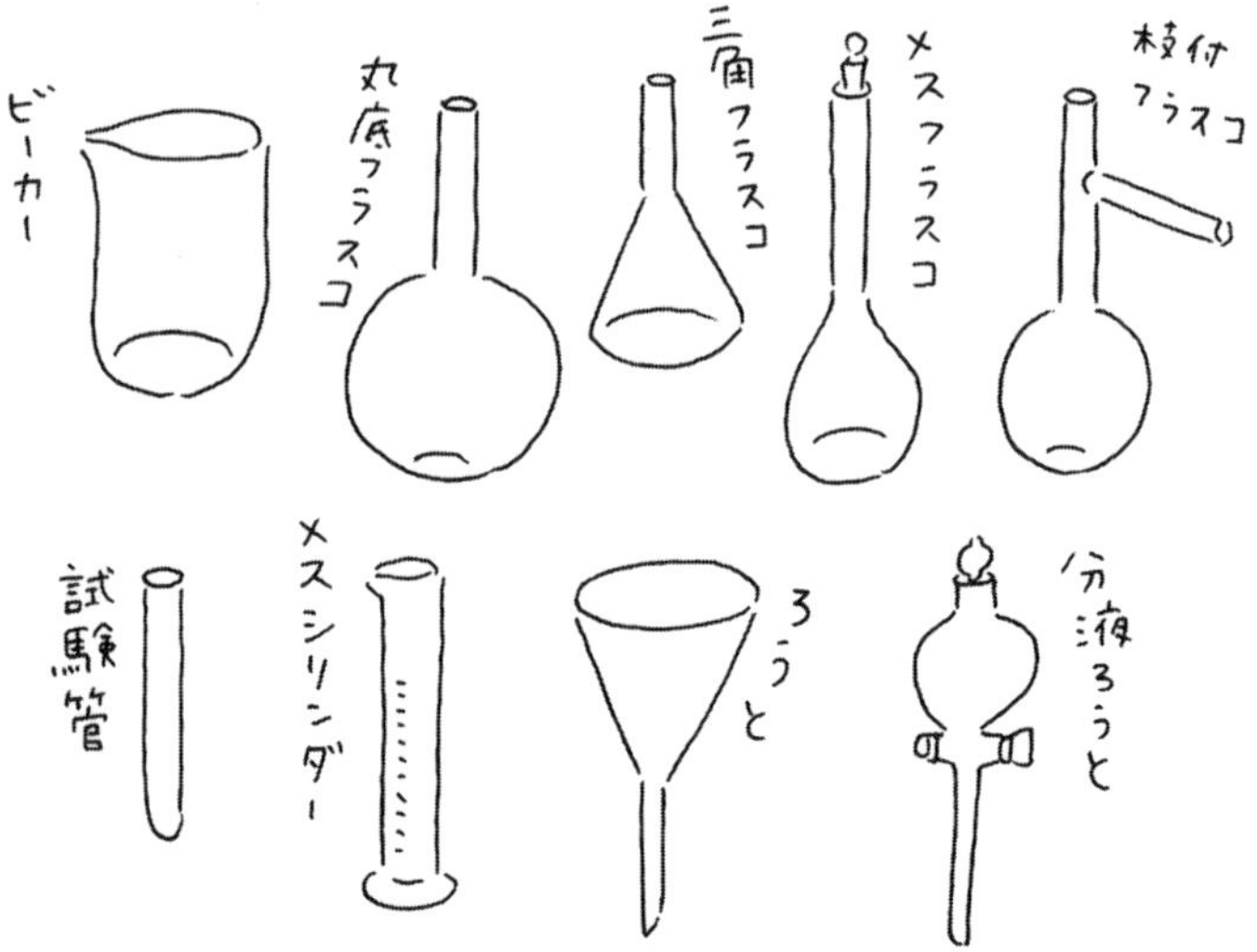

理化学ガラス実験器具

素原子と酸素原子が交互に結びついた規則的な立体構造になっている。

水晶のような固体は物質をつくる原子、分子、イオンが互いに接して規則正しく配列して結晶と呼ばれる。

ところが、ガラスは、二酸化ケイ素の立体構造のなかにナトリウムイオンやカルシウムイオンが入り込み、不規則な構造を持ったまま固体になっている。ガラスは結晶ではない固体、つまり非晶質（結晶ではない物質）だ。ガラスは原子などの配列が規則的ではないので、固体の代表たる結晶とは、その点が大きく異なるのだ。また、ガラスは、温度を上げると決まった温度で液化（融解）せずにやわらかくなり、ついには流動性を持つようになる。

ガラスはなぜ透明なのか？

すべての物質は原子からできている。原子は中心の原子核とまわりの電子からなる。原子は、おおよそ一億分の一センチメートル程度の大きさだが、中心にある原子核の大きさは、さらに、その一〇万～一万分の一程度の大きさだ。まわりにある電子は非常に小さい。

原子の大きさを東京ドームとすると、そのなかの原子核の大きさは一円玉程度で電子の大きさは砂粒程度だ。だからすべての物質の内部は大部分がスカスカの空っぽだ。すると光が原子核にも電子にもぶつからずに通過できる可能性は非常に大きい。

それなのに透明ではないモノがあるのは、モノの表面や内部で可視光線が散乱してしまったり、可視光線がモノを構成する物質に吸収されてしまったりして、透過できない場合があるからだ。モノが透明であるためには「可視光を散乱しない」だけでなく「可視光を吸収しない」ことが必要なのだ。

たとえば、金属のように表面で可視光線が散乱してしまうモノは透明ではない。透明なプラスチック板のように平らなときは透明でも、表面に傷をつけると光が散乱して透明でなくなるモノもある。透明な氷もかき氷のように削ると透明性を失う。物質の構造のなかに境界面があると透明にはならないのだ。

ガラスは、その構造のなかに境界がなく、全体的にひと続きで光が散乱しない。さらには、可視光線の吸収もほとんどなく素通りできる。

ガラスが透明なのは、その表面や内部で可視光線が散乱しないこと、可視光線が吸収されずに透過すること。以上の二つの条件が満たされているためである。

ちなみに、ガラスは、紫外線に対しては完全に透明とは言えない。一部の紫外線を吸収するため、ガラスを通ってきた太陽光では、私たちの肌は日焼けしづらいのだ（あくまでも、直射日光に比べれば、ということであるが）。

インターネットを支える光ファイバー

現在のインターネットは上流が必ず光ファイバーにつながっている。情報通信を支える光ファイバーは、直径一二五マイクロメートルの細いガラスの糸が本体である。ガラスは二酸化ケイ素が主成分で、二酸化ゲルマニウムを添加して屈折率を高くしたコアが中心にある。コアは直径九マイクロメートル。情報を伝える光（近赤外線）はおもにコアを通る。

ガラスとコアは屈折率が異なるので、コアを通る光は境界面で全反射をくり返しながら進

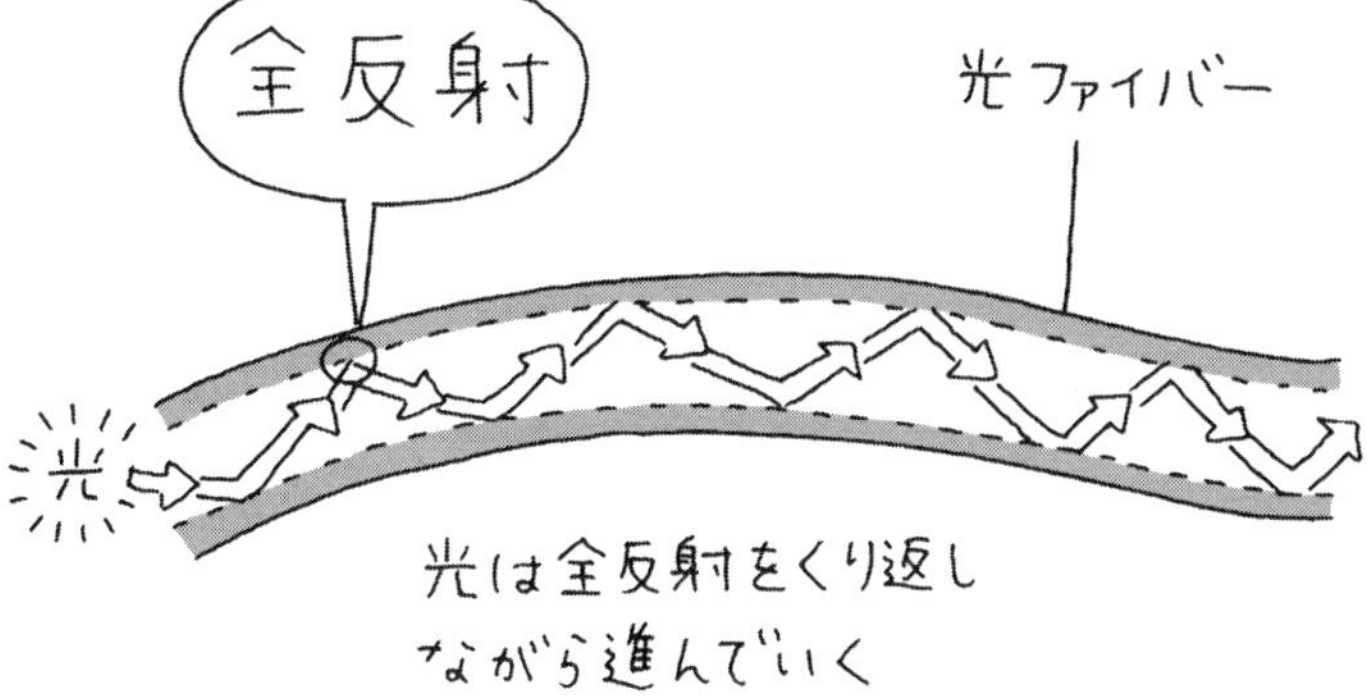
全反射
光ファイバー
光
光は全反射をくり返しながら進んでいく

光ファイバーのしくみ

むようになっている。このため光を弱めることなく遠くまで伝えることができるのだ。

また、光ファイバーは、光を減衰させることなく遠くまで伝送できるように、非常に透明度の高い高純度の材料でできており、数本から数百本の光ファイバーを束ねて光ファイバーケーブルになっている。各家庭まで届いているケーブルには一本か二本の光ファイバーが入っており、基地局間は一〇〇〇本もの光ファイバーを使った一〇〇〇芯ケーブルが使われている。

また、太平洋を横断する光海底ケーブルは、深い海に沈めるため非常に丈夫な構造にしてあり、浅海ではサメなどに咬《か》まれることへの対策で鉄線が巻かれているのだ。

未来のガラス

私たちのまわりにガラスでできているモノは非常に多い。窓ガラス、びん、コップ、鏡、食器などだ。さらにこうした日用品以外にも、試験管やフラスコなどの理化学実験器具、レンズ、あるいはガラス繊維などにも使われており、その用途は広い。透明性、気体や液体を通さないという不透過性、酸に強く、溶けたりさびたりしない、熱に対して比較的強い、任意の形に成形できるなどの性質がある。

ガラスの欠点として、強い力をかけると割れたり、急熱・急冷で壊れるもろさがある。しかし、たとえば私たちの生活やメディアのあり方を大きく変えたスマートフォン一つとっても、液晶ディスプレイとして機能を支える厚さが一ミリメートルにも満たないガラス、ディスプレイを保護するための薄くても割れにくいガラス、写真の色味を鮮やかに補正するガラスなど、複数のガラスが用いられている。それらのガラスは、傷つきにくく、割れにくく、温度の変化に強い性質が求められる。従来の板ガラスのような厚板だけではなく超薄板の需要も拡大しているのだ。

世界板ガラス会社でトップの旭硝子（現ＡＧＣ）は、二〇一一年五月に、フロート法で〇・

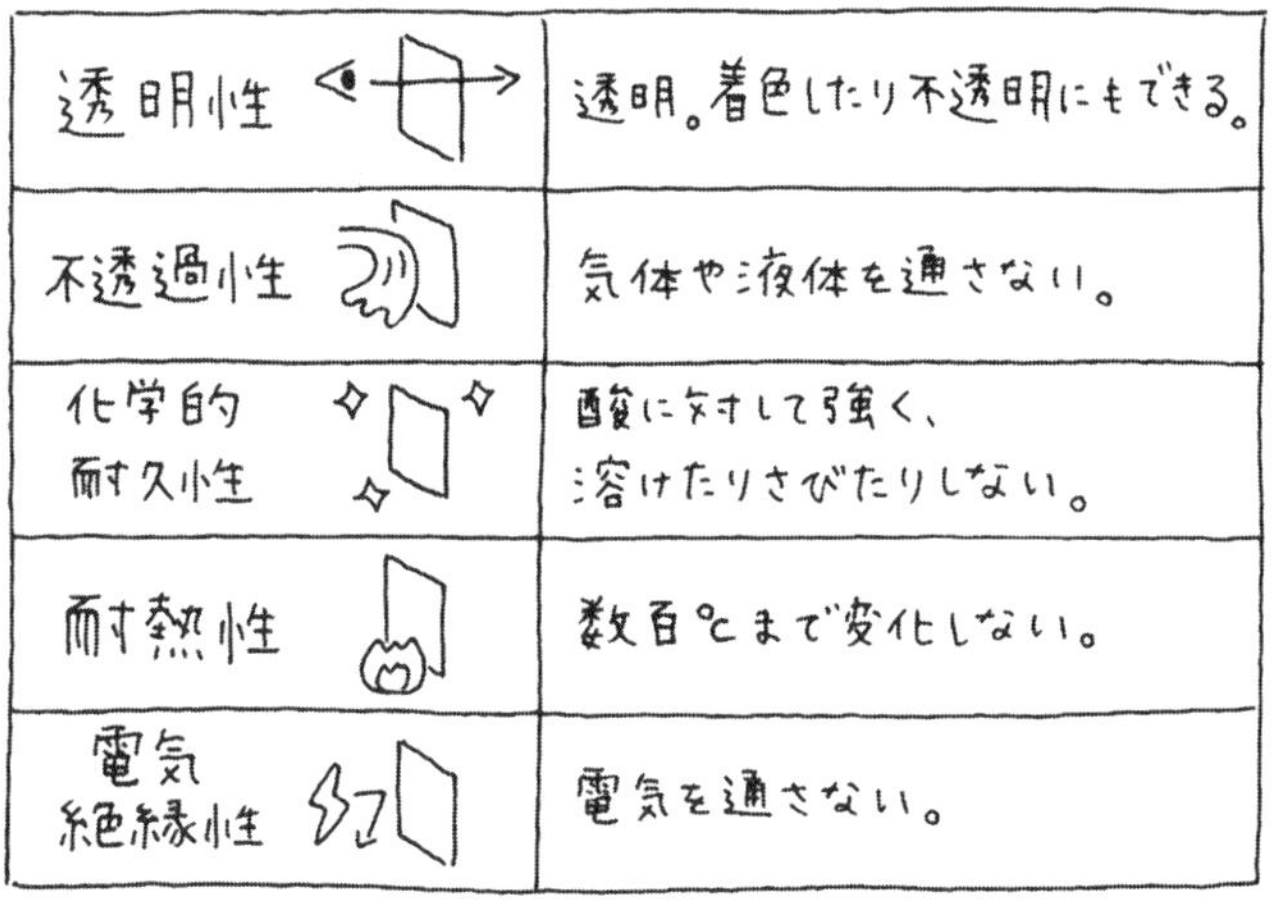

透明性	透明。着色したり不透明にもできる。
不透過性	気体や液体を通さない。
化学的耐久性	酸に対して強く、溶けたりさびたりしない。
耐熱性	数百℃まで変化しない。
電気絶縁性	電気を通さない。

ガラスの性質

一ミリメートル厚の超薄板ガラスを開発した。二〇一四年五月には、フロート法で〇・〇五ミリメートル厚の超薄板ガラスを幅一一五〇ミリメートル、長さ一〇〇メートルのロール状に巻き取ることに成功。同薄板ガラスは透明性、耐熱性、耐薬品性、ガスバリアー性、電気絶縁性などに優れている。軽量でフレキシブルな特性を生かし、有機エレクトロルミネッセンス（EL）照明、タッチパネル用などに使われている。

建築用の板ガラスは、アジアで新興の板ガラス会社が成長し、日本のガラス会社の板ガラス部門は押され気味である。今後、日本のガラス会社が板ガラスや超薄板ガラスでどのような技術革新をして対応していくのかが注目されている。

第10章

金属が生み出した鉄器文明

現代の金属は多種多様

デンマークの考古学者クリスチャン・トムセン（一七八八〜一八六五）は、人類の文明史を「石器時代」（旧石器時代、新石器時代に分けることもある）「青銅器時代」「鉄器時代」の三つに大別した。

この三区分は、古代北欧博物館（デンマーク国立博物館の前身）の館長だったトムセンが、博物館の収蔵品を、利器（便利な器具）、とくに刃物の材質の変化を基準に、石・銅・鉄の三つに分類して展示したことに始まり、今日でも用いられている。

私たちの文明は石器から金属器に移り変わった。現代は、鉄器文明の延長線上にある。金属は自由に加工でき、しかも硬いために有用性が高く、大きく文明が進歩した。金属器の金属は青銅から鉄になり、さらに鉄と炭素が合わさった鋼（鉄鋼）が主役になったのだ。鋼は、硬くて強く、道具、武器、機械や建築の材料になった。

鉄は優れた性質を持つ合金をつくることもできる。これは、鉄の用途の広さを示している。たとえば、鋼は鉄と炭素の合金だが、その他にステンレス鋼（さびない鋼）などがある。

現在、金属の生産量で鉄はダントツ一位で、アルミニウム、銅が鉄に次いでいる。

炭素含有率	種類	用途
約0.3%以下	低炭素鋼	鋼管、建設用材、鉄板、鋼鉄線、軸、機械類 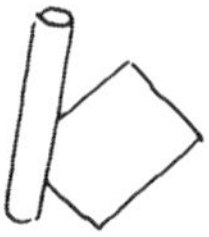
約0.3〜0.7%	中炭素鋼	木工用具、歯車、バネ、ヤスリ、車輪、小刀、カミソリ、鋼球 
約0.7%以上	高炭素鋼	ペン先、弾丸 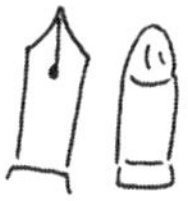

炭素鋼

鋳鉄と鋼

溶鉱炉でつくられた鉄は銑鉄《せんてつ》である。銑鉄から鋳鉄と鋼がつくられる。炭素含有率が約二パーセント以上のものが鋳鉄である（ほとんどの鋳鉄は三パーセント以上）。鋳鉄は溶融温度が低いため、溶融して液体状態にして必要な形の鋳型《いがた》に流し込んで凝固させて、鋳物《いもの》として使われる。鋳型によって製品の形状・寸法に近いものを大量につくることができるのだ。

銑鉄から、転炉や平炉を用いて、炭素の含有率を四パーセント前後から二パーセント以下へ下げる処理を加えて「炭素鋼（普通鋼）」がつくられる（ほとんどの鋼は一パーセント以下)。

炭素鋼は、含有されている炭素量が多くなると強さや硬さが増すが、その半面、伸びや絞りが減少する。鋼は熱処理(焼きなまし、焼き入れや焼き戻し)によって大きく性質を変えられることも利点である。

炭素鋼(普通鋼)に対して、特殊鋼と呼ばれるものがある。マンガン、ニッケル、クロムやモリブデンなどの金属元素を添加したり、成分を調整したもので、強靭性、耐熱性、耐食性などに優れているので、普通鋼では耐えられない厳しい環境下で使われる。

鉄は金よりも貴重だった

天然に単体として産出する金属は、金、白金、わずかに銀、銅、水銀などだ。金、白金では、自然金、自然白金と呼ばれる。これらは、金属の陽イオンへのなりやすさの傾向(イオン化傾向)が小さい金属だ。

金属はイオンになるときにはその原子から電子を失って陽イオンになる。酸素原子や硫黄原子は電子を得て陰イオンになりやすい。くり返すが、金属の多くは酸素や硫黄などと結びついて酸化物や硫化物として、自然界に存在している。そのとき、金属原子は酸素原子や硫黄原子に電子を渡して金属の陽イオンになり、酸素原子や硫黄原子は電子を得て、陰イオンの酸化物イオンや硫化物イオンになるのだ。

プラスの電気を帯びた陽イオンとマイナスの電気を帯びた陰イオンが、プラスとマイナスの電気の引き合いで結びつくため、多くの金属は酸素や硫黄などとの化合物の鉱石として存在しているのである。

イオン化傾向が小さい金属は陽イオンにならずに金属原子が集まった自然金などの単体の金属になったりしている。陽イオンになっても酸化物イオンや硫化物イオンとの結びつきが弱いので、割と簡単にその結びつきは外れて、単体の金属になる。人類は、イオン化傾向の小さい金、白金、水銀、銀、銅を単体の金属として利用してきたのだ。

鉄が主成分の「隕鉄」は宇宙からやって来ることもあるが、わずかな量にすぎない。そのため、鉄は古代においては金以上に高価な金属であった。古代ギリシアのストラボーン（紀元前六三〜二四頃）の『地理学』には、金一〇対鉄一の割合で交換が行われたという記述もある。当時の鉄の主たる原料は隕鉄だったので、大変に貴重なものだった。

古代社会で最初に用いられたのは、「金」と「銅」だ。金は装飾品に使われた。また、メソポタミア・エジプトでは紀元前三五〇〇年頃から青銅器時代が始まった。クレタ島のクノッソス宮殿では紀元前三〇〇〇年頃に銅が使われていたし、紀元前二七五〇年頃のエジプトのアプシル神殿では銅の給水管が使われている。

火の技術の応用と青銅器づくり

さて、大多数の金属元素は、天然には酸素や硫黄などの化合物として岩石（鉱石）のかたちで、あるいはイオンとなって海水中などに存在する。やがて人類は鉱石を木炭などと混ぜ合わせて加熱して還元することで金属のかたまりを得る技術を獲得した。これは、火を用いた「化学反応の生産技術への応用」だった。

金属器では青銅器がまず使われた。青銅は銅とスズの合金である。銅と酸素の結びつきはあまり強くないため、酸化銅でできた鉱石から、簡単に銅を取り出すことができた。おそらく、銅やスズをふくんだ鉱石がある場所で焚き火をしたときに、偶然に青銅ができたのだろう。その後、銅やスズの鉱石と焚き木（燃料にする細い枝や割木）を交互に重ねて火をつけたのだと推測できる。

やがて、人類は焚き木の代わりに木炭を使うようになり、石を積んだ高温の炉のなかで反応させるようになった。炉に「ふいご」で空気を送り込めばさらに高温になり反応が進みやすくなる。

得られた金属のかたまりを集めて、土器のつぼ（ルツボ）に入れて、炉に「ふいご」で風を送り、加熱すると、金属は融けて液体になる。それを鋳型に流し込むのだ。

紀元前二〇〇〇年頃のエジプトの壁画には足踏みふいごと鋳型が登場する。古代中国の殷王朝や地中海のミケーネ文明、ミノア文明および中東などで青銅器が広く製造・使用されるようになり、青銅器時代が到来した。

銅は単独だとやわらかいが、スズと合金にすると（スズがふくまれる割合によって）硬さを調節することができる。銅よりも硬くて丈夫にできるため、青銅は農業用のくわ、すき、武器としての刀や槍《やり》などの材料に広く使われた。青銅器は石器より欠けにくいし、変質もしにくいし、破損した場合は融かして何度でも使える。大変に便利なのだ。

和同開珎と奈良の大仏

そして、鉄器時代になっても、貨幣、鍋・釜などの鋳物用や工芸品の材料として銅は使われ続けた。元明天皇の慶雲五年（七〇八年）、武蔵国秩父郡（埼玉県秩父郡）で日本初の銅鉱石が発見されて朝廷に献上される。露天掘りによる純度の高い自然銅だった。

それがきっかけで、日本最初の流通貨幣の「和同開珎」が鋳造された。自然銅の発見は大

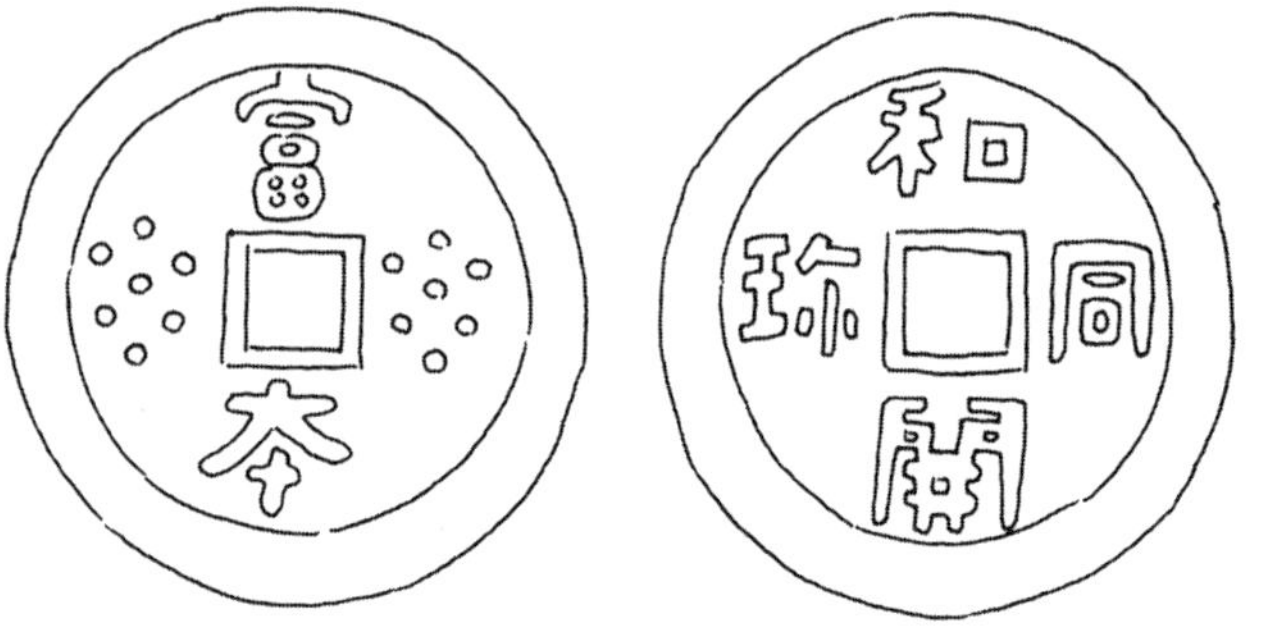

富本銭と和同開珎

富本銭は683年頃に日本でつくられたと推定。708年（和銅元年）発行の和同開珎より古い。ただし、日本の広い範囲に流通した硬貨は和同開珎だ

変にめでたいことであり、和同開珎が発行された年は和銅元年となった。和同開珎の前には富本銭があるが、広く流通していない。

また、七五二年には、東大寺大仏の鋳造完成後の補修が終わり、鍍金《ときん》（金めっき）作業が開始された。

このとき、銅五〇〇トン、水銀二・五トン、金四三八キログラムが使用されたという記録が残っている。一九九一年に、東大寺境内から世界最大級の溶解炉が発見された。なんと推定約六トンの溶融能力を持つ。この炉で銅やスズを融かし、土坑の鋳型に流し込んだと思われる。

大仏の鋳造は天平勝宝《てんぴょうしょうほう》元年（七四九年）十月二十四日に完成。この年に陸奥国遠田郡（宮城県遠田郡）から金が出土し、朝廷に献上

東大寺大仏
全体が金めっきされ、金色に輝いていた

されている。聖武天皇は大変に喜び、この大仏を金めっきした。聖武天皇が大仏建立にかけた強烈な情熱は、信仰心に加えて仏の加護による国家安泰への祈りだと思われる。

黄金色に輝く大仏の完成は、天平宝字元年（七五七年）のことだった。奈良の大仏は、かつては金めっきがほどこされ燦然《さんぜん》と輝いていたのだ。そのときのめっき法は、金を水銀に溶かした「金アマルガム」を塗り、炭火で水銀を蒸発させるというものだった。

古代の鉄づくり

酸化鉄の鉄と酸素の結びつきは、酸化銅の銅と酸素の結びつきよりもずっと強い。そのため、鉄を取り出すのは、なかなか困難だった。しかし、農機具あるいは武器としても青銅よりずっと優れていたので、鉄が取り出せるようになると「青銅器文明」は「鉄器文明」に移っていった。

古代に鉄づくりで栄えたとされるのは、紀元前二〇〇〇年頃に登場するインド・ヨーロッパ語族によるヒッタイト帝国である。ヒッタイト帝国は、はじめて鉄製の武器と、馬に引かせる戦車をつくり出した。これらは当時の最新式の軍事装備だ。ヒッタイトはバビロニアを滅ぼし、エジプトの新王国とも勢力を争った。しかし、彼らの栄光は紀元前十二世紀までだった。「海の民」に地中海から攻め込まれて帝国が滅びる。ヒッタイトの技術は周辺諸国に拡散していったという。

近年、日本の調査団がヒッタイト帝国より約千年古い地層から隕鉄ではない人工的な鉄のかたまりを発見した。そうすると「ヒッタイト帝国が鉄の製造を始めて、製造技術を独占し、周囲を征服した」という通説が覆るかもしれないのだ。これまで考えられていたよりも以前に、ヒッタイトとは別の民族が鉄を製造していた可能性が出てきている。

それでは、どのように鉄を製造するのだろうか。炉のなかで鉄鉱石（や砂鉄）と木炭を層状にして木炭を燃焼させると、鉄鉱石（や砂鉄）の主成分の酸化鉄は、およそ四〇〇〜八〇〇℃の温度で酸素が取り除かれて鉄になる。

この程度の温度では、できた鉄は融けた状態にはならない。できた鉄は赤熱状態のスポンジ状のかたまりで得られる。金床《かなとこ》の上で赤熱状態のまま、ハンマーで叩いて鍛錬し、不純物を絞り出すと、比較的純粋な〝錬鉄〟ができあがる。よく言われる「鉄を鍛える」とは、この操作のことである。

炉のなかではおもに酸化鉄の一酸化炭素による還元が起こっている。一酸化炭素は、炭素が燃えてできる「二酸化炭素」と木炭の「炭素」が反応してできる。つまり、酸化鉄と一酸化炭素が反応して、鉄と二酸化炭素ができるという反応だ。鉄鉱石を赤鉄鉱とすると、化学反応式は次のようになる。

$$Fe_2O_3 + 3CO \rightarrow 2Fe + 3CO_2$$

酸化鉄　一酸化炭素　鉄　二酸化炭素

『もののけ姫』と「たたら製鉄」

鉄づくりの方法はオリエントから南回りでインドから江南（揚子江周辺地）経由で日本に伝わった。江南では青銅器が盛んにつくられていたが鉄づくりも行われていた。日本における鉄の生産が始まったのは、弥生時代の後半から末期頃だと推定されている。

日本では「たたら製鉄」による鉄づくりが発展していく。たたら製鉄とは、炉内に原料と木炭を入れて火を付け、「ふいご」で送風して火力を高めて精錬する方法である。

宮崎駿監督のアニメ映画『もののけ姫』は、中世（室町時代の頃）の日本の鉄をつくる村が舞台だ。威勢のいい女性たちが踏み板を踏むシーンがあるが、あの踏み板は、鉄をつくる炉に空気を送る「ふいご」である。実際は大変な重労働なので、女性が踏むことはなかっただろうが、「たたら製鉄」の様子が見事に描かれていた。

「たたら製鉄」では、炉に砂鉄（磁鉄鉱という鉱物の粒。成分は酸化鉄）と木炭を交互に入れる。一度火を入れると、三日間休みなく作業が続けられる。炉は最後には取り壊されるので、一回ごとにつくり直される。できた「ケラ」と呼ばれる鉄のかたまりには良質の鋼（玉鋼という）もふくまれる。

日本刀などはこうしてつくった「玉鋼」を叩き延ばしてはそれを折り返し、赤熱のまま叩いて接合するという操作を十数回もくり返してつくる。ちなみに、ケラのその他の部分は大鍛冶場と呼ばれるところで鍛錬されて、包丁やさまざまな道具の素材となるのだ。

こうして幕末から明治初期には最盛期を迎えた「たたら製鉄」も、膨大な労力がかかるために、明治時代後半には溶鉱炉を用いた洋式製鉄法に取って代わられた。そして、大正末期

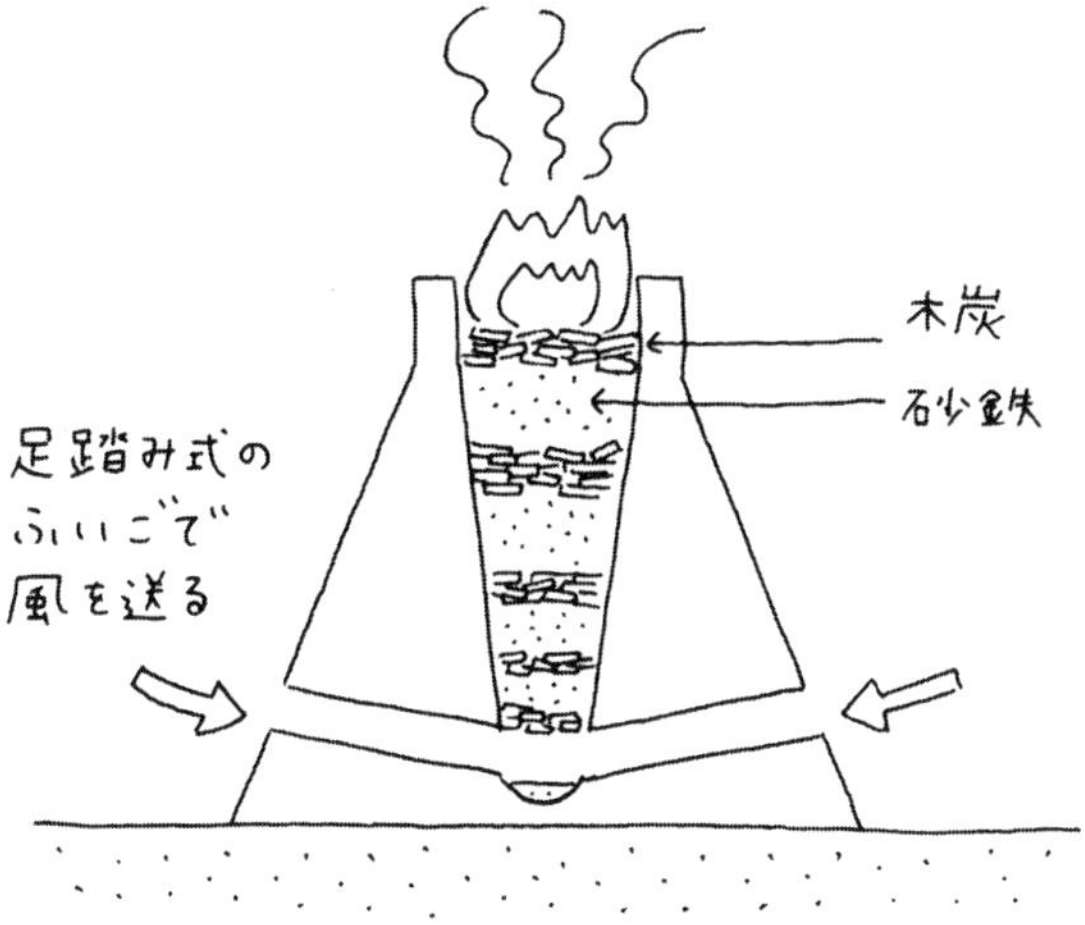

たたら製鉄の炉
深い地下構造の上に粘土で箱型の炉をつくり、「ふいご」で風を送り込む

には完全に姿を消してしまった。

現在では、伝統技術の保存のために、たたら製鉄法が再現されるようになった。日本美術刀剣保存協会が島根県に「日刀保たたら」を建設し、冬にだけ操業して、つくった玉鋼を日本刀づくりのために使っている。

高炉法の発明と発展

十四世紀から十五世紀、ドイツで、高炉法が始まった。水車を利用して炉に送風することで炉内の温度を高くできるようになったのだ。高炉法では高温状態で還元されてできた鉄が炭素を吸収する。融点が下がるため、一二〇〇℃程度で融けて、液体の銑鉄を造ることができるようになった。

高炉法でできた銑鉄は、炭素分の少ない錬鉄と異なり、ハンマーで叩くともろいので割れてしまう。それまでの錬鉄のように使うには、精製炉を使って炭素を抜く必要があった。具体的には、銑鉄を融かしたところに空気を送り込んで炭素を燃やして錬鉄にしたのだ。

世界に先駆けて、一七六〇年代から産業革命が起こったイギリス。中世までのイギリスは、カシやブナなどからなる豊かな森に覆われていたが、十七世紀末には森林は国土の一六パーセントまでに落ち込んだ。森林の減少は、鉄づくりに多量の「木炭」を使ったことも原因だといわれている。そこで豊富にあった「石炭」が使われるようになった。イギリスの年間石炭使用量は十六世紀前半には二〇万トンだったが、十七世紀後半には一五〇万トンと大きく増加した。

しかし、製鉄に石炭を使うには問題があった。石炭にふくまれる硫黄分が不純物となり鉄がもろくなるのだ。この欠点は、石炭をむし焼きにしてつくった多孔質のコークスを用いて、製造過程で硫黄分を取り除くことで克服された。

そして、十八世紀後半、木炭からコークスへと主役が変わると、イギリスの年間石炭使用量は十九世紀はじめには約一〇〇〇万トン、その半年後には約六〇〇〇万トンと激増する。

もろい銑鉄からやわらかく粘りのある錬鉄にする方法も木炭使用から石炭使用に革新された。銑鉄を反射炉で石炭に空気を送り込んで燃やした熱で融かし、鉄棒でかくはん（パドリング）することで、炭素分を燃やして錬鉄のかたまりを得る（パドル法）のである。

鋼の量産と転炉法の発明

鉄の利用が広がるにつれて、銑鉄と錬鉄のいいとこ取り、つまり堅くてしかも粘り気のある強靱な鉄材が求められるようになった。それが「鋼」である。強靱な鋼が量産化されるための第一歩は、イギリスのヘンリー・ベッセマー（一八一三～一八九八）が一八五六年に発明した転炉法だ。

ベッセマーは、転炉に融けた銑鉄を入れ、冷たい空気を吹き込んだ。吹き込まれた空気中の酸素によって、まず銑鉄中のケイ素が燃え、火花と熱いガスを吹き上げる。十分ほどすると、炉は突然巨大な炎を噴き出し、銑鉄中の炭素が燃えた。この反応の熱によって炉内は一五〇〇～一六〇〇℃になり、その後、二十分ほどで炉は静まり、炭素分が減少して鋼ができた。

融けた銑鉄に冷たい空気を吹き込むのだから、鉄が固まってしまうのではないか。彼はまわりのそんな声にめげずに、自分の科学的な判断に従ったのだ。（吹き込んだ空気中の酸素が銑鉄中の炭素やケイ素と反応するときに出る熱で）鉄が固まることはないと判断した。

結果は冷えるどころか、出た熱で温度は高くなり、わずか二十分程度で、何十トンもの低炭素鋼が融けた状態でできた。仕上げに適量の炭素を加えて割合を調節して鋼をつくったのだ。

その後、ベッセマーの転炉法ではうまくいかなかった、リン分の多い鉱石から鋼をつくる「トーマス法」、燃料を使って高温にして炭素の少ない屑鉄を銑鉄と一緒に融け合わせて平均して炭素の多い鋼にする「平炉法」なども開発されて、鋼が大量生産されるようになっていった。

鋼鉄製の大砲とドイツ帝国の成立

そして、ベッセマーの転炉法によって鋼鉄製の大砲がつくられた。それまでの大砲は青銅製だったのだ。一八六七年のパリ万博に、武器商人アルフレート・クルップ（一八一二〜一八八七）によって一〇〇〇ポンド大砲（口径三五・五センチメートル、砲身重量四五トン）が出品される。

もともとベッセマーが転炉法を開発したのにはわけがある。軍から、大型砲弾の発射に耐えられる砲身用の鋳鋼（鋳型に注いで鋳造できる鋼）の製造を要請されていたのだ。強靱な鋼鉄でつくれば、砲身を厚くしなくてもすむ。

鋼鉄製の大砲が現れると、ヨーロッパの軍事バランスに大きな影響を与えた。一八六二年にオットー・フォン・ビスマルク（一八一五〜一八九八）がプロイセン（プロシア）王国首相に就任する。当時、プロイセンはドイツ統一を目指していた。ビスマルクは議会で「ドイツ統一問題は鉄と血によって解決する」と演説した。鉄とは鋼鉄製の大砲である。

そして、プロイセン陸軍は各国に先がけてクルップ社へ三〇〇門の大砲を発注。プロイセンは軍事力を飛躍的に高めた。クルップ社の大砲は、熱や圧力に強く三〇〇〇発を撃っても壊れない強靱さを持っていた。

まず一八六三年、デンマーク王がシュレスヴィヒ公国の併合を宣言すると、一八六四年、オーストリアを誘って出兵してデンマークに勝利。デンマークの主権下にあったシュレスヴィヒ公国とホルシュタイン公国を、前者はプロイセン、後者はオーストリアの行政下にした。両国ともドイツ系住民が多く、プロイセンのドイツ統一には欠かせない地域だったのだ。

さらに、一八六六年、この二つの国の帰属問題をめぐってプロイセンの挑発でオーストリアと戦争し、わずか七週間で圧勝した。しかし、オーストリアとの戦争に勝ってもドイツ帝国の成立に至らなかったのは、隣国に強大な統一国家が成立することを恐れた、フランス皇帝ナポレオン三世の妨害があったからだ。

一八七〇〜一八七一年のプロイセン・フランス（普仏）戦争は、フランスが宣戦布告して始まった。青銅製大砲のフランス軍に対してプロイセンの鋼鉄製の大砲が威力を発揮するなどして圧勝した。この戦争末期の一八七一年二月にベルサイユ宮殿の鏡の間で仮講和条約が結ばれ、五月、正式にフランクフルト講和条約が締結された。こうして一八七一年、ドイツ帝国を建設、プロイセンを中心とするドイツ統一事業を完成した。

なお、ドイツ帝国は一九一八年、第一次世界大戦の敗戦で消滅するが、鋼鉄はその後の第二次世界大戦でも、大半が兵器（武器、軍用機、戦車など）として使われた。

大型溶鉱炉による近代製鉄

一九五一年、オーストリアで発表されたＬＤ法と呼ばれる純酸素転炉法が世界に急速に普及し、「空気」を用いた転炉法と平炉法は衰退する。なお、ＬＤ法は融けた鉄の上から空気ではなく酸素ガス（ほぼ一〇〇パーセントの酸素を純酸素という）を超音速で吹きつける方法である。現在では、上部と底部から純酸素を吹き込む方法が開発されている。

第二次世界大戦後の二十世紀後半、世界経済が急速に拡大し、民生用としての鉄の需要が非常に大きくなった。現在、溶鉱炉（高炉）は大型化したが、そのしくみは基本的に変わっ

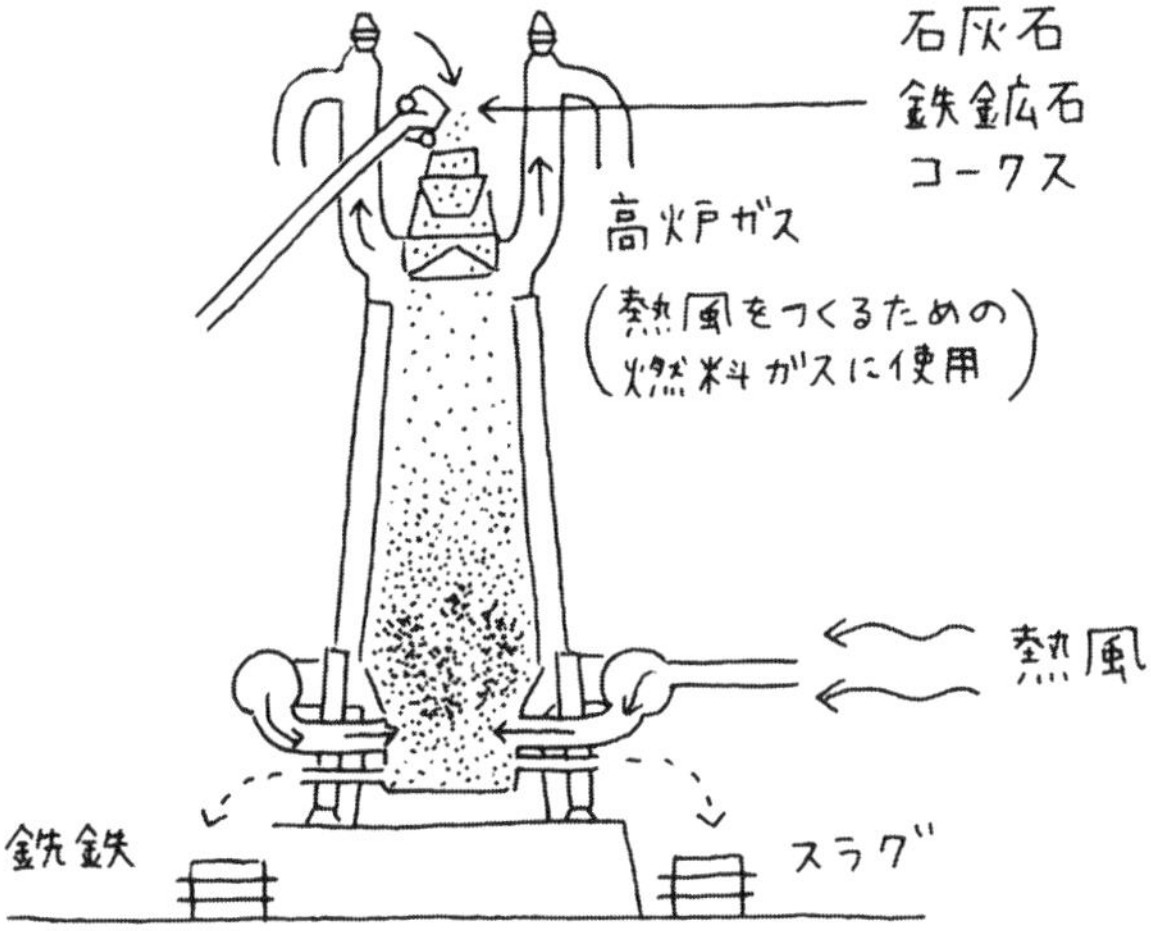

溶鉱炉

コークスが燃えて1500℃くらいの高温になり、一酸化炭素ができて鉄鉱石が還元される。鉄鉱石中の岩石は石灰石と反応してスラグになり、できた溶融銑鉄の上に浮かぶ

ていない。赤鉄鉱（主成分Fe_2O_3）などの鉄鉱石を溶鉱炉で還元して鉄をつくっているのだ。

そして、連続鋳造をはじめとする作業の連結化、コンピュータによる自動制御など製鉄技術は数々の改良が施されて、あらゆる鉄鋼需要を満たしつつある。また、溶鉱炉を使わない製鉄法の探究は続いている。

「鉄は国家なり」

人類はかつて鉄鉱石や砂鉄を木炭と加熱してかたまりの鉄を得ていた。製鉄が始まると文明は鉄器文明として展開された。

十九世紀には高炉法が発達し、コークスを用いて溶融した鉄を得られるようになった。そして炭素をふくむ量を変えることで種々の鉄鋼の大量生産を可能にしたのである。

「鉄は国家なり」という言葉がある。十九世紀にドイツを武力で統一し、鉄血宰相といわれたビスマルクの演説に由来する。大砲や鉄道などに欠かせない材料として鉄鋼は国力の源泉であり、その生産量は現在でも国力を示す重要な物差しになっている。

ブリュッセルの世界鉄鋼協会の調べによると、二〇一九年の世界粗鋼生産量は一八億七〇〇〇万トンに達している。中国が九億九六三〇万トンで世界一の生産量を誇り、世界粗鋼生産の半分は中国が占めている。次いでインドの一億一一二〇万トン。日本は三位。九九三〇万トンで二〇〇九年以来十年ぶりの一億トン割れだ。アメリカは八七九〇万トンで四位。五位はロシアで七一六〇万トン。六位は韓国で七一四〇万トン。日本は中国、インド、韓国などに押され気味であると言えよう。

日本の活路は、優れた鉄鋼材料の開発である。自動車産業においては、二度のオイルショックによる原油高を経て、軽量でしかも衝突安全性を両立できるような軽量化・高強度化を図り、世界の鉄鋼企業と共同で取り組んだスチール製超軽量車プロジェクトでは二五パーセントの軽量化を達成した（二〇〇〇年代初期）。

なお、製鉄の過程で排出される二酸化炭素の総量は年間約三〇億トン（世界の二酸化炭素総排出量の約九パーセント）にのぼっている。今後、鉄鋼業全体で省エネルギー化、脱炭素化が強く求められている。

中国やインドなどの新しい鉄鋼生産国が台頭するなか、日本には、鉄鋼材料の高強度化、高寿命化や高機能性を持った高級鉄鋼の開発、二酸化炭素の排出削減の製造法の開発が期待されている。

ナポレオン三世とアルミニウム

続いては、鉄に次いで使用量が多いアルミニウムを見てみよう。アルミニウムは、軽量で加工しやすく耐食性もあることから、車体の一部、建築物の一部、缶、パソコン・家電製品の筐体《きょうたい》など、さまざまな用途に使われている。アルミニウムが耐食性を持つのは、空気中で表面が酸化されてできた酸化アルミニウムの緻密な膜が内部を保護するからだ。また、この酸化皮膜を人工的に厚くつけて、さらに耐食性を高めている場合（鍋などの容器材料やアルミサッシなどの建築材料）もある（アルマイト加工という）。

ちなみに、アルミニウムは地殻中に鉄よりも多くふくまれているのに、金属として取り出されたのはずっと遅い。それはなぜだろうか。

アルミニウムを取り出すための原料は、ボーキサイトというオレンジ色の鉱石だ。ボーキサイトを精製してアルミナを取り出すのだ。アルミナの成分は酸化アルミニウム（Al_2O_3）だが、アルミニウムのイオン化傾向は大きく、アルミニウムと酸素が非常に強く結びついている。鉄鉱石ならコークスによって鉄と酸素の結びつきから酸素を外すことができたが、アルミナはコークスではびくともしない。

アルミニウムは、一八二五年に、デンマークの物理学者ハンス・クリスティアン・エルステッド（一七七七〜一八五一）が、一八二七年には化学者フリードリヒ・ウェーラー（一八〇〇〜一八八二）がエルステッドよりも純粋なものを取り出すことに成功にした。

彼らはアルミニウムよりもイオン化傾向が大きく、酸素などと強く結びつくカリウムという金属を使ったのである。カリウムはアレッサンドロ・ボルタが発明した電池を多くつなぐ「電気分解」という方法でようやく少量が取り出せる。そして、塩化アルミニウムと混ぜて加熱すると、カリウムが塩化アルミニウムの塩素を奪って塩化カリウムになり、アルミニウムを得ることができたのだ。

当時、アルミニウムは、金や銀と同じくらいに貴重なものだった。ナポレオン三世は自分の上着のボタンをアルミニウムでつくらせた。また、アルミニウム製の食器を重要な来賓に供しており、ふつうの客には金製の食器を使っていたといわれている。現在の私たちの感覚からすると妙に思えるが、人は希少性に価値を感じるということなのだろう。ナポレオン三

アルミニウムの工業的製法を発見した

世にとっては、ありふれた金よりもアルミニウムの食器を使うことが、最上のもてなしだったのだ。

一八五五年、パリ万博に出席するため、はるばる日本から海を渡った幕末の侍は、〝粘土から取れた銀〟と呼ばれた、軽くて銀白色に輝く金属「アルミニウム」の塊に目を奪われたことだろう。万博の目玉の一つとなり、連日黒山の人だかりであったという。

その後、アルミニウムは安く大量につくられるようになった。それぞれに発見したのはアメリカのチャールズ・マーティン・ホール（一八六三〜一九一四）とフランスのポール・エルー（一八六三〜一九一四）の二人である。

アルミナは、融点が約二〇七〇℃と高いために電気分解を試みても、そもそも液体にで

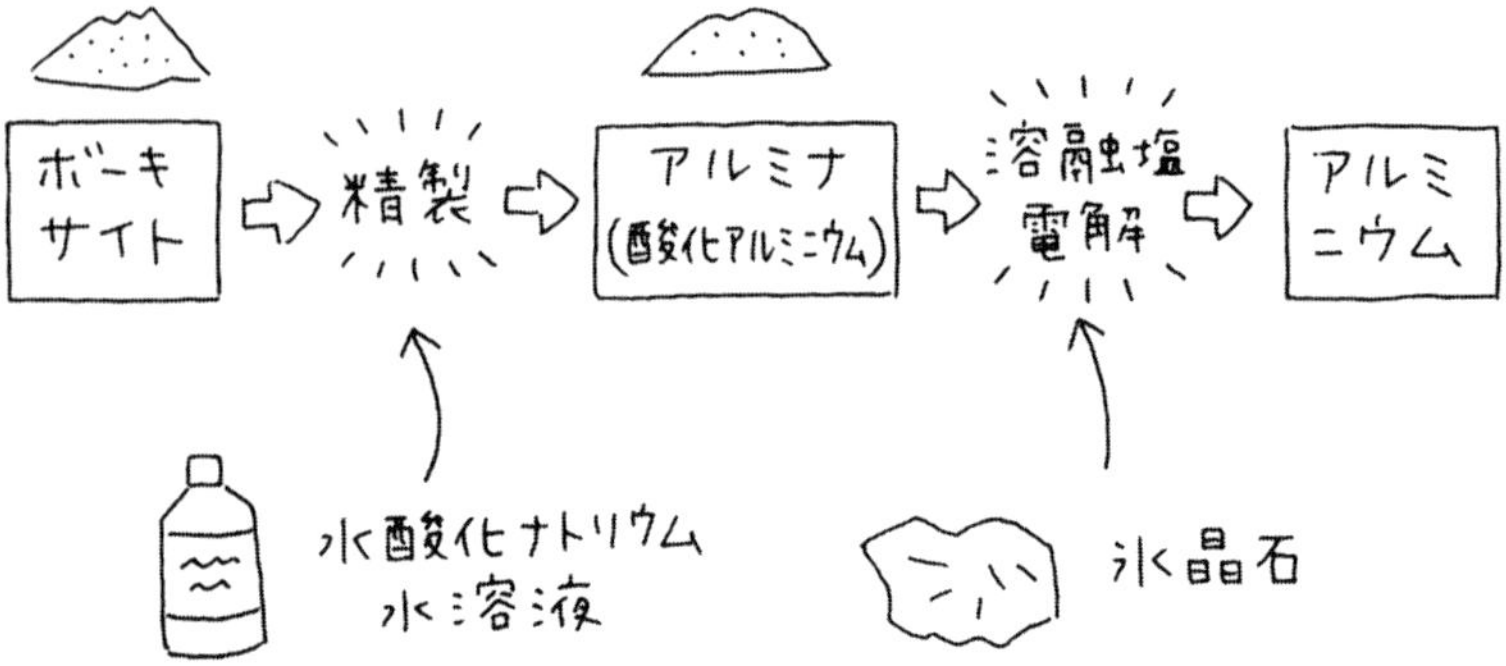

アルミニウムの精錬
アルミニウムはボーキサイト（アルミニウムの水酸化物や鉄、
ケイ素の化合物からなる鉱石）からつくられる

きないという課題があった。彼らは「アルミナを溶かし込むことができる物質があるかもしれない」と、さまざまな実験を試みた。

　彼らは、グリーンランドでとれる乳白色のかたまりである「氷晶石」（ナトリウムとアルミニウムとフッ素からできた化合物）に注目した。その融点は約一〇〇〇℃である。氷晶石を融解して、酸化アルミニウムを加えると一〇パーセント程度も溶かし込むことができたのだ。電気分解すると、陰極に金属アルミニウムが出てきた。アルミニウムイオンが陰極から電子を得て、金属アルミニウムになったのだ。一八八六年のことだった。

　はじめにアメリカのホールが、その二カ月後にはフランスのエルーがこの方法を発見した。まったく独立に同じ方法を発見し、二人はそれぞれの国で特許をとった。しかも、二人はともに一八六三年の生まれ。そして同じ五十歳でこの世を去った。なんとも奇妙な偶然である。現在でもアルミニウムの工業的な製法は、ホールとエルーの発見した方法が使われている。

大量の電力を必要とするアルミニウムは、電気のかたまり、あるいは電気の缶詰といわれている。アルミニウムの電解による製法の原理は、マグネシウムなどの取り方にも応用されて、現在の軽金属時代の糸口になった。

超々ジュラルミン？

ジュラルミンは、アルミニウムと銅、マグネシウムなどによるアルミニウム合金の一種である。一九〇六年ドイツのデュレンに住む、アルフレート・ウィルム（一八六九～一九三七）によって偶然に発見された。地名であるデュレンとアルミニウムを合成して、ジュラルミンという名前がつけられた。

アルミニウムはやわらかい金属であるが、ジュラルミンは硬くて丈夫なので航空機の骨組みとして第一次世界大戦でドイツにより使用され、ツェッペリン飛行船にも使われた。

ジュラルミンには、大きく三つの仲間がある。ジュラルミン、超ジュラルミン、超々ジュラルミンだ。超ジュラルミンはジュラルミンの、超々ジュラルミンは超ジュラルミンの性能を改善したものだ。なんともわかりやすいネーミングである。

超ジュラルミンの硬度は鋼に匹敵する。ジュラルミンより強度が高い。航空機向けには、表面に純アルミニウムを重ね合わせて、耐食性を向上させて使用している。切削加工性に富む（切ったり削ったりしやすい）が、耐食性・溶接性にやや劣る。

超々ジュラルミンは、日本で開発された合金で、アルミニウム合金のなかでもトップクラスの強度を持つ。かつては零式艦上戦闘機（零戦）に用いられた。現在でも航空機の構造材や鉄道車両、スキーのストック、金属バットなどのスポーツ用品に使用されている。

レアメタル問題

金属材料をめぐっては「レアメタル問題」が存在する。レアメタルとは文字通り、レア（希少）なメタル（金属）のこと。レアメタルの「レア」は「工業的に必要だが手に入りにくい」という意味で使われている。鉄や銅、亜鉛、鉛、アルミニウムなどのように、現代社会で大量に使用されて生産量が多く、汎用性の高いベースメタル（コモンメタル）に対して使われる言葉だ。

レアメタルには、国際的な統一基準があるわけではない。レアメタルが手に入りにくい原因としては、埋蔵量が少ない、加工や精製が難しい、産出国が極めて少ないことなどがあげられる。日本では、レアメタルは、経済産業省が一九八〇年代に指定した「存在量が少ない」「取り出すのが困難」などの基準による四七元素とされている。天然元素約九〇種類の半分近くがレアメタルになる。埋蔵量が多くても、抽出が困難な金属もふくまれており、手に入れにくさに加えて、今後の工業用需要についても加味されている。

〈日本におけるレアメタル〉
リチウム、ベリリウム、ホウ素、チタン、バナジウム、クロム、マンガン、コバルト、ニッケル、ガリウム、ゲルマニウム、セレン、ルビジウム、ストロンチウム、ジルコニウム、ニオブ、モリブデン、パラジウム、インジウム、アンチモン、テルル、セシウム、バリウム、ハフニウム、タンタル、タングステン、レニウム、白金、タリウム、ビスマス、希土類（レアアース、ネオジム、ジスプロシウム、ランタンなど一七元素をふくむ）

レアメタルは、最新の工業技術にとても重要なはたらきをしていて、日本のものづくりにとって欠くことのできない重要な資源の総称だ。素材に少量添加するだけで性能が飛躍的に向上するため、「産業のビタミン」とも呼ばれている。おもな機能には、磁性・触媒・工具の強度増強・発光・半導性などがある。これらを利用した機器は携帯電話・デジタルカメラ・パソコン・テレビ・電池・各種電子機器などさまざまだ。レアメタルは、現在の私たちの暮らしをより豊かにするために必要な機器をつくるのに不可欠である。

たとえば、希土類のサマリウムなどを使った強力な永久磁石の登場で、モーターの小型化を実現。「軽薄短小」の電子機器が開発された。現在、最も強い磁力を持つといわれる永久磁石の「ネオジム磁石」は、主成分が鉄・ホウ素・ネオジムからなる。ネオジムも希土類だ。

レアメタルのおもな産出国は中国・ロシア・北米・南米・豪州・南アフリカなど。残念ながら日本には産出を誇れるようなレアメタルはない。

産出量一位である中国は、レアメタルを国家戦略の柱と位置づけている。たとえば二〇一〇年九月に尖閣諸島沖で起きた中国漁船衝突事件などをきっかけに日中関係が悪化したとき、中国政府は日本に対する制裁措置として、希土類の対日輸出を規制したことがある。

中国の輸出規制により、日本は原料不足となり生産に影響が出た。近年、日本はレアメタルの安定した供給のために中国への依存度を下げるべく、他国との協力関係を広げている。また、国家的な備蓄も進めている。

埋蔵量の限られた希少なレアメタルを有効に使うためにはリサイクルに加えて、同じ性能を持つもので代替して使用量を押さえることも必要だ。現在、レアメタルの代替技術の研究開発が進められている。

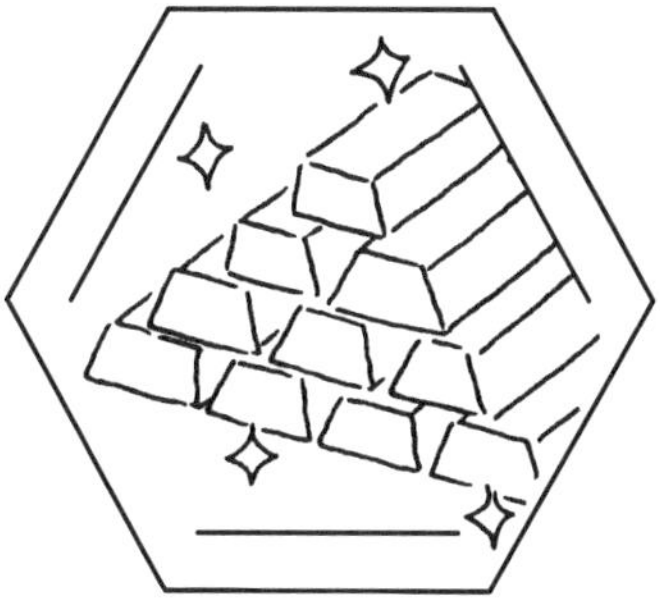

第11章

金・銀への欲望が世界をグローバル化した

金は欲望の源となった

金は文字通り黄金色の美しい光沢を持つ。化学的に非常に安定で腐食しにくいので、黄金色の輝きをいつまでも失わない。人類がもっとも古くから利用してきた金属の一つで、世界中で通貨や装飾品として珍重されてきた。

たとえば、『旧約聖書』には金についての多数の記載があるし、メソポタミアのユーフラテス川下流域右岸のシュメール人が建設した都市国家ウルでは、紀元前三〇〇〇年頃、すでに優れた金製の兜などがつくられていた。

また、エジプトの遺跡から発掘された多くの豪華な金製品はよく知られている。紀元前一三〇〇年代に在位したツタンカーメン王の墓からは、王のマスク、椅子、寝具、装身具など四〇〇〇点以上の金製の副葬品が出土した。

紀元前三〇〇〇〜紀元前一二〇〇年頃栄えた、トロイ、クレタ、ミケーネのエーゲ文明も金製品を多く残した。

紀元前六世紀〜紀元前四世紀頃、南ロシア草原地帯を支配した騎馬遊牧民スキタイのスキタイ文化では、武器・馬具などに施された動物文様と豊富な金の使用が特徴だった。

金は、人間の異常な欲望の源ともなり、中世の錬金術の流行を生み出すもとにもなった。さらには、世界の未知の地域に黄金郷（エル・ドラド）を求める衝動を強め、それがやがて大航海時代へと導き、世界をグローバル化させた。大航海時代とともに出現したヨーロッパの強国は、いずれも金・銀を国家の富として集積したのである。

以降も、十九世紀の大英帝国、二十世紀以降のアメリカなどは世界の金の大半を集積した「金の帝国」でもあった。

これまでに採られた金の量

金はやわらかい金属で、その延びは驚異的だ。金一グラムから二畳分以上の金箔ができ、三〇〇〇メートルの金線にできる。

金は純金のままではやわらかすぎるので、銅、銀、白金などとの合金として用いられることが多い。合金としての品位は、カラット（K）で表す。カラットは純金を二四K（金一〇〇パーセント）とし、たとえば金貨は二一・六K（金九〇パーセント）、装身具一八K（金七五パーセント）、万年筆の金ペン一四K（金五八・三パーセント）などだ。もっとも低い一〇Kで、金の含有率は二四分の一〇だから、金四一・七パーセントになる。

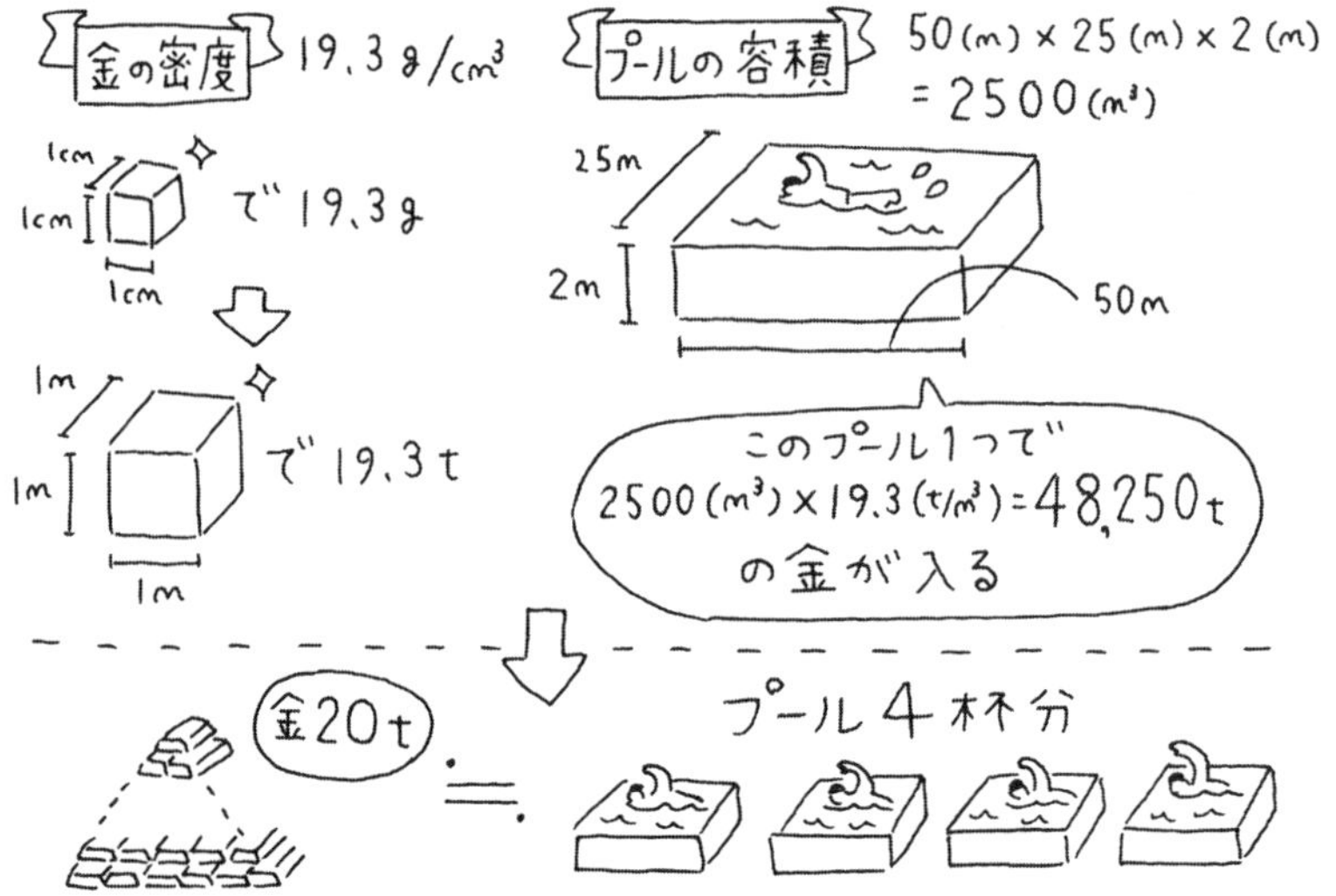

20万トンの金はプール何杯分か

金は耐食性に加えて熱や電気の伝導性にも優れているので、通貨や宝飾品として使われる以外にも、電子部品の端子やコネクタ、集積回路に金めっき処理して使用されている。

また、赤外線をよく反射する性質があるため、人工衛星の外面に断熱材として金箔が貼られる場合がある。アメリカのスペースシャトル・コロンビアには約四〇キログラムの金が使われていたし、日本のＪＡＸＡ（宇宙航空研究開発機構）が開発したＨ－Ⅰロケットの主エンジンにも約五キログラムの金が使われた。

これまでに採掘されて精製加工された金の総量は、二〇一九年末で約二〇万トンになる。これは、水泳競技用の五〇メートルのプール何杯分にあたるだろうか。

金は密度が大きいので、これまでに採掘された金は、わずか五〇メートルのプール四杯分程度なのだ。

二〇一九年の鉱山からの金産出量は世界全体で三三〇〇トン。二〇一八年の三二六〇トンから四〇トンの増加だ。

国別ではシェア一位は中国で四二〇トン、二位豪州で三三〇トン、三位ロシアで三一〇トン、四位アメリカで二〇〇トン、五位カナダで一八〇トンだ。以下、インドネシア、ガーナ、ペルー、メキシコと続く。

かつては南アフリカが首位だったが、二〇〇七年に世界一の座を中国に譲り二位に、二〇一九年には一二位まで転落した。

（参考：U.S.Geological Survey , Mineral Commodity Summaries 2020）

金を採る方法

古代から現代まで、砂金や自然金が豊富に土砂のなかに存在する場合に金を採るための「特別な方法」がある。まずもっとも原始的な「パン」（洗面器のようなパンニング皿）でふるいを行う。パンに土砂と水を入れてゆすると、密度の大きな砂金がより分けられるのだ。

金鉱山（銀鉱山などでも）で金鉱脈をふくむ岩を掘り進めるのは、長いあいだ、タガネとハンマーだけの手掘りだった。十九世紀中頃に蒸気力による穴開け機・削岩機が現れてから、圧縮空気で動かすようになり、さらに油圧を使うようになった。さて、次の革命的な出来事は岩石を爆破するダイナマイトの発明（三五四頁）だ。

こうして得られた鉱石は、古代では石臼と鉄のきねで粉砕された。十五世紀には水力、つまり水車の動力を使うようになり、十六世紀に栄えたボリビアのポトシ銀山でも使われた。現代でもこれを改良した機械が用いられている。

金を分け取るには、水銀に溶かし込むアマルガム法が古代から用いられた。金は常温で液体の水銀に溶け込み、水銀との合金であるアマルガムとなる。このアマルガムを加熱して水銀を蒸発させれば金が残る。この方法は古代から知られていた。

しかし、水銀は貴重な金属なので、アマルガム法に代わる方法が探し求められた。それが十九世紀に導入されたシアン化法である。

シアン化法は、シアン化カリウム（青酸カリ）水溶液が金を溶かすことを利用した方法だ。細かく粉砕した鉱石を、シアン化カリウム水溶液のタンクに入れて、よく空気にふれるようにかき混ぜ、金をイオンとして溶かし込んだ溶液をつくる。この溶液に亜鉛を入れると、イオン化傾向が大きな亜鉛がイオンになり、金を取り出すことができる。シアン化法で金の含有量が少ない低品位鉱からも金を抽出することが可能になったのだ。

コロンブスの大航海の原動力

大航海時代とは、十五〜十七世紀にかけて、ヨーロッパ人が航海・探検によってインド洋や大西洋地域へ乗り出した時代だ。ポルトガルとスペインが切り開き、オランダ、イギリスが続いた。バルトロメウ・ディアス（一四五〇頃〜一五〇〇）の喜望峰回航、ヴァスコ・ダ・ガマ（一四六〇頃〜一五二四）のインド航路開拓、クリストファー・コロンブスのアメリカ大陸到達、フェルディナンド・マゼラン（一四八〇〜一五二一）の世界周航などが行われた。

当時のヨーロッパでは、日本（ジパング）は黄金の国とみなされていた。情報源は、マルコ・ポーロ（一二五四〜一三二四）の『世界の記述（東方見聞録）』（一二九九年）である。そこには、「ジパングは東海にある大きな島で……黄金が想像できぬほど豊富なのだ。……支配者の宮殿の屋根はすべて黄金でふかれており、宮殿内の道路や床は指二本分の純金の板を敷き詰めている」などと書かれていた。

マルコ・ポーロは、イタリア・ベネチア出身で、父・叔父に従って一二七一年に出発し、陸路で中央アジアを経て、一二七五年、大都（元の首都。北京の前身）に到着した。以後十七年間、元の皇帝フビライに仕えた。

ベネチアに帰国したマルコは、ベネチアとジェノヴァとの戦いに参加するが捕虜になってしまう。その獄中で口述したのが『世界の記述（東方見聞録）』なのだ。彼は十三世紀の中央アジア・中国・帰路の南海航路（東南アジア、ベンガル湾、南インド、アラビア半島など）を詳細に記述し、伝聞でジパングも紹介した。

マルコはジパングに行っていないが、まったくのつくり話とも言えない。七四九年、聖武天皇の時代、奈良東大寺大仏の金めっきのために陸奥（宮城県）の国から砂金が献上されたと『続日本紀《しょくにほんぎ》』にある。その後、奥州（東北地方）の金は、十二世紀には奥州藤原三代の百年の繁栄を支えた。その産金総量は当時世界でも有数の一〇トンあまりに達した。

この時代の中国は、経済が空前の繁栄をみた宋の時代である。「日宋貿易」の決済に日本は砂金をふんだんに用いていたので、当時の中国人は、日本にやや過大な「金の島」のイメージを持ったのかもしれない。おそらく、中国人が持つイメージがマルコにも伝えられたのだろう。そして、前頁で紹介した「黄金の宮殿」は、中尊寺金色堂（一一二四年建立）の可能性がある。

コロンブスは大航海に出発する前、マルコの『世界の記述（東方見聞録）』を熟読し、そのなかの黄金の国ジパングの記述の部分には何百カ所ものメモを書き記していた。

一五〇三年、コロンブスがスペイン国王にあてた報告書には、「金はもっとも価値あるものであり、金こそ宝であります。これを持っている者は、この世で欲することは何でもでき、天国へ魂を送り込むことができるような地位にさえ達しうるのであります」とあった。

コロンブスは大航海で見つけたエスパニョーラ島（ハイチ島）をジパングと断定した。これは、黄金の飾りを身につけた島民が、金の産地を「シバオ」と発音したのが誤解のもとだった。コロンブスが信じた地図には、カナリア諸島と同緯度の西方に「ジパング」が描き込まれていたので、彼は自分がアメリカ大陸に到達したなどとは露ほどにも思わなかったに違いない。

そして、コロンブスはエスパニョーラ島で金と香料を求めた。しかし、香料は見つからず、金の産出もわずかであった。彼は先住民を虐殺しまくり、奴隷狩りに狂奔した……。

十五世紀までの世界史の舞台は、地中海から西アジア、インド、中国に至る陸の帯状の地域に集中していた。それを大航海時代が大きく変えて、海を中心とする世界史へと大転換したと言えよう。

コロンブスは実際の「金の島」ジパングに到達しなかったが、大航海時代の原動力は金への欲望だったことは確かだ。コロンブスを支援したスペイン国王も、権力の基礎となる官僚や常備軍を維持する財源を必要としていたから、富（黄金）を求めて大航海を支援・推進したのである。

胡椒や香辛料を求めて

香辛料（スパイス）は、おもに熱帯、亜熱帯、温帯地方に産する植物の種子、果実、花、つぼみ、葉茎、木皮、根塊などで、飲食物の匂いを消したり、飲食物に香り、または辛味などを添えて風味を増したりする調味料だ。

人類と香辛料の結び付きは、いまからおよそ五万年も前の狩猟民族が、獲物の肉を香りの高い草の葉に包んだところ、よい匂いがつき、おいしく食べられることを知ったのが始まりと推定されている。

その後、薬や香料として使われたり、ミイラをつくるための防腐剤やピラミッドを建設するためにはたらく奴隷の疲労回復、食欲増進用に使われたりしてきた。

古代ギリシア・ローマ時代になると、インドの胡椒などは、金や銀と等量で取引されるくらい高価なものだった。いまではごくふつうに手に入る香辛料だが、かつてはどんなに高価でも買わざるを得ないものだった。

日本と比べて高緯度にあるヨーロッパの国々は気候の制約が厳しかった。ロンドンは北緯五二度だ。この位置は日本付近ではサハリンにあたる。フランスのパリ（北緯四八・五度）でさえ北海道の北にあたる。ヨーロッパは寒いのである。

牛や羊を主体とした牧畜は、現在のようにサイロで干し草の保存はされていなかったので、長い冬の家畜の飼料が問題となっていた。冬には飼料が腐ってしまい、大部分の家畜を殺さざるを得なかった。家畜の皮や毛は、防寒具などに使用された。すべての動物の肉を塩漬けにして保存したが、日がたつにつれて腐るため、腐敗臭がするし、味もおかしくなる。

しかし、生きていくためには、春まではその肉を食べなければならない。そのため、強力な防腐剤や匂い消しとして、香辛料がどうしても必要だったのだ。

また、香辛料は天然痘やコレラ、チフスなどの死病に効くと信じられていた。匂いが感染症を運ぶものだと考えられており、香辛料がその匂いを消すとされていたのだ。他にも胃や腸、肝臓の薬としても使われていたため、香辛料は「万能の薬」として、狂気とも思える執着心でヨーロッパ人に求められたのだ。

こうした香辛料の売買に介在していたのは、地理的にインドやインドネシアなどの主産地とヨーロッパとの中間に位置していたベネチアなどの国家だった。何世紀にも及ぶ独占を切り崩す引き金となったのが、マルコ・ポーロの『世界の記述（東方見聞録）』だったのだ。

同書は金・銀への欲望を刺激しただけではなく、ヨーロッパの人々が熱望する胡椒、ナツメグ、シナモン、クローブの産地が詳述されていた。大航海時代は、金・銀とともに香辛料を獲得するために展開されたのだ。

十六世紀は、ポルトガルのアフリカ、インド、東南アジア支配に対抗して、スペインが大西洋から太平洋を越えて東南アジアに進出するなど、植民地争奪戦がくり広げられた。

十七世紀になるとオランダがしだいに勢力を伸ばし、東南アジアからポルトガルを追い出して、胡椒をはじめとする香辛料貿易の独占を図り、一六〇二年にはオランダ東インド会社を設立、大きな利潤を得るようになった。しかし、このあいだも各国入り乱れての植民地争奪戦は続けられた。十八世紀にはイギリスが強力な海軍力にものをいわせて、世界の覇権国となった。その頃には、貿易品のメインはインドの綿織物や中国の茶に移っており、香辛料の重要性は低下していった。

十九世紀中頃、冷蔵技術が開発され、その冷蔵技術の発展によって香辛料の必要性がさらに小さくなり、香辛料貿易は衰退した。

胡椒だけならばベトナム、ブラジルの生産量が多いが、インドはいまも香辛料全体の生産量、消費量、輸出量のすべてでダントツの世界一位である。おもな輸出先は、アメリカ合衆国、中国、ベトナム、アラブ首長国連邦、インドネシアなどだ。

アステカとインカの金

さて、第二、第三のジパングを求めるスペイン人たちの黄金への欲望はとどまるところを知らなかった。スペイン人たちは、一五二一年にはメキシコのアステカ王国を、一五三三年にはアンデス山中のインカ帝国を征服し、多数の財宝を奪った。

インカ帝国を征服したフランシスコ・ピサロは、新大陸での見聞をもとにインカ王国を伝説の国「エル・ドラド（黄金郷）」と信じていた。ちなみに「インカ」は、もともとはクスコの一部族の名称だったが、その部族を中心とした大きな帝国ができたときに、インカと同じ言語を使うものも「インカ」と呼んだのだ。スペイン人が侵入してくると、もっと広く、スペイン的ではないものすべてが「インカ」と呼ばれるようになった。

インカ帝国に侵入したピサロは、一五三二年十一月、インカ帝国の皇帝アタワルパとペルー北方の高地カハマルカの広場で出会う。ピサロはインカ兵のあいだを突進してアタワルパの腕を掴んだ。たちまち広場を囲んでいた銃が火を噴き、トランペットが吹き鳴らされ、馬にまたがった騎兵が突進してインカ兵は大混乱に陥った。

そこに鉄の甲冑《かっちゅう》に鉄の剣や槍を持ったスペイン人の歩兵が踊りかかり、広場にいた兵士たちを刺し殺した。インカ兵の武器では甲冑に歯が立たず、スペイン人たちは体力の続く限り剣や槍を振るえばよかったのだ。六〇〇〇から七〇〇〇のインディオが死体となって転がり、より多くのインディオが腕を切り落とされるなどの大怪我を負った。

そして、虜囚の身となったアタワルパは、ピサロに対し「部屋一杯の金・銀を与えるから釈放してほしい」と申し出る。インカ帝国各地からカハマルカに続々と財宝が送られてきた。財宝が約束の量に近づくと、非情にもピサロはアタワルパの処刑を考える。そして、「キリスト教に改宗すれば火刑を減じて絞首刑にしよう」と申し入れた。インカ帝国では火刑にされた魂は永久に死滅するとされた。結局、アタワルパはキリスト教に改宗後、絞首刑で殺されたのである……。

ジャレド・ダイアモンド著『銃・病原菌・鉄』（倉骨彰訳、草思社文庫）は、「第三章　スペイン人とインカ帝国の激突」で、少人数のピサロ側が四万ともいわれる皇帝アタワルパの軍を打ち破ることができた理由を考察している。

ダイアモンドによると、ピサロ側の直接の勝因は、以下となる。

一・銃器、鉄製の武器、鉄製の甲冑、そして騎馬などにもとづく軍事技術

対してインカ側の木や石や青銅製の武器では鉄製の甲冑を貫けず、刺し子の鎧では鉄

製の槍で簡単に刺し殺された。また、彼らは騎乗して戦場に乗り込んでいく動物を持っていなかった。

二・スペイン人が持ち込んだ天然痘の大流行

インカ皇帝ワイナ・カパックや後継のニナン・クヨチが天然痘で死んで王位をめぐる争いがアタワルパと異母兄弟のワスカルのあいだで起き、内戦に発展していたのでインカ帝国が分裂していた。

三・ヨーロッパの航海技術と造船技術

インカ側にはいずれの技術もなかったので、南米から海を越えて出ていくことができなかった。

四・ヨーロッパ国家の集権的な政治機構

ピサロの船の建造資金や乗組員を集めたり、船の設備を整えることを可能にした。インカにも集権的な政治機構があったが、皇帝が捕らえられた時点で指揮系統がピサロ側に完全に掌握されてかえって不利にはたらいた。

五・文字を持っていたこと

記述された情報は、広範囲に、はるかに正確に、より詳細に伝達可能だ。コロンブスの航海、エルナン・コルテスのアステカ帝国征服やペルーへの道順などの情報でヨーロッパから多数のスペイン人が新大陸へ実際にやってきた。

一方、アタワルパはピサロ側の軍事力や意図についてほとんど情報を持っていなかった。挑発さえしなければ攻撃してこないと思い込んでいたのだ。


ダイアモンドの『銃・病原菌・鉄』という書名は、ヨーロッパ人が他の大陸を征服できた直接の要因を凝縮して表現したものである。

カリフォルニア・ゴールドラッシュ

一八四八年、カリフォルニアで金鉱が発見されると、金発見の知らせはたちまちアメリカ全土に広がった。アメリカ国内はもとより海外からもおよそ三〇万人の男女、子どもがカリフォルニアに集まった。この出来事を「カリフォルニア・ゴールドラッシュ」という。他の地域でもゴールドラッシュがあったが、カリフォルニアのものがもっとも大規模で有名だ。

このとき移動してきた三〇万人は、約一五万人は海路から、残りの一五万人は陸路からだった。さらにカリフォルニア・ゴールドラッシュをきっかけに急激な西部開拓が行われた。一八四七年から一八七〇年のあいだに、西部のへき地だったサンフランシスコの人口は五〇〇人から一五万人に急増したのだ。

こうして、西部開拓の発展にともなって西部と東海岸を結ぶ交通体系も発展をとげる。もっとも大きな出来事は、一八六九年に最初の大陸横断鉄道が開通したことだった。これはアメリカの経済的・政治的統一をもたらした。

当時は通貨を一定量の金と交換することを保証して通貨の価値を安定させる「金本位制」だった。大量の金によって、金本位制は磐石《ばんじゃく》のものとなり、国際貿易も安定した。

なお、ゴールドラッシュのとき、金を採る道具は最初はツルハシとシャベルとパンだけだった。これに小砂利を洗い落とすためのゆすり台につけたクレードル（ゆりかご）という、ふるいにかけて砂金を選別する道具が加わった。砂金は水銀に溶かし込んでアマルガムにした。

その後、クレードルは、電動のトロンメルという回転ふるいになり大型化する。トロンメルに砂金をふくむ砂れきを投入し、水で洗って泥やれきを押し流す。すると、密度の大きな砂金など（磁鉄鉱、スズや鉛などが混じる）が網目から落下して、下に敷いたカーペットにたまっていく。たまった重い粒を、人がふるいにかけて金をより分けるのだ。

ゴールドラッシュが終わってからも金の回収は続けられた。河底や砂州に残った金を採るためのドレッジャーと呼ばれる浚渫《しゅんせつ》船は、巻上機でベルトに取りつけたいくつもの鉄バケツを河底に沿って引きずっては、採取した泥をふるいにかける。

私は、テレビのディスカバリーチャンネルで、「ゴールド・ラッシュ」という番組をシーズン一からずっと見てきた。アラスカなどの過酷な地を舞台に、金の採掘で一獲千金を狙う人々を追ったリアリティショーで、トロンメルや古いドレッジャーを使った砂金採りが登場した。採金の技術は、カリフォルニア・ゴールドラッシュ時代と基本的に変わっていないのだろう。

古代では銀は金よりも高価だった

銀は古くから知られた金属だ。銀色のきれいな光沢を持つ金属で、金属のなかでもっともよく電気と熱を伝える。また、金に次ぐ展性（圧縮により伸びる性質）・延性（引っ張りにより伸びる性質）を示し、一グラムの銀は一八〇〇メートル以上の銀線に伸ばすことができる。

銀は自然銀でも産出したが、自然金よりは少ない。鉱石から取り出す必要があったがその方法は未発達であったため、金より希少性があった。

古代の銀は、おもに方鉛鉱という鉛をふくむ鉱石から取り出した。紀元前三〇〇〇年ごろのエジプト、メソポタミアなどの遺跡からも鉛と一緒に発見されているが、金に比べて銀製品ははるかに少ない。バビロニア帝国の時代になると、銀製の壺などが出てくる。この頃は、銀のほうが金よりも高貴であるとされた。

紀元前三六〇〇年頃のエジプトの法律によれば、金と銀との価値の比は一対二・五だったという。銀のほうが金よりも高価なので、わざわざ金に銀めっきを施した装飾品も存在していた。

その後、鉱石から銀を取り出す技術の向上に伴い、銀鉱石からの生産が増加。結果、銀の価値は金に比べ低いものとなった。

巨大なポトシ銀山の発見

新大陸・ヨーロッパ・アジアの経済を一つに結び付けたのが、新大陸からの安価な銀だった。一五四五年、アンデスの高原で発見されたポトシ銀山は新大陸最大の銀山になった。

当初、七五人のスペイン人と三〇〇〇人のインディオが鉱石を掘り出したが、その後、鉱山労働者は急増し、一六〇四年にはインディオのみで六万人に達した。十六世紀末にはポトシ市の人口は一六万に及び、メキシコ市をしのぐ新世界最大の都市となった。

また、ポトシ銀山ではスペイン人によって三大政策が導入され、一五七〇年代中葉以降

「ポトシ銀山時代」とも呼ばれる一時代を画した。三大政策とは、「効率的な水銀アマルガム法という精錬法の導入（一五七四年）」「ワンカベリ水銀鉱山の購入と独占（一五七〇年）」「ミタ労働という先住民の徴用制（一八一九年廃止）」である。

ミタ労働とは、指定された地区のインディオの十八歳から五十歳までの男子の七分の一を、一年交替ではたらかせる制度だ。賃金は支給されたが食費をまかなう程度であったため、彼らは非番の日も労働した。酷使されたインディオが激減したため、アフリカ人奴隷を連れてきて補わねばならなかった。

新大陸の銀とヨーロッパ経済の急成長

時は十六世紀半ば、当時イタリアと争っていたスペインは、戦争と豪奢な宮廷生活により、王室財政は破壊的状況に陥っていた。その膨れあがる財政支出を支えたのがポトシ銀山であった。

一五四六年以降に相次いでメキシコの銀山が発見された。諸説あるが、一五〇三年から一六六〇年までに約一万五〇〇〇トンにものぼる桁違いの銀が、新大陸からスペインに流れ込んだ。それまでの六～七倍の銀が流れ込んだため、ヨーロッパの銀価は下落し、十六世紀から十七世紀前半にかけて、物価は三〜四倍に高騰した。いわゆる「価格革命」が起こり、これまで経験したことがない大インフレに見舞われた。スペインの賃金はヨーロッパでもっとも高くなり、毛織物などの製品は国際市場での競争力を失ってしまった。

価格革命は、商工業の発展を大いに刺激するとともに、金額の固定した地代収入に依存していた封建貴族層の経済力を相対的に低減させ、農民の地位の向上（農奴解放）をもたらすなどヨーロッパの政治・経済に大きな影響を与えた。

スペインへ運ばれる銀は十六世紀後半から増え続け、十六世紀末にはピークに達した。十六世紀後半にスペインがアカプルコ（メキシコ）とマニラ（フィリピン）のあいだを大型帆船ガレオンで毎年結ぶ「マニラ・ガレオン貿易」が開始すると、新大陸の安価な銀の三分の一は東アジアに持ち込まれた。中国の絹・陶磁器などがスペインの安価な銀と交換された。それらの商品は太平洋を横断し、さらにはカリブ海経由で大西洋を渡りヨーロッパにもたらされた。マニラ・ガレオン貿易は、一五六五年から一八一五年まで、二百五十年間も続いた。

ポトシ銀山の銀産出量は、その後は減少の一途をたどり、十七世紀半ばには激減、十九世紀にはほぼ枯渇したが、十九世紀末にスズが大量に採掘されるようになると、鉱山の活気も復活した。現在ではスズもほぼ枯渇しており、小規模な採掘が続けられているのみである。

私は、南米旅行の際にポトシ鉱山を訪れたことがある。ざるの上に、山盛りのコカの葉を抱えた葉売人に出会った。銀山ではたらくインディオは昼食を取らずにはたらき続けるが、入坑するときに頬一杯にコカの葉を詰め込んで、そのエキスを飲むことで空腹感を忘れ、疲労感や眠気をなくし、長時間はたらき続けたという。

ヘルメットなどをつけて坑道をしばらく歩いた。ポトシ観光の目玉だ。しかし、観光客に開放されている坑道からは、当時の悲惨な労働はイメージできなかった。ポトシ銀山は、一九八七年に世界遺産に登録された。奴隷制度の象徴として、負の世界遺産にも数えられている。

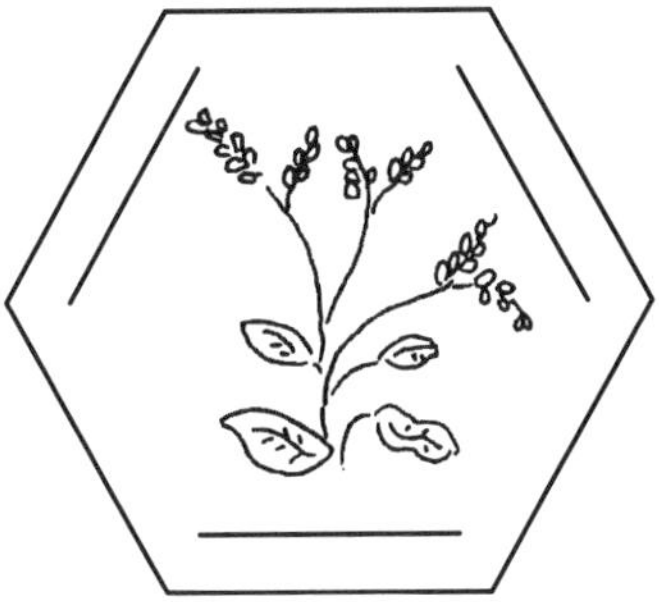

第12章

美しく
染めよ

美しい染料と繊維

衣食住のなかで、「衣」は暑さ寒さをしのぐだけでなく、美しく着飾りたいという人間の欲望とともに発展してきた。衣服は染料で染められている。染料となる物質は、美しい色を持っているだけでなく、布や糸にうまく染まるという染着性を持っていなくてはならない。さらには、染着性だけではなく、日光、洗濯、摩擦、汗などに対しても品質が安定して、染色後は変色したり色落ちしたりしないことが必要である。

染料は繊維だけでなく、紙、プラスチック、皮革、ゴム、医薬品、化粧品、食品、金属、毛髪、洗剤、文具、写真などの着色や色素レーザーの発光にも使われている。

ところで、染料には植物や動物から採取される天然染料と、化学的に合成される合成染料がある。十九世紀の中頃までは天然染料の時代だった。

天然染料は、植物性染料と動物性染料に分かれる。植物性染料には、ウコン、アカネ、ベニバナ、スオウ(蘇芳)、アイ(藍)、ムラサキグサなどがあり、動物性染料にはコチニール、貝紫がよく知られている。

アイの葉には青色の色素インジゴ(インディゴとも呼ばれる)、アカネの根には紅色の色素ア

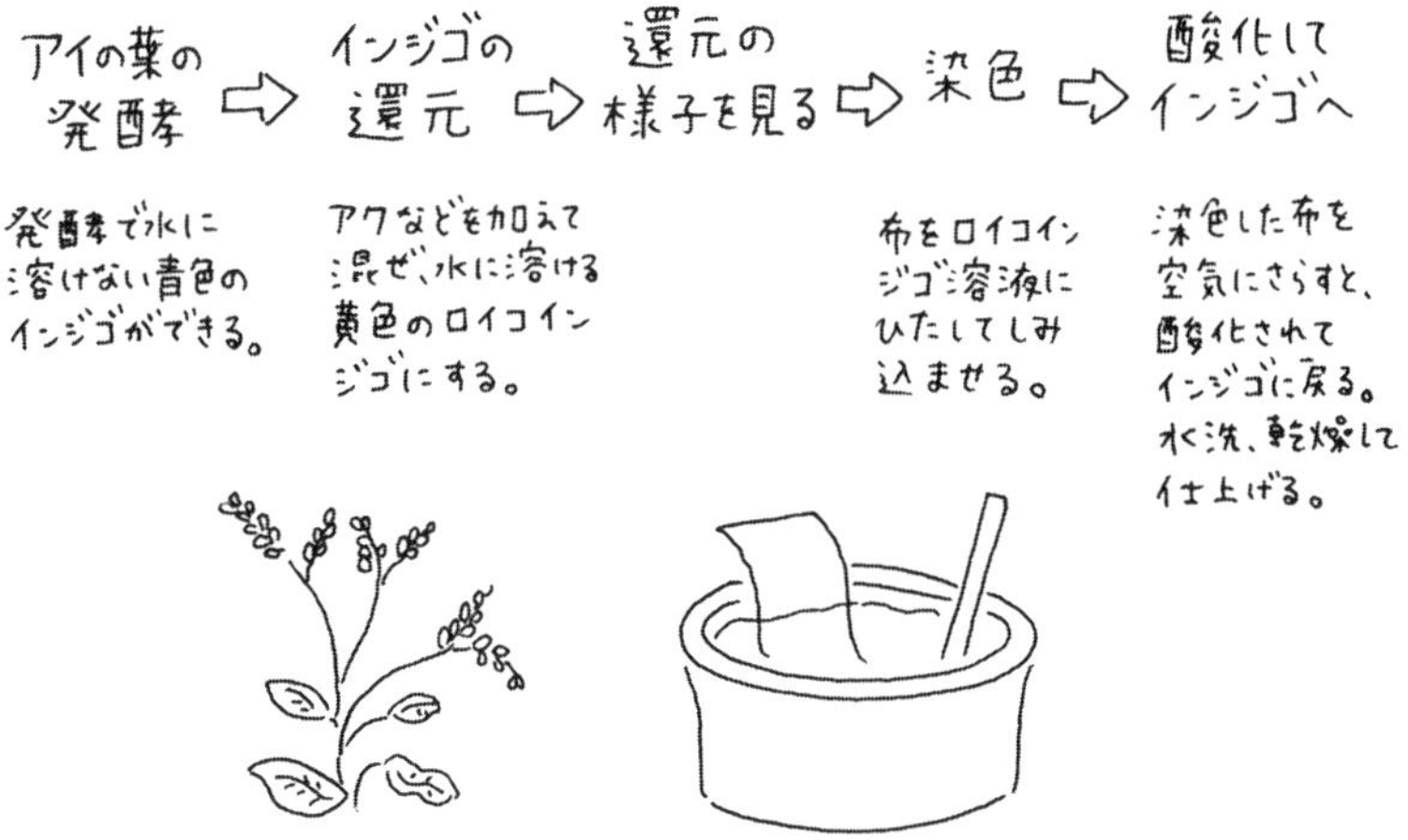
アイの葉の発酵
インジゴの還元
還元の様子を見る
染色
酸化してインジゴへ
発酵で水に溶けない青色のインジゴができる。
アクなどを加えて混ぜ、水に溶ける黄色のロイコインジゴにする。
布をロイコインジゴ溶液にひたしてしみ込ませる。
染色した布を空気にさらすと、酸化されてインジゴに戻る。水洗、乾燥して仕上げる。

藍染めの工程

リザリンがふくまれている。古代エジプトのミイラに巻く麻糸も、インジゴやアリザリンで染められていたのだ。

　アイの葉からのインジゴによる染色は、いまではごく一部で行われているに過ぎない。たとえば、沖縄や奄美大島では、天然の藍染めが行われている。アイのなかに生地を入れ、繊維のなかまでしっかり色素が入るようにもみ込む。生地を引き上げると、布は緑みを帯びた色から藍色へと変化。アイは空気に触れると酸化して発色するので、「染め」と「空気に触れさせる」という作業をくり返し、深い藍色に染め重ねていくのだ。水洗いして乾かし、最後に色止めをしてさらに乾かしてできあがる。

　古代の海洋国家フェニキアでは、貝を使っ

て紫色の染色が盛んに行われた。それが貝紫だ。ホラガイ、レイシガイなどのアクキガイ科の貝の内臓のパープル腺にある無色ないし淡黄色の分泌液を取り出して繊維にすり付け、空気中で酸化すると、赤味がかった紫色に変化するのだ。

貝紫の製造はフェニキアの港町ティルスで始まったとされ、「ティルス紫」と呼ばれた。ギリシア神話では英雄ヘラクレスが発見したとされている。飼い犬が貝をかみ砕いたときに口が濃い紫色に染まるのを見たのだ。

貝にふくまれる貝紫は著しく少なく、一グラムの貝紫を得るには約九〇〇〇個の貝が必要となる。そのため、高価であり、王侯貴族や高僧しか着られなかったので「ロイヤルパープル（帝王紫）」と呼ばれた。今日でも紫は帝王の色であり、王の象徴だ。貝紫をとるために貝があまりにも大量に採取されたため、四〇〇〇年頃絶滅に瀕したという。

アイの葉からのインジゴや貝紫などの天然染料の産業は、合成染料の登場とともに衰退した。

さて、現在でも利用されている天然染料の一つはコチニールである。コチニールは、サボテンに寄生するコチニールカイガラムシという昆虫から抽出した色素だ。エンジムシとも呼ばれ、ペルーやメキシコなど中南米に生息している。

現地の人たちは、マヤ文明やインカ文明の頃から、布織物の染料や口紅など化粧品の材料に用いていた。スペイン人は、新大陸に上陸するとコチニールを専売するようになった。この染料は十六世紀から十九世紀のあいだ、スペイン、イギリス、植民地時代のアメリカにとって羨望《せんぼう》の的だった。なぜならば、自然で鮮やかなピンク色が得られるのはコチニールカイガラムシに限られたからだ。

なお、コチニールは、現在でも染め物、食品の着色（天然着色料として食品添加物になっている）、化粧品および薬品の着色に使われ続けている。コチニールの主要生産国はペルーだ。サボテンプランテーションでコチニールカイガラムシを大量に飼育している。

最初の合成染料

天然染料は産出が限られ、色の種類が少なく、質が不純で染めるのが面倒だった。綿織物が多くつくられるにつれて、美しくカラフルで簡単に染まる合成染料の出現が期待された。

最初の合成染料は、一八五六年にイギリスのウィリアム・パーキン（一八三八～一九〇七）によって発見された。当時、イギリスは、一八四五年にドイツの化学者ユストゥス・フォン・リービッヒ（一八〇三～一八七三）の門下のアウグスト・ヴィルヘルム・フォン・ホフマン（一八一八～一八九二）を招いて、ロンドンに化学の大学（王立化学大学）を開いた。産業革命が進むと、製鉄は木炭から石炭をむし焼きにしたコークスを使うようになり、そのプロセスで石炭ガスやどろどろの黒い液体コールタールができた。化学者たちはコールタールにふくまれる成分に興味を持つようになった。ホフマンは、コールタールから化合物ベンゼンを取り出し、さらには化合物「アニリン」をつくった。

パーキン

ホフマンには若い助手パーキンがいた。パーキンはアニリンを使って、高価なマラリアの特効薬キニーネをつくろうとした。大英帝国をはじめとするヨーロッパは、インド、アフリカ、東南アジアといったマラリアが猛威をふるう地域に植民地を広げていた。当時、マラリアの治療薬・予防薬はキナの樹皮からとれるキニーネしかなかった。彼はアニリン分子に酸素原子を入れてやればキニーネができるかもしれないと試行したが、失敗続きだった。

ある日、硫酸と二クロム酸カリウムを加えてアニリンを酸化させる実験を行うと、たまたま黒い沈殿物が生じた。それは、キニーネではなかったが、その沈澱物を洗って乾かしたものにエタノールを混ぜると、きれいな紫色の液ができた。

これは染料になるかもしれない――。

パーキンが、その液に絹を入れてみると、きれいな紫色に染まった。熱湯でも石けん液で洗っても、色は落ちなかった。彼は、この紫色の染料は商業的な成功をもたらすかもしれないと意気込み、染めた布をスコットランドの有力染料会社に送ると、返事が来た。「あなたの発見は、間違いなく近年まれに見る、もっとも価値あるモノの一つでしょう」。

そのとき、パーキンは十八歳だった。ホフマンに反対されたが大学を辞め、家族の協力を得て「パーキン父子商会」を設立し、染料工場をつくった。アニリンを工業的な規模で製造し、販売したのだ。地中海地方に生育する草花モーブの色に似ていることから、この染料に「モーブ」という商品名をつけた。

また、パーキンは絹のほかにも、媒染剤（染色を助ける物質）を使って綿の染色も可能にした。「モーブ」の紫色はパリの上流階級の女性たちの衣裳に大流行し、たちまちヨーロッパ中に広まったのである。

一家は大金持ちになったが、パーキン青年はそれで満足せず、化学の道を進み、後に有名な化学者となった。パーキンのつくった染料「モーブ」以降、化学者たちは次々にアニリン染料を合成し、イギリス、フランス、ドイツで多数の染料工場がつくられた。「モーブ」は、合成染料の時代の幕開けを告げたのだった。

無機物から有機物ができた!

十八世紀、アントワーヌ・ラボアジェの時代の化学者は、生物の体を形づくる物質を「有機物」(有機化合物ともいう)、そうでない物質を「無機物」と区別した。有機物の「有機」とは、「生きている、生活をするはたらきがある」という意味だ。生物のことを「有機体」という。有機体という生命力を持つ生物がつくる物質が「有機物」である。

砂糖、デンプン、タンパク質、酢酸(酢の成分)、アルコールなどなど、多くの物質が有機物の仲間だ。それに対し、無機物は、水や岩石や金属のように生物のはたらきを借りないでつくり出された物質だ。長いあいだ、有機物は生命のはたらきでつくり出されるもので人工的につくることは不可能である、と考えられてきた。この通念は、十九世紀はじめまで化学の世界を支配していた。有機物は特別な物質だったのだ。

ついに一八二八年、ドイツの化学者フリードリヒ・ウェーラー(一八〇〇〜一八八二)は、無機物のシアン酸アンモニウムを加熱して、有機物の尿素を人工的につくり出すことに成功する。ウェーラーは、スウェーデンの化学者イェンス・ベルセリウス（一七七九～一八四八）の元に留学しており、ドイツに帰国したばかりだった。彼はベルセリウスに手紙を出して、この発見を知らせた。「先生、私は動物の腎臓の力を借りずに、尿素をつくりました」。

実は、尿素は腎臓ではなく肝臓でつくられるのだが、それはともかく生物の生命力を借りずに無機物から有機物を合成したことが画期的であり、その事実は、当時の化学者に衝撃を与えたのだ。

ケクレによるベンゼンの構造解明

有機物を研究する化学を有機化学という。有機化学の確立者といわれるのはドイツ・ギーセン大学のリービッヒだ。

一八四七年にギーセン大学の建築学科に入学したアウグスト・ケクレ（一八二九～一八九六）という十八歳の青年がいた。彼はリービッヒの化学の講義を聴き化学に魅了されてしまった。建築学科をやめると化学科に移り、リービッヒの学生になった。

一八五八年、研究に励んだケクレは「炭素は四つの結合手を持つ原子（原子価四）であり、

炭素原子どうしや他の原子と結びつく」という説を発表する。

炭素の原子価は四、水素の原子価は一なのだが、これは炭素原子一個が四本の結合手、水素原子一個が一本の結合手を持っているということだ（原子価については七〇頁を参照）。

たとえば、メタン（CH_4）は四本の結合手を持った炭素原子を中心に、炭素原子の一本ずつの結合手と四個の水素原子がそれぞれ一本ずつの結合手で結びついているというイメージだ。エタン（C_2H_6）は二個の炭素原子が一本ずつの結合手で結びつき、それぞれの炭素原子の残り三本の結合手が水素原子の結合手と結びついている。エチレン（C_2H_4）は二個の炭素原子が二本ずつ結合手で結びつき、それぞれの炭素原子の残り二本の結合手は水素原子の結合手と結びついている。エタンの炭素原子どうしの結合は単結合、エチレンの炭素原子どうしの結合は二重結合という。

当時、ベンゼン（C_6H_6）の構造がどうなっているかは謎だった。この謎は一八六五年にケクレによって解かれた。

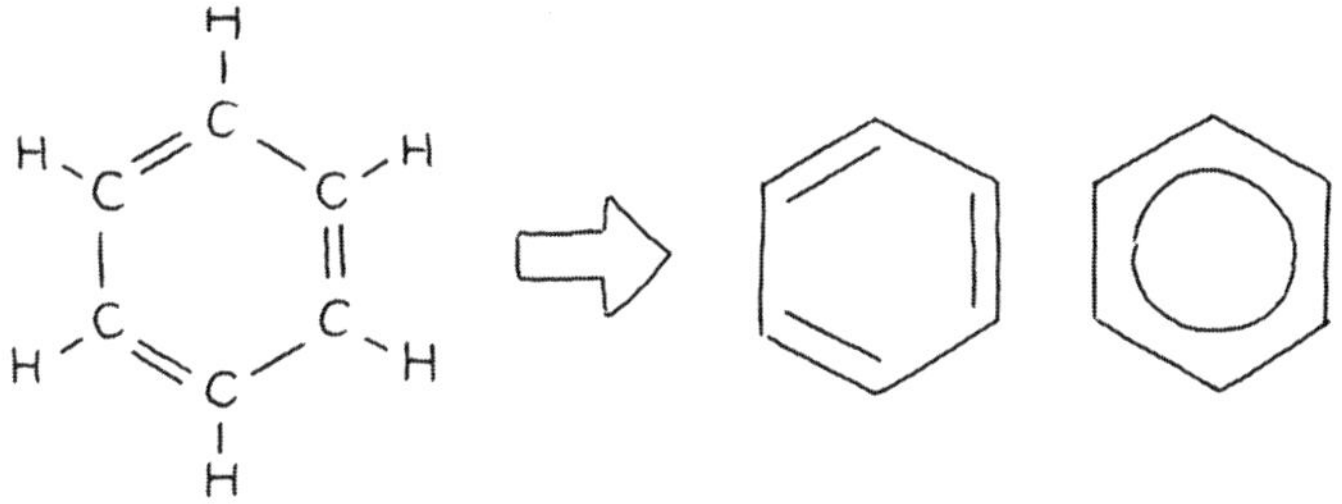

ベンゼンの構造とベンゼン環の略した書き方

ある日、彼は、蛇が自分の尾をくわえて輪になっている夢を見て、ベンゼンの六個の炭素が輪になるという着想を得た。彼は、ベンゼンの構造を、六個の炭素原子が正六角形にならび、二重結合と単結合が一つおきに存在しているように書き表したのである。建築学科で学んでいたケクレには、有機物の炭素骨格の構造を視覚化する能力が備わっていたのかもしれない。建築学から化学へ。他人からすると遠回りをしているようにも見えるが、経験というのは意外なところで役に立つものである。

その後、有機物の構造などが次第に明らかにされた。ベンゼンは、二重結合と単結合が絶えず入れ替わり、炭素と炭素間の結合が、ある瞬間は二重結合、また、ある瞬間は単結

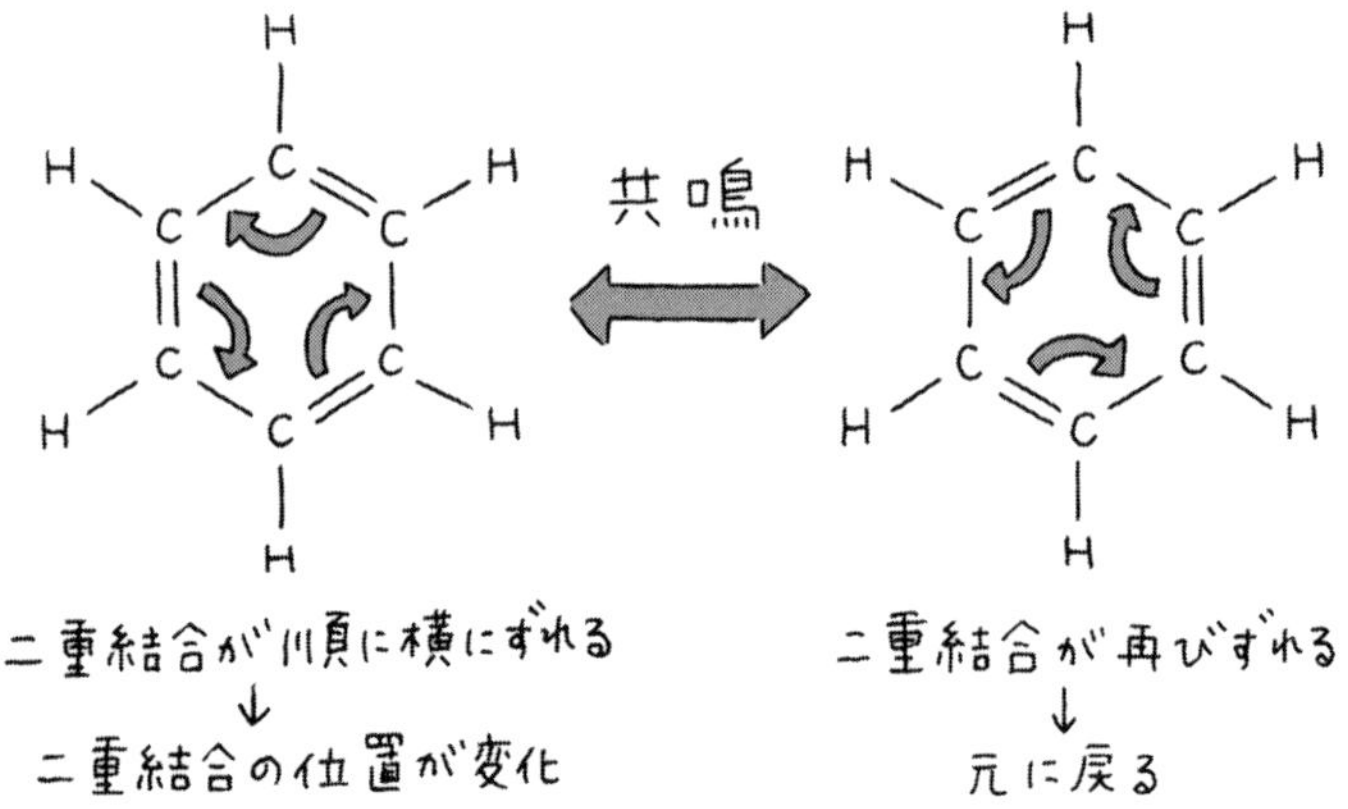

ベンゼンの共鳴構造

合になる。さらに、各結合が二重結合と単結合の中間的な性質の一・五重結合的な様子になっているという「共鳴構造」が提唱された。

分子設計図による合成

さて、パーキンによる最初の合成染料は偶然の産物だったが、ケクレによるベンゼンの構造の解明によって、新しい染料の合成に理論的な見通しが立つようになった。

芳香族炭化水素は、ベンゼン環を持つ炭化水素だ。炭化水素には、ベンゼン環を持たないメタン、エタン、エチレンなどの鎖式炭化水素や、ベンゼン環を持たないが炭素が環状に結びついている環式炭化水素もある。

芳香族炭化水素は、「ベンゼン環が安定し

ており、ベンゼン環を保持したまま、炭素原子にくっついている水素原子が他の原子や原子団（原子の集まり）と置き換わる反応を受ける」という特徴がある。芳香とはかぐわしい匂いという意味だ。ちなみに、「芳香族」といわれるのは命名当時発見されていた化合物が、芳香を持っていたからだ。

パーキンは、コールタールからベンゼンを取り出して「アニリン」をつくり、新しい紫色の染料「モーブ」をつくった。ベンゼンの構造が明らかになると、ベンゼンとアニリンの違いがわかる。アニリンは、ベンゼンの水素原子の一つをアミノ基（$-NH_2$）で置き換えたものである。つまり、ベンゼンを出発点にどうしたらアニリンを合成できるかという「分子の設計図」を描くことができるようになったのだ。

分子構造をもとにした「分子設計図」から合成した染料が、アカネの赤色染料アリザリンである。一八六八年、ドイツのカール・グレーベ（一八四一〜一九二七）とカール・リーバーマン（一八四二〜一九一四）は、アリザリンの分子構造を決定して、コールタールの成分アントラセンから「アリザリン」の合成に成功する。「合成アリザリン」の登場から数年後には、フランスのアカネ畑の多くは休耕になり、ブドウ園に変わっていった。合成アリザリンの値段は天然物と比べ半分以下であり、アカネの市場価値が大きく下落したためだ。

ドイツのアドルフ・フォン・バイヤー（一八三五〜一九一七）は、インジゴの分子構造を決定する研究をもとに、一八八〇年には桂皮酸から「インジゴ」の合成に成功する。アイの染料インジゴは「染料の帝王」と呼ばれ、インドの特産として多量にヨーロッパに輸入されていた。しかし、「合成インジゴ」が市場に出回ると、数百年来独占されていたインドを中心とする全世界のアイ栽培と天燃アイ染料工場は破産に追い込まれた。

こうして、十九世紀末までに合成染料は、その安さと美しさ、色彩の均一性などで天然染料に打ち勝ったのである。染料の主流は合成染料に変わったのだ。

これらの合成染料は、石炭の乾留成分コールタールからつくられた。汚くて臭い液体で、捨てるほかはなかったコールタールが、貴重な原料としてよみがえるのだから、なんとも面白い。一八六二年、ロンドンで開かれた万国博覧会では、鮮やかな色合いの合成染料が、汚らしいコールタールと鋭い対照をなして展示されていた。

その後に登場したナイロンなどの合成繊維（三〇八頁）を染めるのにも適していたため、世界は完全に合成染料の時代になった。

有機化学産業を牽引したドイツ

一八六〇年代以降、世界の染料工業を先導したのはドイツである。ドイツの化学工業は三つの会社を軸に発展した。一つはバーデン・アニリン＆ソーダ製造所（ＢＡＳＦ。一八六五年創業）だ。アリザリンを合成したグレーベとリーバーマンの二人と契約し、アリザリンの商業生産を開始した。二つ目はヘキスト（一八六三年創業）だ。鮮やかな赤色染料アニリンレッド（マゼンタ）、独自の合成法で特許を取ったアリザリン、合成インディゴを生産した。三つ目のバイエル（一八六三年創業）も合成アリザリン市場に参入していた。

一八六〇年代、合成染料の生産量で三社が占める割合はわずかだったが、一八八一年には全世界の生産量の半分を占めるようになった。一九〇〇年頃にはドイツは染料市場の九〇パーセントを占めたのである。

バイエルは、合成染料の収益で医薬品の開発・生産に乗り出し、一九〇〇年頃にはアスピリンを売り出した。第一次世界大戦、第二次世界大戦のなかで、これら三社は統合されるが、第二次世界大戦後に復活し、現在はプラスチック、繊維、医薬品など有機化学業界で大きな存在感を示している。

第13章

医学の革命と合成染料

染料メーカーと製薬

イギリスのウィリアム・パーキンにとって、前章で紹介した「モーブ」の合成が巨大な染料工業を生むことは想像の範囲内であっただろう。だが、染料工業から派生した合成医薬品の大きな発展は想像できなかったかもしれない。

一八九〇年代後半、ドイツには数多くの染料メーカーがあり、競争も激しく市場も飽和しつつあった。バイエルは合成アリザリンの収益をもとに、合成染料から将来性のありそうな化学製品（薬）開発への転換を自社の化学者に命じる。

一八九七年の夏、バイエルの若い化学者フェリックス・ホフマン（一八六八〜一九四六）は、ヤナギの樹皮から分離されるサリチル酸にアセチル基（CH_3CO-）をくっつけて（ヒドロキシ基-OHのHをアセチル基で置換して）アセチルサリチル酸をつくった。

もともとサリチル酸には解熱鎮痛作用と炎症を抑える作用があった。ただし胃の粘膜を激しく痛めるので医薬品としての価値は低かった。ホフマンはサリチル酸の炎症を抑える作用を維持したまま、胃への障害がなくなることを期待したのだ。

バイエルは、一八九九年、この粉末を小さな包みに入れて「アスピリン」として販売した。

アスピリンの人気が高まり、ヤナギの樹皮やシモツケソウの花からとるサリチル酸では需要を満たすことができなくなると、フェノール（別名、石炭酸）からの合成法に切り替えた。

現在、アスピリンは病気や怪我へのすべての医薬品のなかで、もっともよく使われている。

梅毒に効くサルバルサン

ホフマンがアセチルサリチル酸をつくった頃、ドイツの医師パウル・エールリッヒ（一八五四〜一九一五）は、染料から医薬品がつくれないかとさまざまな試みをしていた。染料によっては、ある組織や微生物を染めることはできても、別の組織、微生物を染めることができなかった。一部の染料はヒトの細胞よりも細菌にくっついた。細菌にとって有毒な染料でありながらも、それ以外の組織には害がない染料をつくれるかもしれない。つまり、患者の体を傷つけずに、侵入者のみをやっつける薬である。彼は自分が思いついた新種の

薬を「魔法の弾丸」と呼んだ。その弾丸は色素分子でできており、標的は色素に染まる組織や微生物だ。

エールリッヒは何年もかけて、何百もの化合物をつくっては試験をくり返した。失敗に次ぐ失敗ののち、ついには一九〇九年、弟子であった秦佐八郎（一八七三〜一九三八）が発見した「六〇六号」（六〇六番目に調べた物質）が、梅毒スピロヘータに有効であることが明らかになった。一九一〇年、彼の研究に協力していた染料会社ヘキストは「サルバルサン」という名前で売り出した。

それまで四百年以上に及び、梅毒にはさまざまな療法が試みられていた。たとえば十六世紀のヨーロッパでは水銀療法が用いられたが、多くの水銀中毒者を出した。水銀療法を受けた患者は、オーブンのなかで水銀蒸気を吸いながら熱せられ、心不全、脱水、窒息で死亡したのである。生き残った者の大半も無機水銀中毒となり、髪や歯が抜け、よだれをたらし、さらには貧血、抑うつ、そして腎不全、肝不全で苦しんだ。

サルバルサンはヒ素をふくんでおりいくつかの副作用があったが、水銀療法の残酷さよりはずっとマシだった。梅毒の発症者を減らしたこの薬はヘキスト社に大きな利益をもたらし、他の医薬品に手を伸ばすための資金になった。

サルバルサンは、より効果的なペニシリンが普及するとあまり用いられなくなるが、はじめての合成医薬品をつくることに成功したという点で画期的だった（アスピリンは天然からとれる薬をまねた合成物質である）。

しかし、「魔法の弾丸」はサルバルサンで終わってしまった。その後、二十年以上にわたって、エールリッヒの独創的な考えにもとづく薬剤探索は成果を生み出さなかった。そして、ほとんどの会社は、当然のようにその戦略をあきらめていった。ドイツの巨大化学会社を除いては。

感染症とサルファ剤

一九一八年十一月十一日、ドイツ共和国政府は正式に連合国に降伏し、四年間にわたった第一次世界大戦はついに終結した。

ドイツ経済もドイツ化学業界も苦境に陥った。一九二五年、経済状態が悪いなか、ドイツの化学産業を振興させるため、主要な化学会社は合併。「ＩＧファルベン」と呼ばれる世界最大の巨大化学企業連合体となった。ＩＧファルベンは新製品の研究開発に利益を投入した。

ＩＧファルベンの化学者らは、いつも新たな物質の開発を目指していた。その多くはコールタールからつくられた合成染料の類似化合物だった。医師の指導のもとに、化学者のチームが数多くの物質を試験し、有望な手がかりがあれば、原子をくっつけたり取り去ったり分子を入れ替えたりして新たな類似化合物をつくり、効果のある薬を探し求める。

一九二七年、雇われたのはゲルハルト・ドーマク（一八九五〜一九六四）という若い医師だった。衛生兵として第一次世界大戦に参戦していたドーマクは、戦場において、傷口から進入した細菌によって命を落とす兵士たちを嫌というほど見ていた。その多くは、溶連菌（溶血性レンサ球菌）によるものだった。溶連菌は、敗血症やへんとう炎などを引き起こすのだ。

ドーマクは、その溶連菌感染に対する「魔法の弾丸」の探索にたずさわることになった。彼は、スーパーレンサ球菌とでも呼ぶべき毒性の高い細菌を単離し、その細菌を感染させたマウスに、化学者チームが合成した物質を投与。その効果を次々と判定していった。あらゆる染料を試したが駄目だった。金をふくむ化合物も、キニーネ類も駄目だった。スーパーレンサ球菌に感染した何万匹ものマウスが死んでいった。

ついには、一九三二年の秋、真っ赤なアゾ染料「プロントジル」が著しく効果を発揮することを発見する。プロントジルを投与された感染マウスは跳んだりはねたり、とても元気になったのだ。

ドーマクは、軽い刺し傷からレンサ球菌に感染して絶望的な状態になっていた自分の娘にプロントジルの投与を決断する。まだ試験中の染料を娘に飲ませたのだ——結果、彼女は急速に、そして完全に回復した。

当初は、染料が細菌をやっつけたのだと考えられていた。しかし、フランスの化学者が、プロントジルが体内で分解して生じる「スルファニルアミド」が抗菌活性を持つことを発見した。抗菌活性は染料が持っていたのではなかった。

すると、化学者たちは類似化合物を合成し始める。一九三五年から一九四六年にかけて五〇〇〇以上のスルファニルアミド誘導体がつくられた。これらはサルファ剤と総称された。効果は抜群だった。最初に試されたドーマクの娘を皮切りに、数多くの人命を救ったのだ。

アメリカでもサルファ剤は広く受け入れられたが、悲劇が起こる。甘い水薬として飲みやすくしたサルファ剤による死亡事故が相次ぎ、薬禍事件となった。

この薬禍事件は、発足直後のＦＤＡ（アメリカ食品医薬品局）という連邦政府の小さな組織に伝えられた。アメリカ医師会とＦＤＡが調査を続けているあいだにも犠牲者は増え続けた。医師会は、この水薬（液状の飲み薬）にサルファ剤を溶かすために、甘味があり有毒なジエチレングリコールが使われていることを突き止める。十一月末にＦＤＡの監督官庁の農務省がアメリカ連邦議会に報告を行った頃には、七三人の死亡が確認された。さらにもう一人、この水薬の会社の担当の化学者が銃で自殺した。計一〇〇人以上の死者が出たという……。

この薬禍事件は、一九三八年に連邦食品・医薬品・化粧品法を可決するきっかけになった。それまで野放し状態の危険な医薬品を規制しようという動きはあったが、医薬品関係業界からの献金や広告を得ていた政治家、メディアは規制に反対だった。ところが、この事件で一気に新しい医薬品規制法が成立し、ＦＤＡの権限が強化されたのだ。新しい薬に対して、市販前に安全であることを証明し、活性成分をすべてパッケージや添付文書に記載することを要求したアメリカ最初の法律だった。この法律は何度も改訂され、現在も医薬品法の根幹をなしており、世界中の国々の法律のモデルになっている。

サルファ剤は耐性菌（二七七頁）ができやすかったこと、ペニシリンやその他のもっと優れた抗菌薬が登場したことで、現在はほとんど使われていないが、その歴史的役割は極めて大きかった。

抗生物質ペニシリンの発見

微生物によってつくられた、微生物や細菌の生育を阻止する物質を「抗生物質」という。最初に人体に応用された抗生物質はペニシリンである。一九二八年、アレクサンダー・フレミング（一八八一〜一九五五）は偶然に混入したアオカビが、黄色ブドウ球菌の発育を抑える物質を出していることを発見。このカビが出す抗菌性物質を「ペニシリン」と名づけたが、発見当時はあまり注目されなかった。

ペニシリンの研究が再開されたのは一九三九年頃、ハワード・フローリー（一八九八〜一九六八）、エルンスト・ボリス・チェイン（一九〇六〜一九七九）らによる。彼らは、戦争（第二次世界大戦）の激化で傷病兵が増えていることから、新しい薬を探していたのだ。一九四〇年には培養液からペニシリンが抽出され、部分精製にも成功。その後、大量生産

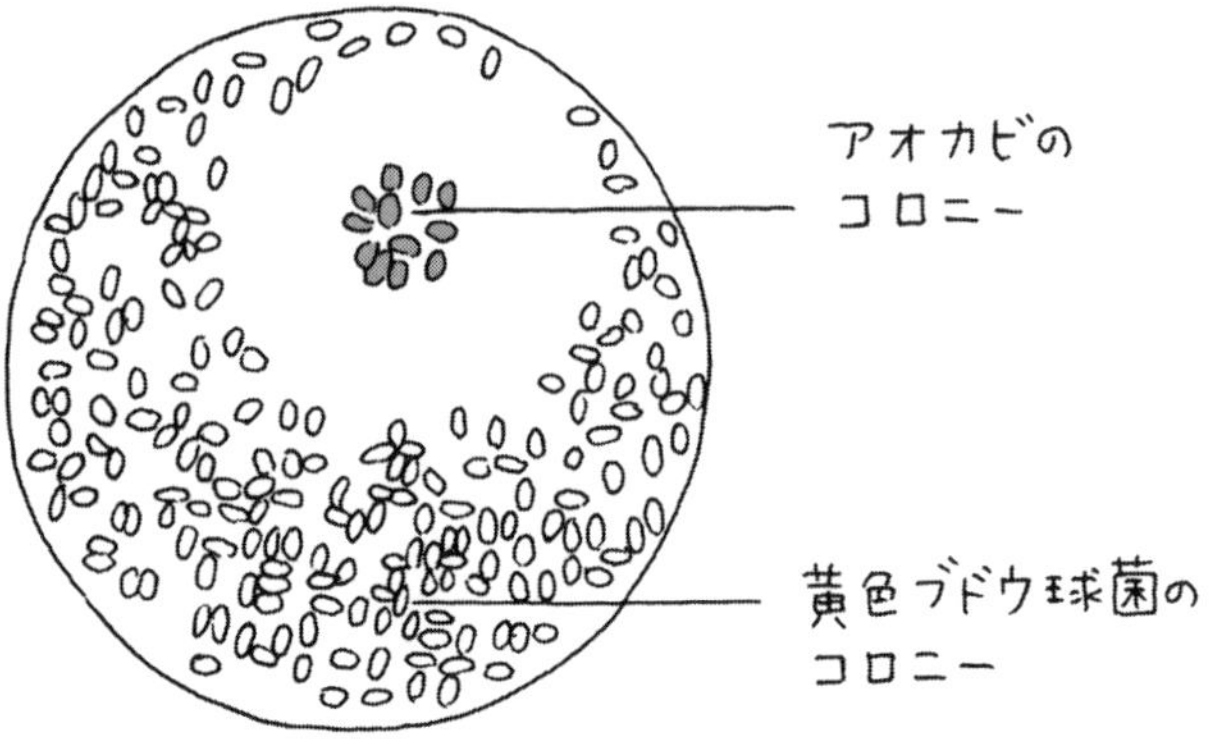

アオカビと黄色ブドウ球菌
アオカビの周囲だけ黄色ブドウ球菌が発育していないので、
フレミングは「アオカビから黄色ブドウ球菌の発育を抑える物質が
出ているに違いない」と考えた

も可能になり、一九四四年、イギリス・アメリカの連合軍によってドイツ占領下のフランス・ノルマンディー海岸で行われた侵攻作戦「ノルマンディー上陸作戦」までには広く使われるようになり、多くの傷病兵の命を救った。

はじめはアオカビなどの生合成（生体内の物質の合成）による天然ペニシリンが生産されていたが、一九五〇年代にペニシリンの分子構造が明らかになると、天然のペニシリンを化学的に部分変化させた半合成ペニシリンが登場し、主流を占めるようになった。現在は化学構造の違いによって、種々のペニシリンがあり、ペニシリンは肺炎をはじめ多くの化膿《かのう》性の疾病のほか、敗血症、産褥《さんじょく》熱、梅毒などに著しい効果を示している。

こうしたペニシリンの成功は、化学者や微生物学者を感染症に有効な物質探しに駆り立てた。セルマン・ワクスマン（一八八八〜一九七三）は土のなかで結核菌が死ぬことからヒントを得て、一九四四年に放線菌の培養液から、結核菌に効果を示すストレプトマイシンを抽出した。この新しい抗生物質の発見により結核の死亡率が激減したのだ。

放線菌からはその後、テトラサイクリンやクロラムフェニコールなどの多くの抗生物質が見つかっている。

耐性菌の登場

その後、多くの抗生物質が見つかり、現在では抗生物質はごくありふれた薬となっている。人類を苦しめてきた結核、ペスト、チフス、赤痢、コレラなどの伝染病は、私たちから去っていったかのように見えた。

しかし、人類が安心したのも束の間、細菌は素早く逆襲を開始した。抗生物質の効かない「耐性菌」が出現してきたのだ。耐性菌のなかで、院内感染などで現在もっとも問題になっているのが「メチシリン耐性黄色ブドウ球菌」（ＭＲＳＡ）だ。メチシリンは耐性菌に強い抗生物質として登場したが、これさえも効かない黄色ブドウ球菌がＭＲＳＡである。

抗生物質「バンコマイシン」は一九五六年に使われ始め、四十年以上も耐性菌が現れず、MRSAに対する切り札だった。ところが二十世紀末に、バンコマイシン耐性腸球菌の出現が報告された。その後もさらにバンコマイシンに耐性を持つ菌が見つかってきている。

現在、最後の砦となっているのは、二〇〇〇年に発売されたリネゾリド。これは合成物質で、いままでのものとはまったく異なるしくみによって細菌の増殖を抑える。日本国内におけるリネゾリド耐性のMRSAの報告例は極めてまれだが、海外では散見されている。

耐性菌を生む一つの原因は抗生物質の多用と考えられている。たとえば、抗生物質はウイルスには効かないので、風邪には、明らかに細菌感染が疑われるときにのみ処方すべきだ。耐性菌のできにくい新しい抗菌薬の開発など、病原細菌との果てしない闘いは続いている。

古来の薬は植物だった

陸上の植物は名前がつけられているもので二五万種ほど。このうち、私たちが食べても平気なものは数パーセント程度といわれている。

私たちの祖先は、果実、葉や花をかじり、ときには食べてみた。こうした試行錯誤をくり返してきたのだろう。多くはしびれたり、嘔吐したり、下手をすると死んでしまったと思われる。食べられるのは二〇種に一種程度なのだから。

それでも、祖先たちは徐々に食べられる植物を見つけ、さらに驚くことには薬草を見つけた。古代の治療師は、どれが薬草か、その薬草をどう使えばいいかを見極めていたのだ。

紀元前四〇〇〇年頃、メソポタミア文明を築いたシュメール人たちが残した粘土板には、すでに数多くの植物の名が薬用として記されている。一世紀には、古代ギリシアの薬物学者ペダニウス・ディオスコリデス（四〇頃〜九〇）が、系統的かつ科学的に薬物について記された世界最初の薬学誌『マテリア・メディカ』をまとめている。

ディオスコリデスはローマ皇帝ネロの侍医であったとも伝えられ、軍隊とともに各地を転戦するあいだに、みずから採集した何百種類もの薬草の用途や効果を一覧にするだけではなく、薬の作成方法や推薦用量も記していた。葉ならば乾燥して砕き弱火で煎じる、根は洗ってから叩いてペースト状にしたり、生で食べたりする。ワインと混ぜたり、水と混ぜたりもした。丸薬や水薬として飲んだり、吸入したり、肌にすり込んだり、座薬として挿入されるモノもあった。『マテリア・メディカ』は千年ものあいだ、薬の手引き書として活用された。

錬金術師パラケルスス

古代から十七世紀までの二千年近くものあいだ、栄えた錬金術。錬金術は、紀元後間もない頃に、エジプトのアレクサンドリア、南米、中米、中国、インドで行われていた。いずれの地域でも金属から金を得たいという欲望、病気の治療などが動機になっていたのだ。

錬金術師たちは、『賢者の石』という物質を使えば、金属を金に変えられる」と信じて、賢者の石をつくり出すために血道を上げた。この石には鉱物の元素も、金属の元素も、霊的な元素も入り込んでいるので、あらゆる生物の病気を治し、健康を維持する万能薬とも考えられた。不老不死の薬でもあったのだ。

錬金術は薬の製造にも使われた。なかでも活躍がめざましかったのがパラケルスス（一四九三〜一五四一）だ。本名は、テオフラストゥス・フォン・ホーエンハイム。本名の代わりに名乗ったパラケルススというのは「ケルススに勝る」という意味だ。ケルススは一世紀のローマの医者で、当時再発見された彼の著書が医学界で大流行していた。

パラケルススは、ケルススの著書の大部分が紀元前四世紀に亡くなったヒポクラテスの著書の焼き直しであることを見抜いた。それならば、自分は彼よりも優れている。つまり、

「ケルススに勝る」と名乗るのは当然だと考えたのである。そして、自分の実力を証明しようと、当時の医学の権威にたてついた。論争を好み、挑発的で、毀誉褒貶《きよほうへん》が大きい。支持者も多いが敵も多いという性格だったようだ。

パラケルススは、治療薬や器具が入ったカバンを携えて町から町へとヨーロッパ中を旅した。彼は「あらゆる金属は水銀と硫黄からつくられる」という錬金術の従来の考えを批判し、水銀と硫黄の他に第三成分として塩《えん》を加えた。この三原質説は、それまでの水銀・硫黄説にほとんど取って代わった。

それまで、ヨーロッパの薬の大部分は植物を原料にしていたが、彼は鉱物の薬も加えて、酸化鉄や水銀、アンチモン、鉛、銅、ヒ素などの金属の化合物をはじめて医薬品として使ったのだ。

現代でもパラケルススが治療に使った化合物は、皮膚病の薬のほか、さまざまな用途に用いられている。

パラケルススの霊薬

パラケルススは、「錬金術を医学に役立つように利用して、化学的な治療法の開発や、それぞれの病気の治療に合う薬を調合すべきである」と考えた。そして、可能性のある薬は自分自身や弟子たちに使い、効果を追跡した。とくに彼が気に入っていたのは「ローダナム」という丸薬だ。用いるのは非常に悪い病気のときだけである。

たとえば、あるときには、ローダナムの効果で死んでいるように見える患者が突然起き上がることもあった。ローダナムは伝説の薬になったが、現在、その秘密の製法は明らかになっている。その成分の四分の一は大麻《たいま》から抽出したアヘンエキスであり、さまざまな病気の症状をやわらげる鎮静剤として、また万能薬のようにもはたらいたのだ。

パラケルススは敵対者が多かったために、死後しばらくは評価されることはなかったが、十六世紀末になる頃には彼の著作の信奉者が各地に現れ、文献よりも実験・実証を重んじる、いわゆる「医化学（医療化学）派」が形成された。

十八世紀末頃のヨーロッパで、アヘンは大人気だった。十九世紀半ばには、アヘンは広く普及していた。そのアヘンが世界史の大きな舞台に登場しようとしていた。

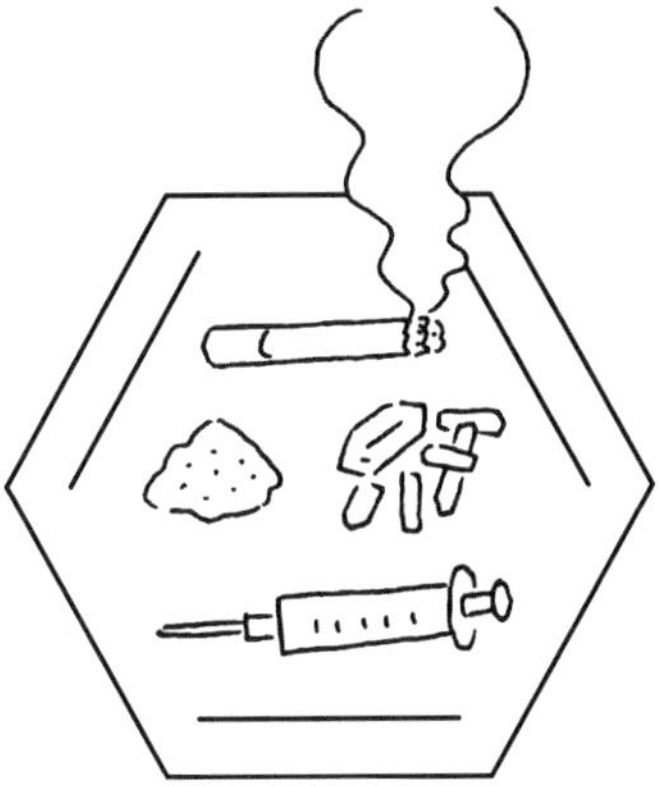

第14章

麻薬・覚醒剤・タバコ

麻薬の王様ケシ

アヘン（阿片）は、ケシの未熟な果実から採れる乳液を乾燥させた茶褐色の粉末で、モルヒネを多量にふくみ、代表的麻薬の一種である。

また、ケシの原産地はヨーロッパ、北アフリカとされるが、シュメール人はケシを「喜びの花」と呼んでいたともいわれ、その歴史はきわめて古い。紀元前一五〇〇年代の古代エジプトで医学について書かれた『エーベルス・パピルス』に、幼児がひどく泣くときはケシのシロップを与えるとよいと記されていた。

歴史上に現れる麻薬は、天然の植物から採るものであり、ケシ、コカ、大麻の三種類の植物が知られている。そのなかでも、ケシからはアヘン・モルヒネ・ヘロインなどがつくられ、麻薬界の王様と呼ばれている。

なお、ケシの未熟果実に縦に傷をつけると白い乳液がにじみ出てくるが、乳液はほどなく茶褐色になる。これが「アヘン」だ。アヘンにはアヘンアルカロイドと総称されるさまざまな化合物がふくまれているが、その代表的なものの一つがモルヒネである。

ケシは、苗が大きくなり、種が成長するまでは高温・高湿度が必要であり、その後は乾燥

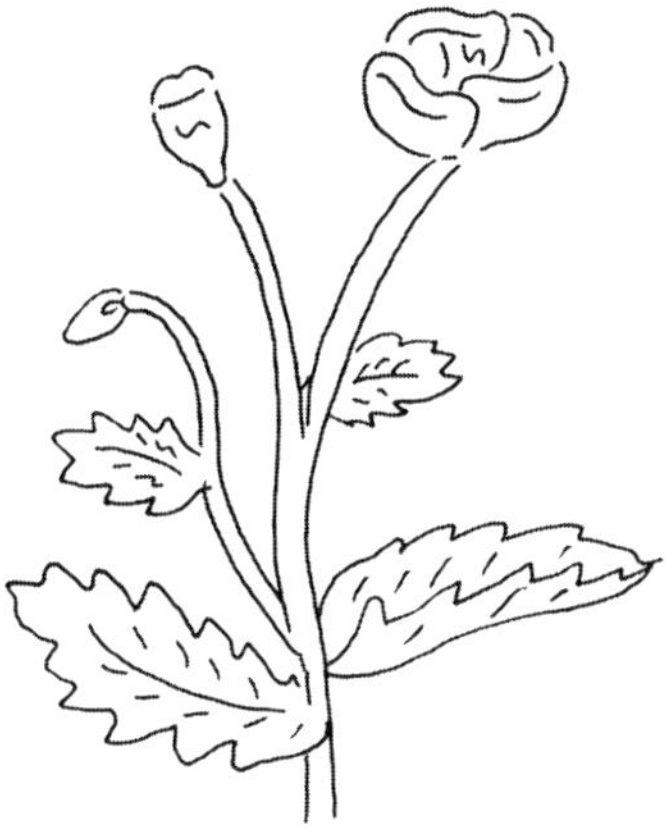

ケシ
葉のつけ根が茎を抱き込んでいるのが特徴

が必要だったために、バルカン半島、小アジア（アナトリア）、イラン、インドなどで栽培され、イスラム商人の代表的な商品の一つとなった。

アヘンは薬だった

アヘンは中枢神経を麻痺させることで、激しい痛みを抑えしずめる、激しい咳発作を抑えしずめる、下痢を止める、催眠および麻酔補助の目的で使用される。効果はモルヒネと同様であるが、作用はおだやかで効き目は遅い。副作用として悪心、嘔吐、頭痛、めまい、便秘、皮膚病、排尿障害、呼吸抑制、昏睡など慢性中毒を起こし、乱用すると廃人同様になる。

また、アヘンは麻薬なので習慣性があり、慢性中毒を起こして多量に用いなければ効かなくなる。現在、日本ではヘロインなどの麻薬・覚醒剤が暴力団を通して広く売られ、その常用者・中毒者は、青少年・OLから主婦にまで広がり、大きな社会問題になっている。

ヘロインはケシから採ったアヘンにふくまれているモルヒネを化学的に加工してつくる。アスピリンをつくったことで有名なドイツの化学会社バイエル(二六五、二六八頁)が、一八九七年に中枢神経を麻痺させる薬として開発した。その効き目がずば抜けていたことから、ドイツ語の「ヘロイッシュ=英雄的」という言葉より「ヘロイン」と名づけられたのである。

アヘン戦争

アヘンをめぐる争いが世界の資本主義に大清帝国を組み込んだ。アヘン戦争(一八四〇~一八四二)は、アヘン密貿易取り締まりを強行した清に対し、イギリスが行った侵略戦争だ。

茶は十六世紀のはじめ、船員や伝道師によってヨーロッパに紹介された。はじめは薬屋で貴重薬として量り売りされていたが、次第に多くの人々が茶を飲むようになり、イギリスでは十七世紀に入ってからコーヒーや茶の習慣が広がった。

コーヒーや茶を輸入したのはイギリスとオランダの東インド会社だ。イギリスはコーヒーを早くから扱っていたが一七三〇年代になると飛躍的に茶が増えて、コーヒーは減ってしまう。オランダとのコーヒー輸入競争に負けてしまったからだ。そのため、中国からの茶の輸入が増えていった。

当初はコーヒーも茶も貴族や金持ちの飲み物だったが、十八世紀に入って、オランダがジャワ・コーヒーのコストダウンに成功し、また、イギリスが中国茶の輸入関税を引き下げたので値段が下がっていった。十九世紀になると砂糖も入手しやすくなり、砂糖入りの茶やコーヒーを庶民も飲めるようになった。

しかし、茶の供給源は中国にしかなかった。イギリスがインドの奥地アッサムやダージリンで茶を栽培するようになったのは後年のことである。イギリスは膨大な額の茶葉を中国から輸入しなければならなかったが、イギリス側には適当な輸出品がなかったので、銀貨を支払ったのだ。

一七七五年から一七八三年までのアメリカ独立革命における敗北でイギリスの財政は苦しくなり、自国の保有する銀が不足し始める。清との貿易に用いる銀の不足に悩んだイギリスは、東インド会社がインドのベンガル地方でのケシ栽培の独占権を持っていたことから、アヘンを清に密輸することを画策する。

インドからのイギリスの収入のうち、二〇パーセントがアヘンになったのである。「大英帝国を支えたのはアヘンであった」という言葉があるが、これはあながち大げさな表現とはいえないだろう。

清は、アヘン貿易禁止令を出した。多くの清の官僚が賄賂をもらってアヘン売買を黙認したために、アヘン吸引の習慣が急速に広まる。一八三〇年代の半ばには、吸引者数は二〇〇万人を超えた。一八三一年以降、アヘン購入のために大量の清の銀が海外に流出することになる。銀価は二倍に上昇した。そのため、税を銀で納めなくてはならない農民の生活破綻が一挙に進行した。

そこで清は、アヘン厳禁派の官僚林則徐《りんそくじょ》を広州に派遣し、一四二五トンのアヘンを没収・焼却し、アヘン貿易の厳禁を言い渡した。反発したイギリスは、一八四〇年、アヘン戦争を開始する。軍艦一六隻をふくむ四十数隻の遠征軍を中国に派遣したイギリス軍は厦門《あもい》・寧波《ニンポー》などを攻略し、一八四二年には上海・鎮江を落とし、南京に迫った。

ついに、清は降伏して南京条約に調印する。条約の内容は、上海などの五港の開港、戦争費用および没収したアヘンの代金六〇〇万ドルの補償、香港のイギリスへの割譲と清にとっては、大変に厳しいものとなった。

戦後も清のアヘン輸入は増え続ける。相次ぐ銀価格の上昇で民衆生活はさらに悪化し、一八五一年、洪秀全《こうしゅうぜん》を指導者とする太平天国の乱が起こった。反乱軍は一時、清の南半分を支配するほどの猛威を振るった。清の正規軍「八旗《はっき》」は反乱を鎮圧できず、曾国藩《そうこくはん》や李鴻章《りこうしょう》などの漢人官僚が組織した義勇軍（郷勇《きょうゆう》）が、一八六四年にようやく太平天国を鎮定した。

この乱で清が分裂すると、イギリスはフランスを誘ってアロー戦争（第二次アヘン戦争）を起こし、利権の拡大を目指す。また、世界規模の自由貿易実現を目指して一八六〇年に北京条約を結ぶと、イギリスを先頭とするヨーロッパの自由貿易圏に清帝国を組み込むことに成功した。

満州国の資金源

アヘン戦争が日本に与えた衝撃は大きかった。日本は、開国後も国内のアヘン乱用は許さなかった。第一次世界大戦でイギリスをはじめとするヨーロッパ列強が中国から後退した隙に、一九三二年、日本は中国東北部に傀儡《かいらい》政権（満州国）を樹立すると、中国に進出する。そして、日本の関東軍はイギリスに代わって内モンゴルを中心に莫大な量のアヘンを生産し、中国全土に流し始めたのである。

日本が持ち込んだのは鎮痛用の薬剤モルヒネ（生アヘンを精製してつくられる）、ヘロイン、コカインで、満州国予算の二〇パーセント以上をアヘン収入で支える、大きな資金源になった。日本軍部の特殊工作の資金も、アヘン利権を通じて生み出されたのである。日本は一九四五年の敗戦まで、深く、広範に、アヘンに関係していたのだ。

現在、日本は世界でも有数の麻薬消費国になりつつあり、潜在的な麻薬患者（常習者）も急増しつつあるが、日本の歴史を振り返ってみると、日本と麻薬とのかかわりは過去にもあったのである。

中毒者を増やしたヒロポン

覚醒剤とは覚醒剤取締法第二条で指定された薬物の総称だ。日本で濫用《らんよう》されているのはほとんどがメタンフェタミンで、自然界には存在せず、化学的に合成された物質である。

現在、日本の覚醒剤はほとんどすべて国外で製造され密輸入されたものである。売人、常用者はシャブ、エス、スピード、アイス、やせ薬などと呼ぶ。

メタンフェタミンは、一八九三年に薬学界の長老だった長井長義博士（一八四五〜一九二九）が、漢薬「麻黄《まおう》」からぜんそくや咳の薬として使われるエフェドリンを単離したとき、その誘導体の一つとしてつくられた。

ヒロポン（メタンフェタミン）

一九四一年にメタンフェタミンはヒロポンという商品名で、売り出された。体力をつけ、倦怠《けんたい》感や眠気を除去し、作業の能率を増進させるという効果をうたった。「ヒロポン」の語源は俗に「疲労（ひろう）をポンと飛ばす」といわれているが、実際はギリシア語〝フィロポヌス〟（労働を愛する）が正しい語源である。人を覚醒させる、シャキッとさせる薬という意味で、「覚醒剤」という名前がつけられた。

強烈な快感、多幸感や高揚した気分を味わえ、三時間から十二時間程度にわたって覚醒状態が持続し、そのあいだは眠ることも物を食べることもしなくなる。ただし、本当は体が食事や休息を欲しているのに、ドラッグの力で錯覚しているだけだ。そのために、効果が切れた後は激しい抑うつ、疲労・倦怠感、焦燥感に襲われる。

日本で覚醒剤のリスクが認識されたのは一九四七年に入ってからだった。その後、一九五〇年に薬事法で劇薬に指定、さらに翌年一九五一年に「覚醒剤取締法」が施行されたが、時すでに遅く、すでに覚醒剤はきわめて深刻に蔓延《まんえん》していた。

覚醒剤の悲惨さは、精神的依存性のすさまじさにある。効果が切れると一転して不安と狼《ろう》狽《ばい》に襲われる。再びハイな気分を求めて連用することになり、幻覚や妄想などの精神病症状が出現。また、攻撃的、暴力的傾向になりやすく、依存性が強く、長期の後遺症を残しやすくなる。

覚醒剤濫用者の死因としては、急性中毒死が多い。心臓血管系の障害が推定されるほか、事故による外傷死、自殺などが多いようだ。覚醒剤をやめてから五年、十年という月日が過ぎてからでも、突然幻覚や幻聴が現れたりする（フラッシュバック）。この依存症やフラッシュバックを消し去る薬はいまのところない。

メタンフェタミンは、水に溶けやすく白色、無臭の結晶だ。従来は静脈注射をしたが、最近は、注射の暗いイメージがなく手軽で注射痕が残らないことから、加熱吸引法（吸煙、あぶり）や錠剤、液剤の濫用が流行している。

陶然として殺されたスペイン兵捕虜

一五一九年十一月、およそ三〇〇人の部下を率いたスペイン軍の指揮者エルナン・コルテスは、アステカ帝国の首都ティノチテトランに侵入した。

このときの様子を従軍僧が詳しく記録していた。アステカ軍に捕らえられたスペイン軍捕虜の様子を引用しておこう。

軍神ウィツィロポチトリ（Huitzilopochtli）をたたえる太鼓や笛、ラッパ、ホラ貝など、ありとあらゆる無気味な音があたりに鳴り響いた。その音響は、大ピラミッドの頂上からで、そこには、全裸のスペイン軍捕虜が、悪魔の神像の前に引きすえられ、あるものは、頭に羽毛を飾られ、扇を手にして奇妙な踊りをさせられていた。しかし、彼らは陶然として、夢うつつのように朦朧《もうろう》として踊り続けるのである。踊りがすむと、石の犠牲台の上に仰向けにねかされ、石ナイフで胸が引裂かれる。ぴくぴくと脈打つ心臓がつかみ出されると、香煙けむる石壇の上に供えられた。血まみれの死体は、足げにされ、百数十段もの階段から転げ落ちた。それを待ちかまえていたインディオたちはかけより、あたかも、屠殺される牛馬のように、腕や足を切断し、顔の皮をはぎ、生首を切り落とした。

（『現代のエスプリ　麻薬』七五号、至文堂）

この従軍僧は、生贄《いけにえ》が幸福そうに、陶然として死んでいく姿に驚き、その理由として、悪魔の植物「テオナナカトル」（神の肉）と「ペヨーテ」の服用であると記している。

「ペヨーテ」はサボテンの一種であり、アルカロイドなどの陶酔性成分メスカリンをふくんでおり、服用すると鮮やかな色彩幻覚を生ずる一方、強い吐き気などの中毒作用も強い。かつて中米の地に栄えたメソアメリカ文明では、神々を祀《まつ》る手段として人身御供が広く行われていた。とくに穀物の神シペ・トテックなど、幾柱かの神に対する儀式の際は、石器のナイフを用いて生贄の全身の皮を剥がし取り、剥がされた皮を神官が身に纏《まと》って踊るなどの儀礼を行っていたのだ。

「テオナナカトル」はシビレタケ属の毒キノコで、アルカロイドのサイロシビンおよびサイロシンという幻覚を引き起こす成分をふくんでいる。この種は二〇〇以上存在し、世界中に広く自生している。

これらのキノコ類の乾燥品は、一時期「マジックマッシュルーム」という名前で、インターネット上で販売されていた。現在では麻薬原料物質としてサイロシビンやサイロシンをふくむキノコ類が規制の対象となっており、輸入、輸出、栽培、譲り受け、譲り渡し、所持、施用、広告といった行為は法違反になる。

インカ帝国とコカの葉・コカイン

現在でもコカの木の葉は、ボリビアなど南米の一部で合法的に栽培され、嗜好品《しこう》として用いられている。

コカインは、コカの木の葉から抽出・精製される麻薬である。インカ帝国では、国民に毎日、一定の時刻に使用することを許していたという。国民の生活が厳しく、空腹による飢餓感を抑えるためと強壮剤として用いられていたようだ。

コカインは、現在も有効な局所麻酔薬として手術に用いられているが、服用すると幸福感や楽天感、性欲亢進《こうしん》などをおぼえるため、麻薬として、アメリカをはじめ世界中で濫用されている。「身体的依存性はなく、中断による禁断症状は起きない」とされているが、精神的依存性は甚だしく、濫用から生じる中毒で死を招くことも多い。アメリカではコカインの使用者が激増しており、その取り締まりは困難をきわめ、「麻薬戦争」といわれるほどの大きな社会問題となっている。

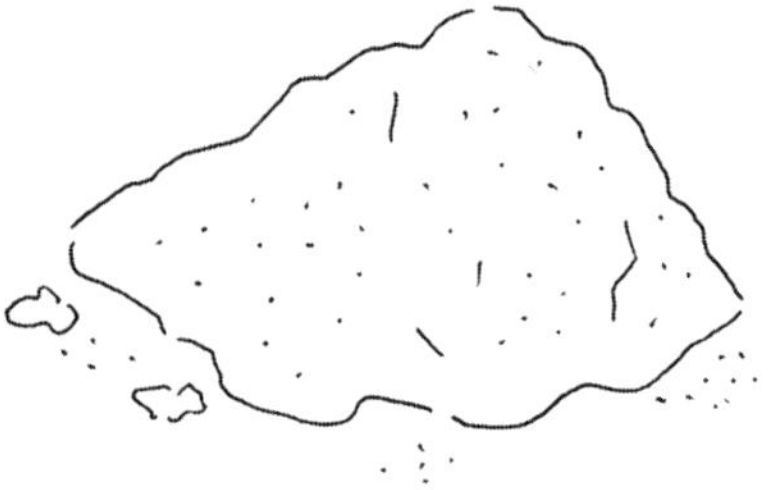

コカイン
アメリカ原産のコカの木の葉にふくまれるアルカロイドで、
無色の結晶または白色の結晶性粉末。覚醒剤より興奮作用、依存性は高い。
薬の効果時間は短いので続けて吸引しがちになる

アルカロイドとは何か？

アルカロイドは、窒素原子をふくむ天然由来の有機化合物の総称である。ただし、タンパク質を構成するアミノ酸やDNAの正体である核酸は除く。また、植物から抽出した天然由来のアルカロイドに手を加えたもの（例：LSDやヘロイン、覚醒剤のヒロポン）や、天然由来のアルカロイドの分子構造を参考に人間の手で化学的に合成されたもの（例：覚醒剤のアンフェタミン）もアルカロイドと呼ぶ。

現在までに三万種以上報告されているが、強い生理活性（生体内のさまざまな生理活動を調節したり、影響を与えたり、活性化したりする性質）を持つものが多く、医薬品として重要である。薬と毒は表裏一体なので、薬にも毒にもなる。

ちなみに、よく知られているアルカロイドには、ニコチン、カフェイン、コカイン、モルヒネなどがある。ニコチンはタバコの成分、コーヒーや紅茶に入っているカフェインには興奮作用がある。コカの木から抽出されるコカインはさらに強力な興奮剤であり麻薬であるが、塩酸コカインは医療用として局所麻酔剤に使われている。モルヒネも麻薬であるが、末期ガン患者の苦痛を緩和する目的でも利用される。

なお、ほとんどの幻覚性植物の成分はコカイン、モルヒネのようにアルカロイドだが、大麻では有効成分はアルカロイドではなくテトラヒドロカンナビノール（THC）である。

大麻とマリファナ

大麻はアサ科アサ属の植物で、麻袋・麻布の麻（アサ）の原料植物と同じものだ。亜麻（リンネルの原料）などと区別するのに大麻（マリファナ）ともいう。その繊維はとても丈夫で、衣服や袋・バッグなどに用いられている。

なお、大麻は日本では「大麻取締法」によって規制されている。大麻は麻酔性のテトラヒドロカンナビノール（ＴＨＣ）と呼ばれる化学成分をふくみ、古くから幻覚剤として快楽、宗教、また医療などに利用されてきた。

大麻の葉や花を乾燥させたものは細かく刻んでタバコのように使われることが多い。樹脂を固めたものを大麻樹脂（ハシシュ、チャラスなど）といい、加熱して気化したものを吸引したり、タバコに混ぜて喫煙したりされている。

十九世紀のヨーロッパでは、不安の緩和や催眠のために大麻は医薬品として処方されていた。ところが二十世紀になるとアメリカ政府は医療用をふくむ大麻を禁じる法律を制定した。

現在、メディアでは世界で大麻がどんどん解禁されているかのような記事が出ている。実際、アメリカでは、ワシントン州、コロラド州、カリフォルニア州などの州で娯楽品としての大麻が限定的に合法になっている。オランダは、厳格なガイドラインのもとで大麻などのソフトドラッグを規制対象外にし、カナダでも娯楽品としての大麻が合法になった。

あなたは、大麻はそれほど危険な薬物ではないと考えているかもしれない。しかし、実際には、イギリス、ドイツ、フランスなどでは依然として大麻は違法薬物であり、日本をふくむほとんどの国で厳しく規制されているのだ。国際的には非合法の国のほうが圧倒的に多いのである。

ＴＨＣは脳内の海馬や小脳などに作用する。その作用は、服用者によって個人差があ

大麻の葉
葉を乾燥させたものを刻んでタバコ風に吸ったりする

り、用量や投与経路(喫煙か経口摂取かなど)によっても異なるが、意識がだんだん変化して夢幻状態になってくる。思考の前後の関連性がなくなり、自由奔放に思考が駆け巡るようになる。数分が数時間に感じられたり、近くのものが遠くにあるように見えたりする。大量に服用すると、幻覚を経験する。極端な安寧感や喜びの興奮が起こり、笑いが止まらなくなったりする。

一人の場合は鎮静的であるが、仲間と一緒になると多弁で陽気にふるまう現象も見られ、大量投与では死の恐怖感が観察される。フラッシュバック現象がしばしば起こり、妄想、幻覚、幻影におびえることになる。「精神的依存はそれほど強くなく、身体的依存はない」とされるが、大麻を常用すると脳の機能低下、認知障害、呼吸器障害、生殖機能障害などの悪影響が出るのだ。

さらに、大麻使用によって、自動車事故を起こしたり、自殺する危険性が高まることも知られている。インドの旅行ガイドには、大麻を摂取して屋上などから飛び降りる事故例が掲載されている。私はインドを旅したときに、マリファナ入りのラッシー（乳酸菌飲料）を飲んだ日本人が口から泡を吹いて倒れたり、問題行動を起こしたりするのを何度か見かけたことがある。

タバコと人との関わり

私の家は一時期タバコ農家だった。タバコ（ナス科）を畑で栽培していた。高さ二メートルになり、長さ約六〇センチメートルの葉が互生する。背が高く大きい葉が並んで生えているので、私は旅先で畑を見ると、タバコはすぐに見分けられる。

葉を収穫すると乾燥小屋内にぶら下げて、炉で薪を燃やし、小屋内に熱風を入れて乾燥させた。乾燥タバコ葉は、等級づけされて額が決まる。真夜中、炉のまわりの木々でセミの幼虫が脱皮するのを見たことを思い出す。乾燥した葉からは、紙巻きたばこや葉巻きたばこ、パイプやキセル用の刻みたばこなどがつくられる。

タバコの乾燥葉には、ニコチンが二〜八パーセント程度ふくまれている。ニコチンはアルカロイドの一種で猛烈な神経毒性を持つ。ニコチン性アセチルコリン受容体を介して、その薬理作用により毛細血管を収縮、血圧を上昇させ、縮瞳《しゅくどう》、悪心、嘔吐、下痢などを引き起こす。また、頭痛・心臓障害・不眠などの中毒症状、過量投与では嘔吐、意識障害、けいれんを起こすのだ。

ニコチンの急性致死量は、乳幼児で一〇〜二〇ミリグラム（タバコ〇・五〜一本）、成人では四〇〜六〇ミリグラム（二〜三本）と毒性が強い。とくに、乳幼児のタバコの誤食が多いので要注意である。

人類がタバコをいつ頃から吸い始めたかはわかっていないが、火を使い始めてさまざまな植物を燃やしたときに、なかには吸うと心地よい香りの煙（香煙）を出す植物があることを知ったのだろう。

香を焚いて得る香煙は、人間に清新な活力や気力をもたらすばかりか、神の精霊が宿ると信じられ、これは世界各国に共通して見られる現象だ。香を焚くことは、宗教的行事として重要な儀礼であるとともに、幻想的精神作用を起こすことから呪術にも必要とされた。さらに病気治療にも使われてきた。つまり、タバコを吸う前に、香煙を吸うことが行われていたのである。

タバコ（ナス科）

タバコは、紀元前から南アメリカ、中央アメリカの南部、西インド諸島、北アメリカのミシシッピ川流域にまで栽培されていた。多くの文献が取り上げているのがマヤ文明の遺跡にある石彫り（レリーフ）の絵文書だ。マヤ文明は紀元前三〇〇〇年から十六世紀頃まで、メキシコ南東部、グアテマラ、ベリーズなどいわゆるマヤ地域を中心として栄えた文明である。その絵文書は、神がチューブ状のものを口にくわえ、先端から煙を吹かしている姿を表現している。当時の人々がタバコを用いていて、そのことを神もお気に召していると考えていたのだろう。

マヤ文明では太陽神が崇拝されていた。太陽＝火の玉という連想から、火や煙が神聖視された。タバコは香煙を出し、それを吸うといい気持ちになることから、タバコの煙に火の神の霊が存在していると信じられて、大切にされてきたのである。

一四九二年十月十三日、クリストファー・コロンブス一行は新世界における最初の上陸地サン・サルバドル島で、島の住民に与えたガラス玉、鏡などの贈り物の返礼として、新鮮な野菜とともに強い芳香のある葉を受け取った。この葉こそタバコの葉である。島の住民はこの葉を「タバコ」と呼んでいた。彼らは、タバコを神聖な儀式に用いただけでなく、多くの病気の治療に用いていた。外傷、咳、歯痛、梅毒、リウマチ、寄生虫、発熱、しゃっくり、ぜんそく、しもやけ、へんとう炎、胃病、頭痛、鼻かぜなどの薬としていたという。

タバコはスペインに伝えられ、以後ポルトガル、フランス、イギリスに広がり、人々を魅了し、喫煙の風習は急速な勢いで広まった。

一五五九年、リスボン駐在のフランス大使ジャン・ニコー（一五三〇〜一六〇四）が、フランス王国のフランソワ二世と母后カトリーヌ・ド・メディチに医薬用目的としてタバコの乾燥葉を献上した。カトリーヌはこれを頭痛薬用の粉タバコにして愛用した。そのため当初、タバコは「王妃の薬草」と呼ばれていたが、後にフランスにタバコを移入したジャン・ニコーを記念してニコティアーヌ（ニコチン）と呼ばれるようになる（ニコチンの名の由来）。

タバコ規制とピューリタン革命

エリザベス一世の跡を受けて国王となったジェームズ一世はイギリス王に即位した翌年の一六〇四年に、「タバコへの挑戦」と題する文を出して、喫煙は野蛮人の悪しき風習であると非難。タバコの輸入に約四〇倍の高関税を課し、かつ、タバコ販売を専売にし、イギリス国内のタバコの栽培を禁止した。

ジェームズ一世の跡を継いだチャールズ一世もタバコの専売を強化し、しばしば喫煙を取り締まった。こうして国王とタバコの取り締まりに反対した議会、議会を支持する国民との対立はエスカレートして、ついには一六四二年から始まるピューリタン革命へと発展していった。この革命の成功で喫煙は自由になり、一気に国民のあいだに広まった。世界史は高邁《こうまい》な理想によってのみ発展するのではない。このように人間の「欲望」も背景にあることを覚えておきたいものである。

一六六五年、イギリスでペストが流行したが、その頃フランスから伝えられた嗅ぎタバコがペストの予防に効くとされて大流行した。この頃、流行したコーヒーとともにタバコはイギリス市民の社交上なくてはならないものになっていった。

江戸幕府の「きせる狩り」

日本にはポルトガルの宣教師がタバコを伝えた。一説には一五四三年、種子島に漂着したポルトガル船が鉄砲と一緒に伝えたともいわれている。

江戸幕府は一六〇九年喫煙禁止令を出し、いわゆる「きせる狩り」などを行った。これは幕府のぜいたく禁止政策と火災防止のためであったが、とうてい禁止することはできず、広く庶民のあいだにまで広まっていった。日本では日清戦争後、政府は財源確保のため、葉タバコの専売を実施し、日露戦争の最中（一九〇四）に完全な専売制に移行して今日に至っている。

なお、タバコの煙にふくまれる化学物質は約三〇〇〇種類あり、そのうち有害物質は二〇〇〜三〇〇種類、とくに有害なのがタール、ニコチン、一酸化炭素などである。

常用すると生じる依存性は、ニコチンによりドーパミン中枢神経系の興奮（脱抑制）を介するものである。喫煙によって肺ガンにかかったとされる人の割合は、日本では約七〇パーセント、アメリカやイギリスなどでは八〇〜九〇パーセントとされている。

タバコの害は五〇種類にも及ぶとされている。内訳としては、がん（肺がん、咽頭がんなど一〇種）、循環器疾患（血管収縮、心筋梗塞、狭心症、脳卒中など）、消化器系（胃潰瘍、十二指腸潰瘍、食欲低下など）、その他、虫歯、歯周病、妊娠合併症、ビタミンCの破壊、免疫機能の低下、善玉コレステロールの減少、運動機能の低下、知的能力の低下、寿命の短縮、タバコ代による経済的消失などがあげられるのだ。

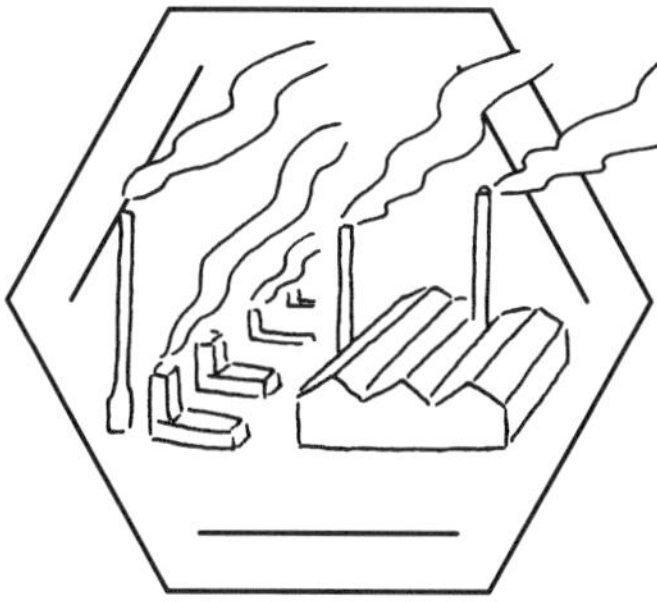

第15章

石油に浮かぶ文明

合成繊維の登場

一九三八年、「石炭、水、空気のようなどこにでもある原材料からつくられ、鋼鉄のように強く、クモの糸のように優美で、どの天然繊維より弾性があり、美しい光沢を持つ繊維」という名文句とともに、初の合成繊維であるナイロンが発表された。丈夫で軽く、弾力性があり、絹に似た感触があり、さらに、耐摩耗性や耐薬品性に優れており、吸湿性が小さいので、洗ってもすぐに乾く。

ナイロンの名はノーラン（走らない→伝線しない）をもじってつけられたという説が有力だ。ナイロンは伝線しにくい女性用ストッキングとして有名になった。それまでの日本産の絹製の靴下に代わる丈夫なストッキングは、たちまち人気商品となった。ちなみに、現在もアメリカの女性はストッキングのことをナイロンと呼ぶ。

ナイロンの発見者は、アメリカのデュポン社という化学メーカーのウォーレス・カロザース（一八九六〜一九三七）だ。デュポン社は、アメリカの化学工業の遅れを取り戻すために基礎研究を重視し、そのための優秀な若手化学者を集めた（基礎研究とは、製品にはすぐに結びつかない研究で、真理の探究そのものを目的とする）。その一人がカロザースだ。ハーバード大学の有機化学講師だった彼は、一九二八年、三十二歳の若さでデュポン社の有機化学研究所長に迎えられた。

カロザースは基礎研究として、できるだけ大きな分子（高分子）をつくりたかった。そのために研究班を動員して、「低分子で多数が結びつき（重合して）高分子になりそうなもの」を手当たり次第に重合した。

一九三〇年、カロザースの共同研究者ジュリアン・ヒルがポリエステルを合成する。これは綿に劣らぬ強さを持っていたが、耐熱性や耐水性が弱く実用化には至らなかった。なお、ポリエステルは種類が多く、現在のポリエステルは優れた性質を持っている。

デュポン社の化学部長ボールトンは、この発見に大きな関心を寄せ、カロザースのグループに、商業的に価値のある合成繊維の研究をするように命じた。カロザースは「私は基礎研究をするためにデュポン社に来たのだ」と抗議したが、結局は折れた。
カロザースのグループは、以後、何百もの薬品の組み合わせを手当たり次第に試みる。

彼らの大ローラー作戦の結果、ヘキサメチレンジアミンとアジピン酸から合成した「ナイロン（ナイロン6,6）」が生まれる。

ナイロンの工業生産へ向けて、デュポン社の総力を結集して開発研究が進められた。一九三九年にナイロン工場が大量生産を始めるまでの苦心は、発見に劣らぬものだった。難関の一つは、重合度が高い分子（高分子）の合成だ。重合度が低いと、繊維としての強度が満足なものとならないのだ。

なお、ナイロンの発明者カロザースは、デュポン社がナイロンを発表する以前の一九三七年に青酸カリを服毒し、謎の自殺を遂げる。四十一歳の誕生日の二日後のことである。彼は学生時代からうつ病に悩まされており、死の数年前から「自分は失敗者である」いう考えに取り憑かれていたという。

ナイロンにはさまざまな種類があり、現在多く生産されているのがナイロン6,6とナイロン6である。日本ではおもにナイロン6が生産されている。

日本は古くから養蚕をしていたが、明治になると高等蚕糸学校などの専門学校をつくり技術の発展に努めた。その結果、日本は世界の養蚕の過半を占める蚕糸王国になり、世界有数の絹の輸出国となった。

ナイロンが発売された当時、日本生糸の輸出先は大部分がアメリカだった。もしナイロンによって日本の生糸がアメリカから閉め出された場合、日本の何十万という繊維業者はもちろん、カイコを飼って暮らしてきた二〇〇万の農家にとって大事件である。実際、日本はナイロンの登場、とくにストッキングがナイロン製に代わったことなどによって大きな打撃を受けた。日本の生糸産業への影響は「ナイロンの衝撃」ともいわれる。

ポリエステル・ナイロン・アクリル

その後次々に合成繊維がつくられた。ポリエステル、ナイロン、アクリルを「三大合成繊維」という。世界の生産量は、これらの三大合成繊維で全体の九八パーセントを占めており、ポリエステルが全体の八割以上を占めている。

ポリエステルは羊毛に近い感触を持っており、耐熱性、耐摩耗性、耐洗濯性、耐薬品性に優れている。吸湿性がほとんどないため、すぐ乾き、そのまま着ることができる。繊維をある形に整えて、熱を加えると、その形のまま固定されやすいので、プリーツや折り目をあらかじめつけておくこと（パーマネントプリーツ加工）ができる。

線状の高分子を繊維状に紡糸したものがポリエステル繊維、線状の分子をランダムに三次元的に成形したものがプラスチック（合成樹脂）だ。ポリエステル繊維とペットボトルの材質は同じ化合物だ。ペットボトルのPETとはポリエチレンテレフタラートの略称だが、これはポリエステルの一種類である。

そこでペットボトルの「再利用」として、ペットボトルの樹脂を細かく砕き、それを加熱して繊維状に紡糸してポリエステル繊維にして、ワイシャツなどをつくっている。

日本が開発した合成繊維ビニロン

京都大学の桜田一郎教授（一九〇四〜一九八六）らのグループは、一九三七年頃から合成繊維の研究を始めていたが、デュポン社がナイロンを発表したことに衝撃を受けた。桜田教授は入手した長さ三センチメートル、重さ〇・三ミリグラムのナイロンを分析し、その性能と成分を知り、日本独自の合成繊維の開発を目指した。

選んだのは分子中に多くのヒドロキシ基（OH基）を持ったポリビニルアルコール（PVA）だった。PVA繊維はすでにドイツで発見されていた。しかし、水溶性のために衣類には使えない。桜田らは、水に溶けない工夫をした。親水性のOH基をホルマリン（HCHO）と反応させて、OH基をブロックして「合成一号」（後に「合成一号A」に改称）を開発した。

一九三九年に発表されると新聞は「日本のナイロン現る」と書き立てたが、熱水中では縮んでしまうという欠点があった。これを改良して熱にも水にも強い「合成一号B」を一九四〇年に発表する。その後も改良を重ねて、一九四八年には「ビニロン」と命名された。日本における合成繊維の第一号だ。

一九五〇年十一月に倉敷レイヨン（現クラレ）が世界ではじめて工業化した（岡山工場）。ビニロンは、合成繊維のなかでもっとも親水性（標準状態で水分率三〜五パーセント）があり、高強力で耐候性（紫外線による劣化が少ない）に優れていて、アルカリや酸に強いのが特長である。一九六〇年頃、ビニロン学生服が大ヒットし、広く一般にビニロンの存在が認知された。

現在は、高強力、高弾性率、親水性、耐薬品性、耐候性などの特性を生かせる分野に特化し、帆布、ロープ、農業用メッシュ状織布、海苔養殖網等の農水産資材、各種基布、特殊衣料（消防服、作業服等）や工業資材分野などで使われている。

繊維の分類

私たちの日常生活はさまざまな衣料を必要としている。さまざまな布は、縦糸と横糸を織り合わせてつくられている。糸は細長い分子からなる繊維と呼ばれる物質をより合わせてつくられている。

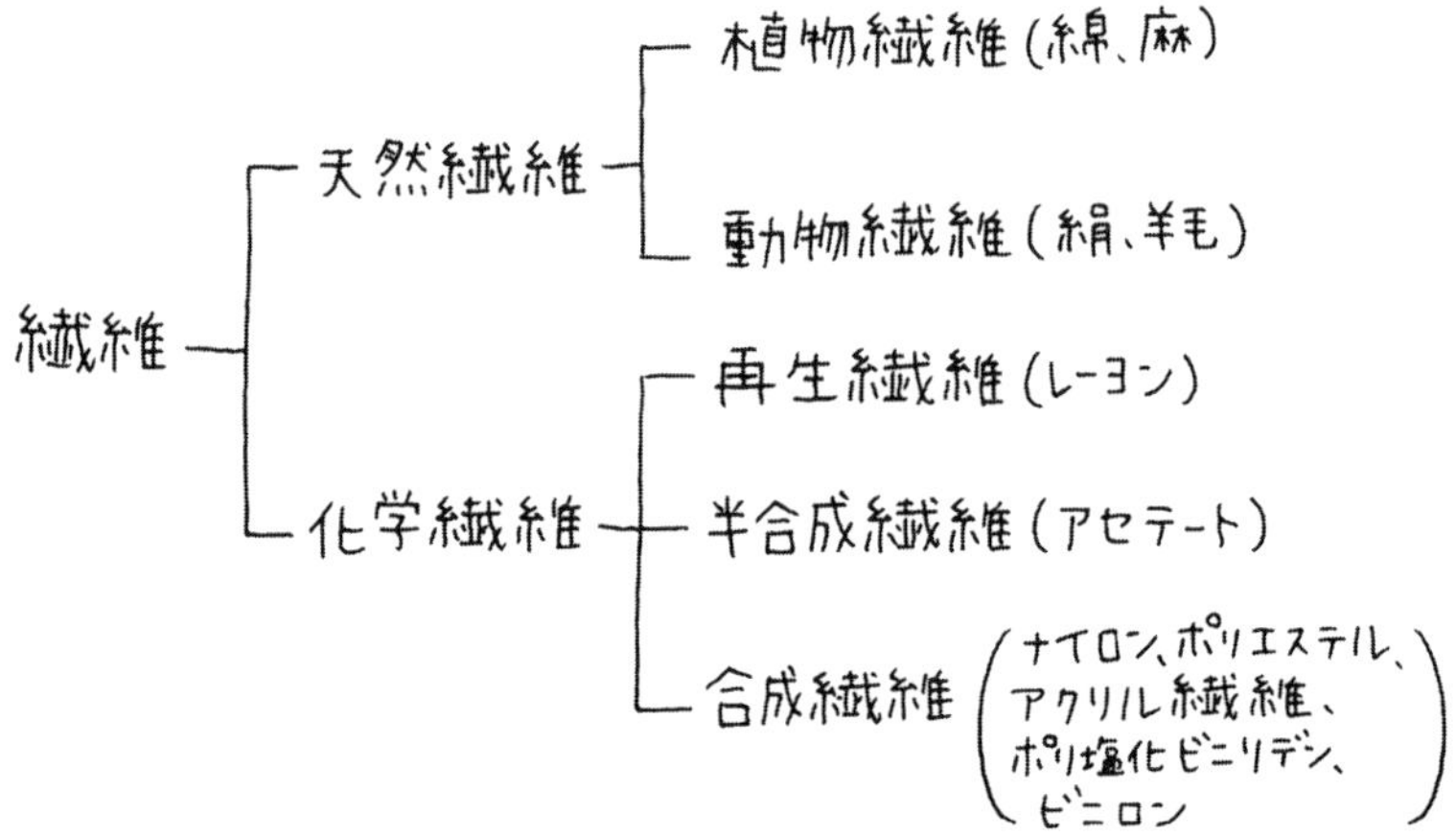

繊維の分類

繊維は、天然繊維と化学繊維に分けられる。天然繊維は綿や麻などの植物繊維と羊毛や絹などの動物繊維に、また、化学繊維は原料の違いによって、セルロースなどを化学的に処理してつくられる再生繊維や半合成繊維と、石油などから合成される合成繊維に分けられる。

人類と天然繊維

衣服を身につける生物は私たち人類だけだ。しかし、それがいつ頃から始まったのかを知るのは難しい。漫画や映画に登場する原始人類は毛皮をまとっている場合が多いが、実際、どうだったのかはわかっていない。きっと私たちホモ・サピエンスの初期は、身を守るために木の葉や毛皮などで体を覆ったことだろう。骨針が発明されると、毛皮に袖を縫い付けることができるようになり、植物から取り出した繊維や羊毛を手織りして布をつくるようにもなったのだと思われる。

実際、石器時代にスイスの湖畔に住んでいた古代人の遺跡から亜麻の繊維を利用した痕が発見されているし、新石器時代の中国の西安市の遺跡の陶器に、織った布の痕が残っている。

歴史的に重要だった天然繊維は、亜麻（麻の一種）、綿（コットン）、絹、羊毛の四大繊維だ。亜麻は、茎の表皮に近い部分に存在する靭皮《じんぴ》の繊維がとくに長いのでこれを利用する。乾いていても濡れていても強度が高く「親水性」の繊維で通気性も優れ、洗濯しやすく保温性も高いので、衣料用繊維としてあらゆる分野で使われている。この繊維の成分はセルロースで、強さと美しさと耐久性を持ち、品質に優れている。

エジプトで発見された四千年前のミイラは亜麻布で包まれていた。同じくエジプトで紀元前二七〇〇年頃の壁画にも亜麻の収穫風景が描かれている。「産業革命」で綿が主流になるまでのヨーロッパの基本繊維であり、下着、シーツ、枕カバーなどすべてに用いられた。現在、亜麻で織ったリンネルは綿よりも品質が優れていて高級品とされる。

また、綿は、ワタという植物の果実の中にあるふわふわとした真っ白な種子毛繊維（綿花）を摘み取り、種子と繰り綿に分離、さらに種子についている短い繊維もとる。繊維の成分は

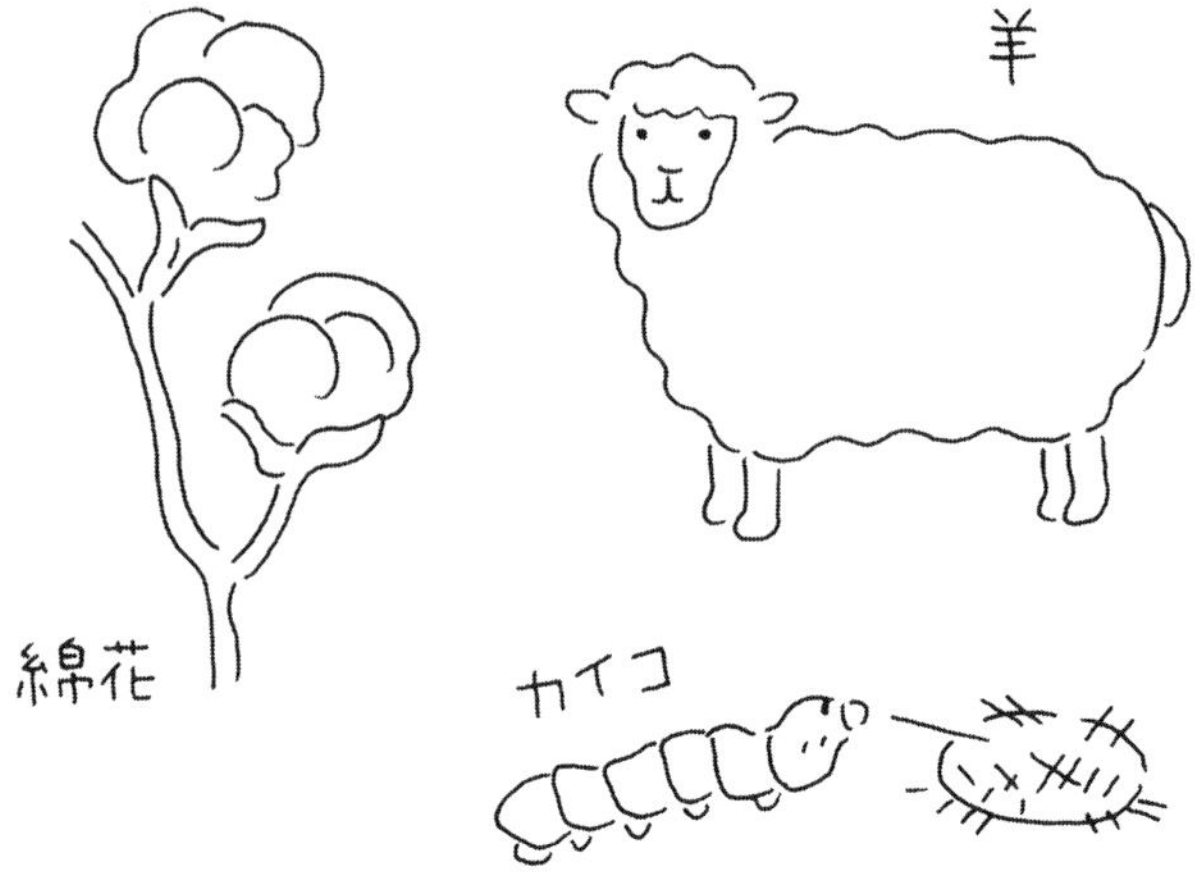

綿花、羊（羊毛）、カイコ（絹）

亜麻と同じくセルロースである。

綿は、現在のところ、もっとも古い栽培の証拠がメキシコにあり、約八千年前とされている。約七千年前のインダス文明にも栽培の痕跡がある。南米のペルーでは紀元前一五〇〇年頃から綿が利用されていた。そして、十八〜十九世紀には世界各地で栽培されるようになった。十八世紀中頃、アメリカ南部は「綿花王国」と呼ばれた。ワタ栽培には、多数の労働力を必要とする。十九世紀には、アメリカ南部は世界最大のワタ生産地となったが、その陰には黒人奴隷の過酷な重労働があり、「奴隷制」は南北戦争を引き起こしたのだ。

昆虫にも家畜がいる。その代表がカイコだ。カイコはカイコガという蛾の幼虫である。カイコの原種は野生にいるクワゴというガで、クワゴを改良・家畜化して、繭が大きくて上質な生糸が多くとれるカイコをつくった。生糸をつむいでつくられるのが絹だ。絹の成分はタンパク質で、主成分はフィブロインである。

中国国内で生産された絹織物は、五世紀頃にはギリシア・ローマにもたらされた。五五二年、ビザンツ帝国のユスチニアヌス一世は、二人のペルシア人宣教師と契約し、カイコの蚕卵紙（蚕の卵が産み付けられた紙）と、餌となるクワを育てるための種子を持ち帰らせて、その飼育に成功した。結果、コンスタンティノープルが養蚕の中心地になった。その後、養蚕はヨーロッパ全域に広まっていく。

羊毛は、現在も動物繊維の主役である。羊毛の成分はタンパク質の一種で、主成分はケラチンだ。原産は中央アジアだが、二千年も前からスペインでメリノ羊が飼育されており、ヨーロッパに続いてオーストラリアや南アフリカの植民地で発達した。

かつて「羊が人間を食い殺す」と言われたイギリスにおける十四世紀後半から十五世紀の「囲い込み」では、羊の牧場がすさまじい勢いで農民の耕地を奪い、林野までも牧場に変わっていった。まるで羊の嵐である。「囲い込み」により羊毛生産の規模は飛躍的に拡大し、毛織物産業は国民的な産業に成長していった。十六世紀後半にはテューダー朝・エリザベス一世の絶対王政において毛織物産業が手厚く保護された。しかし、産業革命の花形である「綿」に羊毛は主役の座を奪われる。

現在、羊毛のおもな産地が、オーストラリア、アメリカ合衆国、南アメリカのアルゼンチンなどになったのは、新大陸の原野の開拓にはまず羊が持ち込まれたからである。

素晴らしい中間素材

亜麻や綿の繊維の主成分セルロースは、グルコース（ブドウ糖）が約一万個まで鎖状につながった天然の高分子だ。衣類以外でセルロースからできた身近なものに紙がある。一般に、繊維としては細くて長いものの方が品質がよいので、十九世紀の終わり頃からセルロースをもとに、より長い繊維をつくる研究が進められてきた。

セルロースを化学的な処理により溶液とし、それを引き延ばすことで長い繊維として再生する。この再生繊維を「レーヨン」と呼ぶ。最初のレーヨンは「人造絹糸」と名づけられた。絹のような光沢と手ざわりがあり、かつ洗濯が可能だったからだ。レーヨンには、ビスコースレーヨン、銅アンモニアレーヨン（キュプラ）がある。合成繊維とは異なる風合いで、耐候性、吸湿性に優れているので、広く用いられている。

繊維は巨大な分子、すなわち高分子からできている。亜麻や綿の繊維の主成分セルロースも高分子だ。そこで、高分子について少し説明しておこう。

低分子と高分子

私たちのまわりにある水、酸素、二酸化炭素などは分子からできている。タンパク質やデンプンも分子からできているが、水などと比べて非常に大きな分子だ。水などの小さな分子を「低分子」といい、タンパク質やデンプンのような非常に大きな分子を「高分子」という。高分子は、原子が数千個もつながった巨大な分子である。

低分子と高分子は、一般に分子量の大きさで区別する。分子量は、分子をつくっている原子の原子量（水素原子は一、酸素原子は一六など）を足し合わせたものだ。水（H_2O）の分子量は一八だが、高分子はおよそ一万を超える。

ちなみに、高分子にはセルロースなどの繊維、プラスチック、ゴムやタンパク質、DNAなどの有機高分子と、水晶（石英）、ガラスなどの無機高分子がある。多くの高分子は、多数の原子が鎖のようにつながった分子で、一つ一つの鎖の輪にあたる構造単位が存在する。この構造単位となる小さな分子をモノマー（単量体）といい、モノマーが多数集まった高分子

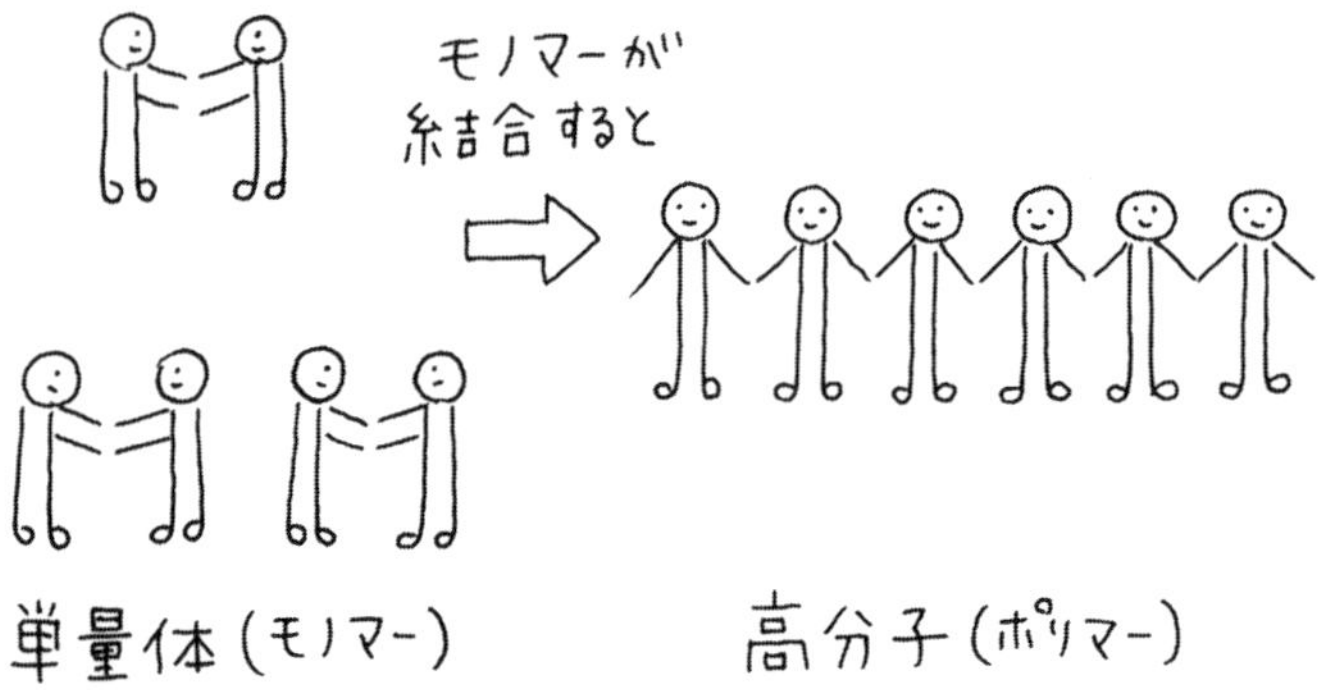

単量体（モノマー）と高分子（ポリマー）

をポリマー（重合体）という。多数のモノマーが結合してポリマーになる反応を「重合」と呼ぶのだ。

プラスチックとは？

私たちはプラスチック（合成樹脂）に囲まれた生活をしている。テレビやパソコンや電話のケース、文具、食器、包装材料など、プラスチックからできているものは多い。

プラスチックは、「軽い」「腐食しにくい」「大量生産できる」「安価である」「電気や熱を伝えにくい」などの性質を持っている。また、熱や力を加えてさまざまな形に自由に成形できる。

プラスチックがさまざまな産業で有用な材

料として使われているのは、目的の用途に合わせて、自由に設計・製造ができるからだ。熱による性質の違いによって、熱可塑《かそ》性樹脂と熱硬化性樹脂の二つに分けられる。熱を加えると軟らかくなり、それを冷やすと硬くなる樹脂を「熱可塑性樹脂」という。一方、加熱前は柔らかいが、一度熱が加わると変形しなくなるような樹脂を「熱硬化性樹脂」という。

生産されているプラスチックのほとんどが熱可塑性樹脂であり、フィルム・シートをおもに、容器類、機械器具部品、パイプ・継手《つぎて》、発泡製品、日用品・雑貨、建材などとさまざまなものがつくられている。また、配合剤（可塑剤、着色剤、難燃剤、酸化防止剤、潤滑剤、補強剤、帯電防止剤など）を工夫することで幅広い性質の製品となる。

象牙の代用品になったセルロイド

プラスチック合成の始まりは、エボナイトだ。エボナイトは、天然ゴムに三〇～五〇パーセントの硫黄粉を混合して練り合わせ、成型器に入れて加熱して硬化させたものである。かつては万年筆の軸や喫煙用のパイプに用いられた。

一八六八年、アメリカでセルロイドがつくられた。天然物を加工したものであり、半合成プラスチックといわれる。

セルロイドは、ビリヤードの象牙の玉の代用品として登場した。ジョン・ウェズリー・ハイアット（一八三七〜一九二〇）という印刷工がニューヨーク州アルバニーの町で、ふと見かけたこんなはり紙がきっかけだ。「ビリヤード玉の代用品を発明した人に一万ドルをさしあげます」。ハイアットはその挑戦に応じ、彼がセルロイドと命名した品で賞金を獲得。一八七二年には商標登録した。

実際は、ハイアットは自分でセルロイドを開発したのではなく、アレクサンダー・パークスというイギリス・バーミンガムの自然科学教授から特許を買い取ったのだ。パークスは、一八五〇年頃、ニトロセルロースに樟脳《しょうのう》を混ぜると、硬いが弾力性のある透明な物質ができあがることを発見。彼は製造業者と組んで薄く透明なフィルムをつくったが需要がなかった。だから、ハイアットに喜んで特許を売ったのだ。

ハイアットは賞金を注ぎ込んで一八七一年にビリヤード玉の製造を始めた。その後、彼はセルロイドが何にでも使えることに気づいた。一八九〇年になると、セルロイドはさまざまな製品になり、アメリカで日用品や工業製品として幅広く出回った。

また、一八八九年にはアメリカの発明家ジョージ・イーストマン（一八五四〜一九三二）がコダック社のカメラにセルロイド・フィルムを採用。さらにトーマス・エジソン（一八四七〜一九三一）が映画用のフィルムに使った。セルロイドは、筆箱、下敷き、フィルム、くし、メガネのフレーム、そしてピンポン玉などに使われた。

セルロイドは綿火薬にもなるニトロセルロースが使われているのでよく燃える（三五二頁）。私が小・中学生時代、アルミニウム製の鉛筆キャップに削ったセルロイドを詰めて点火してロケット遊びしたことを記憶している。

本格的な最初のプラスチック

人類がセルロイドのような半合成プラスチックではなく、植物以外の原料を用いた人工的なプラスチックの合成に成功したのは二十世紀になってからだ。

一八七二年、ドイツの化学者アドルフ・フォン・バイヤーは、フェノールとホルムアルデヒドの反応を研究し、樹脂状の物質を得ていた。三十年後の一九〇二年、レオ・ベークランド（一八六三〜一九四四）は、ドイツで電気化学を研究し、ニューヨーク郊外ヨンカーの研究所に戻ると、助手たちを集めてバイヤーの実験の検証に取りかかった。彼は写真用印画紙を発明し、一八九九年にコダック社に七五万ドルで売却すると、その資金を元にアメリカに研究所を設立したのだ。

バイヤーのねらいは、セルロイドやゴムに代わる樹脂を合成することだった。セルロイドは高温や低温で使うと欠点があったし、ゴムはフライパンの柄やトースターやアイロンのプラグの頭に使うとひび割れた。

ところがそれは簡単ではなかった。バイヤー以降、多数の化学者が失敗していたのだ。ベークランドは困難に打ち勝った。少量のアルカリを触媒にしてフェノールとホルムアルデヒドを高温・高圧下で反応させると、熱で硬化するプラスチックができた。特許を取得したのは一九〇九年のこと。彼は一九一〇年にゼネラルベークライト社をつくって工業化を開始した。

本格的な最初のプラスチック「ベークライト」は非常に硬く、熱にも酸にも強く、電流が流れにくい絶縁体だった。黒や焦げ茶のベークライトは台所の鍋やフライパンの柄、電気プラグの頭、ラジオのダイヤルに用いられて人気を博した。現在も、ソケットや電気部品をのせる基板などに使用されている。

四大プラスチックとは?

ベークライトをきっかけに新しいプラスチックが盛んに研究されるようになった。現在、生産量が多い順に、ポリエチレン、ポリプロピレン、ポリ塩化ビニル、ポリスチレンとなり、

「四大プラスチック」と呼ばれている。

四大プラスチックのほか、ユリア樹脂、フェノール樹脂、ポリウレタン、アルキド樹脂、メラミン樹脂、フッ素樹脂などさまざまな種類のプラスチックが生産され、さまざまな用途に使われている。これらの原料の多くは、天然ガスや原油を分留して得たナフサ（粗製ガソリン）中の炭化水素だ。そこで、天然ガスが豊富なアメリカでは、石油会社がプラスチック工業と協力して新製品の探求と製造にあたった。

プラスチックは、第二次世界大戦中、航空機・電波兵器の材料・ゴムなどの代用品として急激に発展し、戦後は私たちの生活必需品となっていった。

イギリスで一九三九年に、エチレンを高温かつ一〇〇〇気圧以上の高圧で重合してポリエチレンをつくる技術が確立された。この方法で得られるポリエチレンを「高圧法ポリエチレン」という。一九五三年にチーグラー触媒（トリエチルアルミニウムと四塩化チタン）を用いることにより、常温近くで数気圧という低圧でエチレンを重合できるようになった。この方法でつくるポリエチレンを「低圧法ポリエチレン」という。

低圧法ポリエチレンは、高圧法ポリエチレンのような枝分かれがない高分子構造（直鎖状構造）を持ち、高密度で硬く、成形にも適している。密度の違いから、高圧法ポリエチレンは低密度ポリエチレン、低圧法ポリエチレンは高密度ポリエチレンとも呼ばれる。低密度ポリエチレンは結晶領域が少なく密度が低いため透明で軟らかいので、ポリ袋やフィルムなど薄いものに使用される。

一方、高密度ポリエチレンは結晶領域が大きく密度が高いため半透明で硬いので、ポリ容器など軽くて硬い容器に使用される。用途は、食品容器、ビンやポリバケツ、灯油缶、コンテナ、パイプなどの容器類とレジ袋、ごみ袋、ショッピング袋、包装材、ラミネート紙などをつくるフィルムやビン・キャップ、パイプなどである。

一九五四年、ナッタ触媒（トリエチルアルミニウムと三塩化チタン）をプロピレンの重合に用いて、ポリプロピレンが合成された。もっとも軽いプラスチックの一つで加工性もよいため、パイプや容器に使用されている。

ポリ塩化ビニルは、一九二七年、アメリカのユニオン・カーバイド社によって工業化された。モノマーの塩化ビニルはエチレンの水素の一つが塩素に置換したものだ。難燃性、耐久性、耐油性、耐薬品性があり、各種パイプ（塩ビ管）、電線被覆などの土木・建設関連の素材、農業用シートなどとさまざまに使われる。常温では硬質であるが、可塑剤添加によって硬質から軟質まで自由に硬度を調整でき、多様な成型が可能である。

ポリスチレンは、一九三〇年、ドイツで工業化された。スチレンはエチレンの水素の一つがフェニル基（ベンゼン環）に置換したものだ。ベンゼン環は安定しているため、硬い性質となり、容器や緩衝材に使用される。

発泡スチロール（発泡ポリスチレン）は、ポリスチレンに発泡剤のブタンやペンタンなどの炭化水素ガスを混ぜて硬化させたものだ。内部は気泡で生じた微細な隙間が多いため軽量であり、断熱性、耐衝撃性、耐水性にも優れる。発泡スチロールは安価であり、成形も容易であるため、食品包装用のトレー、即席カップ麺の容器、魚介類の保冷容器、建築用断熱材、梱包用緩衝材などとして幅広く使われているのだ。

紙おむつの白い粉

一九六〇年代には、アメリカで鉄の代替材料としてポリイミド樹脂などが使われるようになった。機械装置などの分野で、金属などの代替材料として使われるプラスチックを「エンジニアリング・プラスチック（エンプラ）」という。その後、高い強度、耐熱性、耐摩擦性といった機能性に優れたさまざまなエンジニアリング・プラスチックが開発された。

比較的厳しい環境でも使えるので、機械部品や電気部品などの信頼性が求められる用途で活躍する。とくにポリカーボネート、ポリアミド、ポリアセタール、変性ポリフェニレンエーテル、ポリブチレンテレフタレートの五つを指して五大エンプラと呼ばれている。

さらに耐熱温度が一五〇℃以上で高温に長時間さらされるような過酷な環境で使われるのがスーパーエンジニアリング・プラスチック（スーパーエンプラ）だ。

これらの機能性プラスチックは、電気的性質・力学的性質・光学的性質・生体適合性・生分解性・選択的透過・吸収性など、さまざまな機能を考えて分子設計されている。

たとえば、吸水性を生かした製品が紙おむつである。紙おむつを分解すると、白い粉のようなものが出てくる。この粉〇・五グラムに水一〇〇ミリリットルを入れるとゲル化して固まる。この白い粉が高吸水性高分子で、質量の数百倍もの水を吸収することができる。

プラスチックの廃棄物問題

プラスチックは大変有用だが、使用後はその丈夫さ、強さゆえに問題が生じる。長所は短所にもなる。それがプラスチック廃棄物の問題だ。自然界にプラスチックを分解する微生物は少なく、いつまでも残る。プラスチック廃棄物はかさばるため、埋立地ではよく目立つ。密度が小さいため重量はさほどではないが、廃棄物のなかにおける容積占有率が高く、処理場・埋立地不足を加速する元凶とも見られている。

また、自然環境中に散逸したプラスチック製品のなかには、回収することが非常に困難なものも多く見られる。水鳥の足に絡みついた釣り糸や、ウミガメなど海生生物の体内に蓄積したプラスチック製の袋やマイクロプラスチック（水の流れや紫外線により細かく粉砕され、粒径五ミリメートル以下となったプラスチック）など、プラスチックゴミが野生動物の命を脅かし、環境を傷つけていることが問題になっているのだ。

そこで、「生分解性プラスチック」の開発が進められてきた。生分解性プラスチックは、通常のプラスチックと同様に使うことができ、使用後は自然界に存在する微生物のはたらきで、最終的には水と二酸化炭素に分解されるプラスチックである。その一つ「ポリ乳酸」は、乳酸発酵してできた乳酸を重合したものだ。ポリスチレンやＰＥＴ（ポリエチレンテレフタラート）の性質と似ており、通常の使用環境下では分解しにくい。ちなみに、Ａ四サイズのポリ乳酸シートはトウモロコシ一〇粒からつくることができる。ただし、ポリ乳酸はいまのところ比較的高価であり、生分解に五〇℃以上の温度を必要とするため、海洋環境中では分解されにくいという短所がある。

今後は、安価で大量に生産・消費されるプラスチックの思い切った削減、さらなる生分解性を持ったプラスチックの開発などの道を探っていかざるを得ないのではないだろうか。

第16章

夢の物質の暗転

『沈黙の春』の警告

アメリカの奥深くわけ入ったところに、ある町があった。生命あるものはみな、自然と一つだった。その町には豊かな自然があった。ところが、あるときから家畜や人間が病気になり、死んでいった。野原、森、沼地――みな黙りこくっている。まるで火をつけて焼きはらったようだ。小川からも、生命の火は消えた。

庇《ひさし》のといのなかや屋根板のすき間から、白い細かい粒がのぞいていた。何週間まえのことだったか、この白い粒が、雪のように、屋根や庭や野原や小川に降りそそいだ。

病める世界――新しい生命の誕生をつげる声ももはやきかれない。しかし、魔法にかけられたのでも、敵におそわれたわけでもない。すべては、人間がみずから招いた禍《わざわ》いだった。

本当にこのとおりの町があるわけではない。だが、多かれ少なかれこれに似たことは、起こっている。

これらの禍いがいつ現実となって、私たちにおそいかかるか――思い知らされる日がくるだろう。いったいなぜなのか。

これは、アメリカで一九六二年に出版されたレイチェル・カーソン（一九〇七〜一九六四）著『沈黙の春』（新潮文庫）の冒頭にある「明日のための寓話《ぐうわ》」の要約である。

彼女は、ベストセラーとなった同書の中で、おびただしい合成物質（多くは農薬）の乱用に警告を発したのだ。その「白い細かい粒」の代表がＤＤＴである。ＤＤＴは、有機塩素系殺虫剤のジクロロジフェニールトリクロロエタンの略である。

ＤＤＴとは

一八七四年時点で、ＤＤＴは合成されていたが、「殺虫」の特性は発見されていなかった。スイスのパウル・ヘルマン・ミュラー（一八九九〜一九六五）が一九三九年、第二次世界大戦中にＤＤＴが効き目の強い殺虫剤であることを確認する。彼は、「虫が薬を食べなければ死なないというのでは効き目が弱い。虫の体についただけで、麻痺させるような毒薬（接触毒）はつくれないものか？」と考え、天然物質や合成物質を調べた。そして、接触毒を持ち、しかも日光にも強い殺虫剤ＤＤＴを発見したのだ。

彼は、ＤＤＴをジャガイモ畑を荒らすカブトムシの幼虫にふりかけた。すると幼虫はすぐに地面に落ち、翌朝にはみな死んでいた。

ＤＤＴは、蚊、ハエ、シラミ、ナンキンムシ、アブラムシ、ノミなどの昆虫に強力な殺虫力を発揮し、安価であったために世界中で広く使われた。

時代は第二次世界大戦の最中。戦争に不衛生はつきものだ。ＤＤＴの高い殺虫活性が戦場における疫病の回避に役立ち、兵士の健康を維持できることを知ったイギリスとアメリカは一九四三年頃にＤＤＴを工業化し、マラリアや発疹チフスといった病気を媒介する蚊やシラミを退治して、患者を激減させることに成功した。

終戦後、日本に入ってきたアメリカ軍は発疹チフスを媒介するシラミの撲滅のため、日本人の体に真っ白になるほどＤＤＴをかけて回った。空襲により街が破壊され衛生状況の悪くなった当時の日本では、発疹チフスにより数万人規模の死者が出ると予想されていたが、ＤＤＴの殺虫効果によって予防に成功。一九五〇年代には日本では見られなくなった。

ＤＤＴは日本だけではなく、発展途上国などで、昆虫を原因とする感染症の撲滅に一役買った。ＤＤＴの殺虫効果の発見の功績によって、一九四八年、ミュラーがノーベル生理学・医学賞を受賞したのは、感染症撲滅への貢献があったためである。

生態系への悪影響

DDTは安価で殺虫力が強いので、当初「夢の化学物質」として積極的に使われ、食糧増産や感染症撲滅を支えた。使用開始から三十年のあいだに全世界で三〇〇万トン以上のDDTが散布されたと推定されている。これは、地球表面すべてがうっすらと白くなるほどの量だ。

しかし、カーソンが、DDTなどの有機塩素系殺虫剤が長期にわたって環境中に残存し、生態系に悪影響を及ぼすことを指摘する。これらの殺虫剤は脂溶性の非常に安定した物質で、動物の脂肪に蓄積され、プランクトン→魚→鳥という食物連鎖を通して徐々に濃縮されていたのだ。

カーソンは、アメリカ・カリフォルニア州のクリア湖でブユなどの昆虫が大量発生した際に駆除用に散布されたDDD（ジクロロ－ジフェニル－ジクロロエタン）が生物濃縮によって、カイツブリ（水中に潜って魚をとる鳥）の体内では、DDD濃度が環境の一七万八五〇〇倍にもなり、大量死を引き起こした出来事を例にあげている。「DDD」は「DDT」とよく似た有機塩素系殺虫剤だ。

『沈黙の春』の出版後、アメリカではどんな動きがあったのだろうか。作品のなかで否定的に書かれていたDDT、DDD、アルドリン、ディルドリンなどは、その使用が禁止もしくは厳しく制限されるようになったのだ。

一九七二年、アメリカでDDTの使用は環境保護のため制限され、一九八三年には有機塩素系農薬の生産は三分の一以下（一九六二年と比較）に減った。産業界は、持続性が少なく、生体内に蓄積しない農薬の生産を目指した。日本でも、一九六九年に国内向け製造禁止、一九七二年に使用禁止となった。一九八〇年代までには先進国では使用が禁止された。

人類をもっとも多く殺戮した感染症

マラリアは、現在、「世界三大感染症（HIV／AIDS、結核、マラリア）」の一つとして、公衆衛生上の大きな脅威になっている。これら三種の感染症によって、毎年二五〇万人もの命が奪われているのだ。

なかでもマラリアは毎年数十万の人命を奪っている。死者の九三パーセントが熱帯熱マラリアの多いサハラ以南のアフリカに集中しており、そのほとんどが五歳未満の子どもだ。その他、アジアや南太平洋諸国、中南米などでもマラリアが流行している。疾病対策のため低・中所得国に資金を提供する機関として二〇〇二年スイスに設立された「グローバルファンド」日本委員会のWEBサイトによれば、二〇一七年時点で年間二億一九〇〇万人以上がマラリアに感染し、約四三万五〇〇〇人が死亡しているという。

おそらく人類をもっとも多く殺戮《さつりく》してきた感染症はマラリアである。つまりマラリアを媒介するハマダラカを駆除してきたDDTほど人命を救った物質はないと言える。救った人命の数は、五〇〇〇万人とも一億人とも推定されている。

しかし、その後にDDTに耐え抜いたハマダラカが出現したため、結局、DDTはハマダラカを殺さず強化しただけともいえる。農薬や殺虫剤の開発と耐性を持つ昆虫の登場。これは現代にも続いているいたちごっこだ。

DDTに代わる薬剤は……

しかし、いまだにDDTに取って代わる薬剤はない。防除効果が高く、人畜毒性が低く、かつ安価なDDTは有用性が高いのだ。このため、二〇〇六年に入り、世界保健機関（WHO）は、「発展途上国において、マラリア発生のリスクがDDT使用によるリスクを上回る場合、マラリア予防のためにＤＤＴを限定的に使用することを認める」という声明を発表した。ＷＨＯは、「少量のＤＤＴを家の壁などに噴霧する」という使用法を奨励している。そして、この方法ならば環境中にＤＤＴが放出される心配はなく、効果的にハマダラカを殺して、マラリアの蔓延を抑えることができるという。

しかし、ＤＤＴ耐性のハマダラカに効果があるかどうかは疑問が持たれている。カーソンがＤＤＴなどの大量使用に警告を行った理由の一つは「農薬などのマラリア予防以外の目的の利用を禁止することにより、ハマダラカがＤＤＴに対する耐性を持つのを遅らせるべきである」というものだった。

先進国でマラリアを撲滅できたのは、公衆衛生や住居の改善、湿地帯に住む人の減少や湿地帯の排水、抗マラリア薬がどこでも入手可能になったことなど、さまざまな理由がある。その最終ステップにＤＤＴの散布があり、ハマダラカがＤＤＴ耐性を持つ前に撲滅できた。現在、マラリアが猛威をふるう地域の多くでは、ＤＤＴ耐性のハマダラカが現れている。湿地帯にも多くの人が住むことで、生態系が変化し、ハマダラカやその幼虫を食べる生物種は減少しているのだ。さらに戦争や公衆衛生の低下、抗マラリア薬に耐性を持つマラリア原虫の増加がある。

マラリアがはびこる大きな背景には貧困と戦争がある。もっとも重要なのは、貧困や戦争のない世界を私たちがどうつくっていくかということではないだろうか。

モノを冷たく保つ

人類はモノを冷やすために氷を使ってきた。固体の氷は融けて液体の水になるときにまわりから融解熱を奪う。それが、氷でモノを冷やす原理だ。

素焼きの壺に入れた液体の水は冷たくなる。これは壺からにじみ出てきた水が蒸発するときにまわりから気化熱を奪うからだ。

もし、通常の温度範囲で気化して、その気体を圧縮すると容易に液体になる物質があったとしよう。「液体が蒸発するときにまわりから気化熱を奪い、生じた気体は圧縮されて液体に戻る」というサイクルをくり返すことができれば、モノを冷やすことができる。このサイクルの重要な点は、「そんな物質があるのか?」ということだ。

その物質は「冷媒」と呼ばれる。十九世紀半ばに、業務用のエーテルを冷媒にした冷凍装置がつくられた。次に冷媒にアンモニアを使った冷凍装置がつくられた。クロロメタンや二酸化硫黄も冷媒に使われた。なお、現代の家庭冷蔵庫で冷蔵も冷凍もできるように、冷凍装置は冷蔵装置でもある。

冷凍装置を積んだ船（冷凍船）は一八七〇年代にフランスで発明され、一八八〇年イギリスで実用化された。ヨーロッパと離れているオーストラリアやニュージーランド、南米から牛肉や羊肉を運ぶことができるようになった。

業務用だけでなく家庭用の冷蔵庫も需要が高まっていった。最初の家庭用電気冷蔵庫は一九一八年に登場した。用いた冷媒は二酸化硫黄である。アメリカでのことだ。

冷媒フロンの発明

ところで、エーテル、アンモニアなどは冷媒としての性質は有用であっても、分解しやすかったり、可燃性だったり、有毒だったり、ひどいにおいがするという欠点があった。そこで、機械技術者のトマス・ミジリー（一八八九〜一九四四）とアルバート・レオン・ヘンネ（一九〇一〜一九六七）は冷媒の条件に合う物質を探し始めた。既知の物質には見つからなかったが、一つ可能性があった。フッ素をふくむ有機化合物だ。

二人は、炭素原子が一つのメタン、二つのエタンの水素原子のいくつかをフッ素か塩素に置き換えた物質の合成を試みた。こうして、一九二八年に合成されたのがクロロフルオロカーボン（CFC。炭素、フッ素および塩素からなる化合物）である。アメリカではデュポン社の商品名フレオン、日本ではフロンと呼ばれる。

ＣＦＣは、気体を圧縮して液体にしやすく、液体から気体になるときはまわりから多量の熱を奪うという「冷媒」としての条件を満たしていた。さらに、非常に安定しており、不燃性で毒性はなく、製造コストも低く、においもほとんどなかった。

一九三〇年、アメリカ化学会総会で、ミジリーは派手なパフォーマンスをして、この新しい冷媒の安全性を印象づけた。まず、空の容器にＣＦＣを注ぐ。冷媒が沸騰すると、彼はその蒸気のなかに顔を突っ込み、口を開けて息を大きく吸い込んだ。そして、予め点火しておいたロウソクの炎に向けてゆっくりとＣＦＣを吹きかける。炎は消えた——。不燃性と無毒性を示したのだ。

電気冷蔵庫の理想的な冷媒として開発されたフロンは、一九三〇年から生産が開始された。日本でも一九三〇年には電気冷蔵庫の国内生産が始まった。

冷蔵庫が登場すると、先進国では爆発的に普及していき、フロンはその冷媒として多量に消費された。一九五〇年代までには先進国では標準的な電化製品となった。

日本で電気冷蔵庫が家庭の必需品になったのは、一九五〇年代半ばのことだ。天皇家に伝来する「三種の神器」(鏡・玉・剣)になぞらえて、白黒テレビ・洗濯機・冷蔵庫の家電三品目が「三種の神器」と呼ばれるようになった。一般家庭にとっては宝物のような夢の商品だった。これら三つの家電は、サラリーマンが一生懸命にはたらけば手が届く、新しい生活の象徴とも言えるものだった。一九七〇年代半ば頃になると、フロンを冷媒にした電気冷蔵庫が旧来の氷冷蔵庫に取って代わり、一九七八年には普及率九九パーセントに達した。

電気冷蔵庫は、人々の生活スタイルを変えた。生鮮食料品を毎日買う必要がなくなり腐敗しやすいモノを安全に保存できるようになった。食事を前もってつくり置きできるようになり、冷凍食品が利用できるようになった。

CFC、すなわちフロンが大量に得られるようになると、人々は食品だけではなく空気も冷やすようになった。熱帯、亜熱帯地方では、エアコンによって家庭、病院、オフィス、工場、店、レストラン、車が快適な場所になった。

また、スプレーの噴射剤としても使われた。不燃性で、ほとんどどんな物質とも反応せずに液体から気体になりやすいフロンの性質は「噴射剤」として好都合だった。半導体産業においても基板や電子部品を汚さずに油分を洗浄する「洗浄剤」として、また、建築用断熱素材である発泡ウレタン樹脂の「発泡剤」として広く使われるようになった。

フロンに欠点はないと思われた——。人類にとって「夢の物質」として重宝されていたのだ。

破壊されるオゾン層

太陽光にふくまれている有害な紫外線は、オゾン層で吸収される。一九八〇年代に入り、北極と南極の上空では、オゾンの濃度が極端に減少していることが判明した。そして、オゾンの減少している部分が極の上空に開いた穴のように見えることから、オゾンホールと呼ばれるようになった。

成層圏内でオゾンができるためには、太陽の紫外線が必要だ。北極や南極の冬には、一日中太陽の光が当たらない夜が続く期間があるため、オゾンの濃度が減少する。しかし、春になり、太陽の光が当たり始めると、再びオゾンができる。

ところが、一九八〇年代の中頃、春になってもオゾンが増えるどころか、逆に有害な紫外線を吸収しきれない程に減少するという異常な事態が判明した。そして、オゾン層を破壊する物質としてフロンが関与していることが明らかになったのだ。フロンが成層圏に達すると、紫外線によって分解される。このときに生じる塩素原子などが、次々とオゾンを分解し、オゾン層を破壊していたのだ。

オゾン層に対してとくに悪影響を与えるフロンを「特定フロン」に指定し、世界中でその製造・使用・大気への放出が禁止されるようになった。

なお、オゾン層は原始地球の時代からあったのではない。原始地球の大気はおもに二酸化炭素で、他に水蒸気や窒素だった。光合成をして二酸化炭素を吸収し、酸素を放出するラン藻（シアノバクテリア）などの生物の登場によって酸素が増えていった。その酸素をもとに太陽光の紫外線のはたらきでオゾンがつくられた。

オゾン層は、大気の成層圏の高度二〇〜三〇キロメートル付近にあり、太陽光の中の紫外線を吸収して地表面に届かないようにするはたらきがある。そのオゾン層が破壊されると、オゾン層に吸収されて地表面に届かなかったはずの紫外線が多くなる。すると、紫外線の影響で動植物の生育が妨げられ、人体では遺伝子の本体であるＤＮＡを傷つけられ皮膚がんの増加や免疫機能の低下などをもたらすと考えられている。

もともと、オゾン層ができたことで生物に有害な紫外線がカットされて、生物が海中から陸上へと進出できたのに、人類は自らの手で住みやすい環境を破壊しつつある。

代替フロンの問題点

そこで、従来のフロンと同等の性質を持ちながら、オゾン層を破壊しない物質の開発が進められた――「代替フロン」の誕生だ。代替フロンには、塩素原子をふくまないもの、あるいは、オゾン層に到達する前に分解されてしまうものがある。

ところが、この代替フロンにも問題があった。代替フロンは、オゾン層を破壊する性質は弱いものの、二酸化炭素の数千～数万倍も温室効果が大きい物質だったのだ。フロンにも温室効果があることはわかっていたが、「オゾン層破壊」がより問題視されたため、代替フロンの開発の際には考慮されなかったのである。

現在、フロン類の代替品としてイソブタンや二酸化炭素が使われている。イソブタンは石油由来の物質であり可燃性。二酸化炭素は不燃性であるが、熱効率が悪いのが難点だ。

合成物質は、人間生活を便利で豊かにしてきた。

その一方で、合成物質のなかには自然環境や人間生活に対して重大な影響を及ぼすものがあることが次第に明らかになった。ＤＤＴやフロンはそのうちの二例にすぎない。

合成物質の生産と使用にあたっては、環境への配慮がますます重要になっている。合成物質の開発や製造にあたって、それが人間生活や自然環境にどのような影響を与えるかを十分に配慮したうえで臨む必要がある。

しかし、ＤＤＴやフロンの例が示すように、いつ予期せぬ問題が起こるかわからない。問題の兆候が見え始めたときに、人類の知恵を総動員して賢明に対処するしかないのだ。

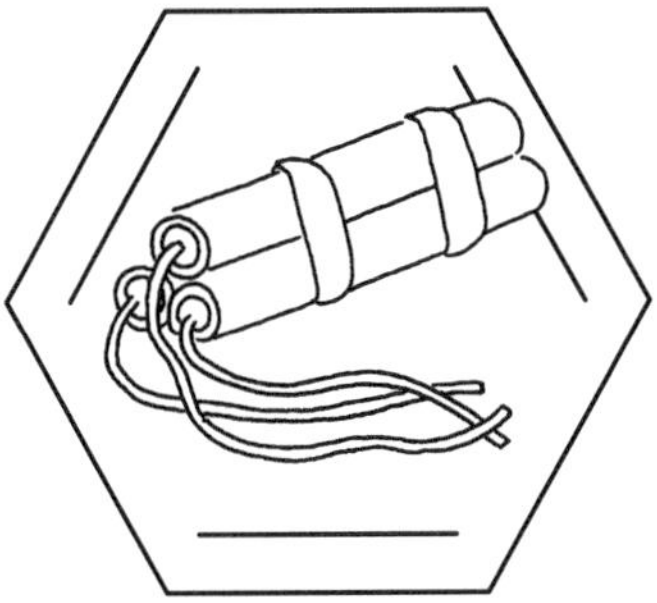

第17章

人類は火の薬を求める

一枚の写真がベトナム戦争終結を早めた

一九七二年六月八日、ベトナム戦争がもっとも激しかったときのことだ。ＡＰ通信提供「ナパーム爆撃から逃げる南ベトナムの少女」の写真が世界を駆け巡った。

撮影したのはＡＰ通信のカメラマンとしてベトナム戦争を取材していた二十一歳のベトナム人、ニック・ウット。彼が、いくつかの戦闘を写真に収め、荷物をまとめて支局に戻ろうとしたとき、南ベトナム軍機がナパーム弾を投下し始めた。苦痛と恐怖で泣き叫びながら彼の方へ走ってきた子どもたちの一群のなかに、裸の少女がいた。彼はシャッターを押した。

この「ナパーム弾の少女」は当時九歳のファン・ティー・キムフック。ウットは彼女をふくむ子どもたちを病院に運んだ。キムフックは左腕や背中に大きな火傷を負っていたが助かった。キムフックのその後は、『ベトナムの少女　世界で最も有名な戦争写真が導いた運命』（デニス・チョン著、押田由起訳、文春文庫）に記されている。

「ナパーム弾の少女」の写真はベトナム反戦運動を盛んにさせ、ベトナム戦争終結を早めたといわれる。

ナパーム弾は皮膚を焼き尽くす

ナパーム弾の基本的な組成はナフサ（粗製ガソリン）にアルミニウムと脂肪酸からなる塩を加え、粘っこいゲル状（ゼリー状）にしたものである。

ベトナム戦争で米軍はナパーム弾を用いて、多くの村や大量の森林を燃やした。その後の戦争でもよく使われた。ベトナム戦争で用いられたのは広範囲に拡散させるために粘度が低く、燃焼時間が長い「ナパームB」（特殊焼夷弾用燃焼剤）である。組成はポリスチレン、ベンゼン、ガソリンであり、ベトナム戦争では四〇万トンが航空機から投下された。

ナパーム弾は、航空機から投下すると恐るべき武器になる。爆発して破片状になるとあらゆる表面にくっつき、九〇〇〜一三〇〇℃で長時間燃え続け、消火はほぼ不可能だ。人体についたナパーム弾は落とすことが困難で、広範囲の火傷をもたらす。毛嚢《もうのう》から汗腺、知覚神経の末端にまで浸透し、皮膚を徹底的に焼き尽くしてしまう。犠牲者は痛みによるショックでしばしば命を落とした。

ビザンツ帝国の秘密兵器

ビザンツ帝国（東ローマ帝国、三九五～一四五三、首都はコンスタンティノープル〈現在のイスタンブール〉）は、ローマ帝国の分裂後、その東半分を支配した。西ローマ帝国が五世紀末に滅亡すると、六世紀半ばには全地中海周辺の領域支配の回復にほぼ成功した。

シリアのダマスクスにイスラム教のウマイヤ朝が成立すると、その創始者ムアーウィヤは、ビザンツ帝国を屈服させようと、六七四年から五年間にわたって、コンスタンティノープルを包囲攻撃した。対してビザンツ帝国は秘密兵器「ギリシア火」を登場させて激しく抵抗し、ついにウマイヤ軍を撃退した。

ギリシア火の成分はナフサという説、硫黄や硝石、松ヤニ、アスファルトやピッチなどからなるという説などがある。もし前者ならば現在の火炎放射器やナパーム弾の仲間だ。後者ならば火薬の仲間である。

ポンプ状の筒に入れて、筒を敵船に向けて、筒の中身に点火すると、濃い煙と激しい炎を出し、水で消すことができなかったという。十四世紀前半に火薬の実用化が始まるまでは、ビザンツ帝国のみが持つ秘密の武器として恐れられた。ギリシア火の配合は国家機密とされ

ギリシア火

ていたため、具体的な製法は不明のままである。

黒色火薬の発明と利用

硝石・硫黄・木炭を混合してつくる黒色火薬は、十〜十一世紀に中国で発明されたというのが定説である。唐代（六一八〜九〇七）の錬金術の副産物らしい。

南宋代の一一三五年頃に点火用・威嚇用として使用され、金王朝（一一一五〜一二三四）・元王朝（一二七一〜一三六八）の時代に実用化された。金王朝は、鉄製の容器に火薬をつめて点火して、投石機で敵軍に打ち込んで一二三二年に侵入してきたモンゴル軍を撃退した。モンゴル軍は手痛い経験に学んで黒色火薬を用いるようになった。

イスラム世界を経て、十三世紀に西欧に伝わると、黒色火薬は大砲・鉄砲に使用される。鉄砲は、一三八一年、南ドイツで出現した。実用化は十五世紀後半で十六世紀には普及した。戦場における戦い方が変化したことにより、騎士階級の没落を促した。騎士は日頃から騎馬術や槍術、剣術を磨いていたが、火砲が戦闘で用いられるようになり、騎士の騎馬戦術は意味をなさなくなった。戦闘の主力は鉄砲で武装した歩兵集団に移っていったのだ。

大砲は十四世紀に中国でつくられた。十五世紀にはイスラム世界を経てヨーロッパに伝わった。七百年ものあいだ、ギリシア火に守られていたビザンツ帝国のコンスタンティノープルを陥落させたのは、オスマン帝国のつくった重さ三〇〇キログラムの石を飛ばす巨大な大砲だった。中国では十五世紀初頭、ヨーロッパでは十六世紀中頃に、火薬が充填された炸裂する砲弾（充填された火薬を炸薬〔さくやく〕という）が用いられるようになった。

「ニトロセルロース」と「ニトログリセリン」

十九世紀の半ば頃まで、相変わらず黒色火薬が使われていた。しかし、黒色火薬には、濡れると発火しない、煙がひどい、力もそれほど強くはないなどの欠点があった。また、鉱山の開発などにも強力な火薬が要求された。

　このためヨーロッパ各国の軍隊や産業界は、新しい強力な火薬の出現を長いあいだ待ち望んでいた。一八四五年にはクリスチアン・シェーンバイン（一七九九～一八六八、ドイツ・スイス）によってニトロセルロース（のちに綿火薬と呼ばれる）が発明される。これは、綿に混酸（硫酸と硝酸の混合物）を混ぜて反応させてつくる。爆発力は黒色火薬よりもはるかに強いが、爆発しやすかったため、火薬工場や倉庫の大爆発事故が多々起こり使いづらかった。

　一八四七年、アスカニオ・ソブレーロ（一八一二～一八八八、イタリア）によってニトログリセリンが発明された。ニトログリセリンは無色透明の液状の物質で、叩いたり、熱を加えたりすると、ものすごい勢いで爆発する。少々のショックで爆発してしまうので運搬や保存が難しく、ニトロセルロース同様に使いづらい物質だ。

　ニトログリセリンを製造する工場の労働者たちが激しい頭痛を訴えた。研究の結果、頭痛はニトログリセリンを扱ったことで血管が拡張したのが原因であると判明する。転じて、ニトログリセリンは心臓の筋肉へ血液を送る血管が狭くなる「狭心症」患者の薬として利用されるようになった。

　黒色火薬は一〇〇〇分の一秒で六〇〇〇気圧の圧力が生じるが、ニトログリセリンは一〇〇万分の一秒で二七万気圧の圧力が生じる。つまり、ニトログリセリンは巨大な爆発力を持っているのだ。そこで、ニトログリセリンがショックや熱で爆発してしまうことを回避する安全な方法が研究された。

余談ではあるが、私はニトログリセリンの少量を合成して爆発させる実験をしたことがある。無色透明の液体であるニトログリセリンをガラス毛細管に吸わせて、その毛細管をガスバーナーの炎のなかに入れると、ごく少量でものすごい爆発を起こし、ガラス毛細管が粉々になって飛び散り、ときには爆風で炎が吹き消されたものである……。

ダイナマイトの発明

一八六二年、アルフレッド・ノーベル（一八三三〜一八九六）はスウェーデンに、当時ヨーロッパで話題になっていたニトログリセリンの小さい工場を、父や兄弟たちと一緒につくった。ところが彼の小さい工場でも、大変な爆発事故が起こり、工場が破壊されたのはもちろん、五人の労働者が死亡した。そのなかには彼の末の弟もいた。父親もこの事故にショックを受け、まもなく世を去ってしまう。彼は残った兄弟たちと協力して、この爆薬を安全なものにしようと研究に打ち込んだ。

ノーベルは、紙、パルプ、おがくず、木炭、石炭、レンガの粉などさまざまな材料を試してもうまくいかなかったが、最後にケイソウ土（単細胞藻類であるケイソウの遺骸からなる堆積物）にニトログリセリンをしみ込ませると安定性が増し、扱いやすくなることを発見した。一八六六年のことだ。

ノーベルが発明した「雷管（爆薬または火薬を爆発させるために、起爆薬その他を管体に詰めたもの）」を使うことで、爆発力を維持することもできた。一年後、彼は爆薬を「ダイナマイト」として市場に出した。

ノーベルは、ダイナマイト以外にも無煙火薬バリスタイトを開発して、軍用火薬として世界各国に売り込んだ。世界各地に約一五の爆薬工場を経営し、ロシアにおいてはバクー油田を開発して、巨万の富を築いたのだ。

ノーベルの死の約一年前に書かれた遺言書は次のようである。

残りの換金可能な私の全財産は、以下の方法で処理されなくてはならない――私の遺言執行者によって安全な有価証券に投資された資本でもって基金を設立し、その利子は、毎

年、その前年に人類のために最大の貢献をした人たちに、賞のかたちで分配されるものとする。この利子は、五等分され、以下のように配分される——一部は、物理学の分野でもっとも重要な発見または発明をした人物に、一部は、もっとも重要な化学上の発見または改良をなした人物に、一部は、生理学または医学の領域でもっとも重要な発見をした人物に、一部は、文学の分野で理想主義的傾向のもっともすぐれた作品を創作した人物に、そして一部は、国家間の友好、軍隊の廃止または削減、及び平和会議の開催や推進のために最大もしくは最善の仕事をした人物に。物理学賞及び化学賞はスウェーデン科学アカデミーによって、生理学・医学賞はストックホルムのカロリンスカ研究所によって、文学賞はストックホルムのアカデミーによって、そして平和賞はノルウェー国会が選出する五人の委員会によって、それぞれ授与されなくてはならない。賞を与えるにあたっては、候補者の国籍はいっさい考慮されてはならず、スカンディナヴィア人であろうとなかろうと、もっともふさわしい人物が受賞しなくてはならないというのが、私の特に明示する希望である。

(中略)

この遺言書は、現在までの唯一有効なものであり、私の死後、万が一私の以前の遺言が存在したとしても、それらのすべてを無効にするものである。

最後に、私の死後、私の静脈が切開され、そして切開が終了し有能な医師が明らかに死の

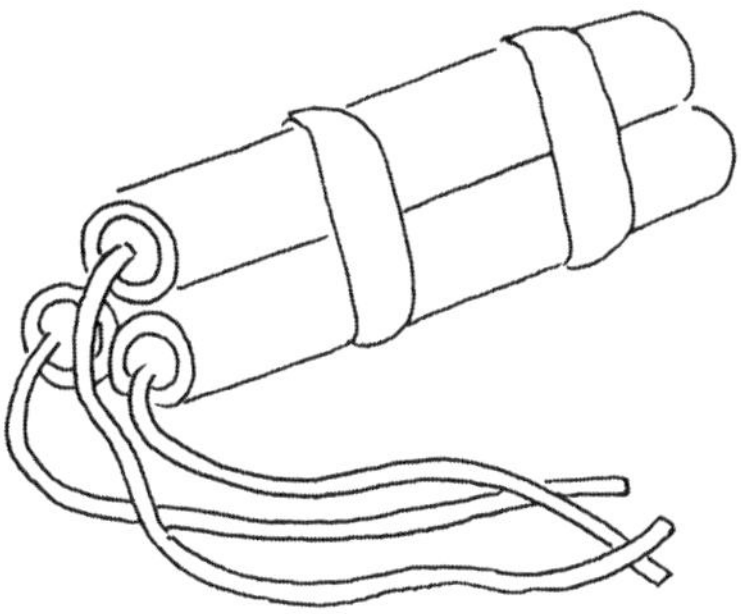

ダイナマイト

徴候を確認した時に、私の遺体はいわゆる火葬で葬られるというのが、私の特に明示する希望である。

（『ノーベル賞　二十世紀の普遍言語』矢野暢著、中公新書）

彼の死後、ノーベル財団（本部・ストックホルム）が設立され、一九〇一年からノーベル賞の授与が始まった。最初は「物理学」「化学」「生理学・医学」「文学」「平和」の五部門でスタートしたが、一九六九年に「経済学」が新設され六部門になった。

ノーベルは、自分の発明品が戦争に使われるという〝負い目〟を持っていたのでノーベル平和賞などを遺言したと思っている人が多いことだろう。

ところが、彼の考えは、違ったようだ。

ノーベルのもとを訪れたオーストリアの作家ベルタ・フォン・ズットナー（一八四三〜一九一四）に語った言葉が残されている。

「永遠に戦争が起きないようにするために、驚異的な抑止力を持った物質か機械を発明したい」「敵と味方が、たった一秒間で、完全に相手を破壊できるような時代が到来すれば……」「すべての文明国は、脅威のあまり戦争を放棄し、軍隊を解散させるだろう」。

一瞬のうちにお互いが絶滅するような兵器をつくることができれば、恐怖のあまり戦争を起こそうという考えはなくなる——。優秀な軍用火薬を開発し、各国の軍隊に売り込んだ背景には、ノーベルのそういった考えがあったのだ。

彼が生涯戦争を憎み平和を願ったのは嘘ではないだろう。軍備を縮小するだけでは平和への効果は弱く、兵器の殺傷能力が高くなるほど平和になると考えていたようだ。

しかし、ノーベルの遺言書の「国家間の友好、軍隊の廃止または削減、及び平和会議の開催や推進のために最大もしくは最善の仕事をした人物」（平和賞）というのは、先のノーベルの考えと矛盾しているようにも思える。親交のあった作家ズットナーの戦争反対をテーマにした小説『武器を捨てよ！』（一八八九年）が、当時欧米で話題になっていた。その小説に感激して平和賞を思い立ったからではないのかとも伝えられている。

ちなみに、女性としてはじめてノーベル平和賞を受けたのは、一九〇五年、第五回のズットナーである。彼女は作家として、平和主義者として、戦乱相次ぐ欧州で生涯を平和運動にささげたことが評価されたのだ。

黒色火薬から無煙火薬へ

爆薬ダイナマイトは、弾丸の発射薬には使用できなかった。銃がダイナマイトの激しい破壊力に耐えることができなかったからだ。

各国の軍部は黒色火薬より強い発射薬を求めた。そこで一八八四年に登場したのが無煙火薬である。「発射の際に黒色火薬特有の白煙が出る、火薬カスができる」などの問題点も解決された。少量の綿状のニトロセルロースに点火すると、煙が出ない。また、一瞬に燃焼して跡形もないので大変使いやすい。

無煙火薬は「ニトロセルロース」をベースにして安定剤を加えた火薬であり、ノーベルが開発した無煙火薬バリスタイトもその仲間だ。ニトロセルロースと安定剤のみでできている「シングルベース火薬」、ニトログリセリンを加えた「ダブルベース火薬」、さらにニトログアニジンを加えた「トリプルベース火薬」という区分がある。

現在、拳銃弾・小銃弾には「シングルベース火薬」が、迫撃砲などの火砲には爆発力の強い「ダブルベース火薬」が、そして強い威力と安定性を要求される大口径砲に「トリプルベース火薬」が使用されている。

弾丸のなかに詰めて弾丸を炸裂させる炸薬の探究も行われた。一八七一年にフェノールをニトロ化して得られるトリニトロフェノールがはじめて合成されたのだ。味が極めて苦い(ピクリック)ので、ピクリン酸ともいわれる。

ピクリン酸は明るい黄色の粉末で、絹や羊毛の合成染料に使われたが、適当な起爆薬があれば爆薬に使えることがわかった。しかし、湿ると爆発しにくくなり、雨天や湿気の多い日には不発弾が多いという課題があった。

一九〇六年にはドイツで強力な炸薬トリニトロトルエン(TNT)がつくられた。TNTは湿気にも影響されなかったので、軍事的にピクリン酸より優れていた。なお、ピクリン酸もTNTもニトロ化合物である。

肥料にも爆薬にも用いる

一九〇七年、空気中の窒素を水素と直接反応させてアンモニアを合成するハーバー・ボッシュ法が成功すると、アンモニアから硝酸がつくられるようになった。硝酸からは、硝酸アンモニウム（NH_4NO_3）などの肥料と爆薬がつくられた。

鉱山での爆破やトンネル工事などの爆破といえばダイナマイトの独壇場だった。しかし、ダイナマイトから硝酸アンモニウムを主成分とする爆薬への切り替えが進んでいる。硝酸アンモニウムが製造量でダイナマイトに並んだのが一九七三年。その後はダイナマイトを製造量で凌駕《りょうが》した。

硝酸アンモニウムを主成分とする爆薬には、硝酸アンモニウム九四パーセントと燃料油六パーセントを混ぜた「アンホ爆薬」と、硝酸アンモニウムに五パーセント以上の水をふくむ「含水爆薬」がある。

破壊力は、アンホ爆薬∨含水爆薬∨ダイナマイトだ。アンホ爆薬は、ダイナマイトや含水爆薬と比べて三分の一程度の安価で安全性に優れているが、耐水性に欠け、爆発後に有毒ガスが発生し、硬い岩盤を破壊するのは困難という面がある。含水爆薬は、スラリー爆薬とエマルション爆薬とがあるが、ダイナマイトより安全性が高く、爆発後のガスは有害性が低い。ダイナマイトより安価で、より安全性が高いので、ダイナマイトからの切り替えが進んでいる。

硝酸アンモニウムは、適切に扱えば非常に安全な爆薬だが、不適切な操作による事故やテロリストによる悪用によって数多くの悲劇が起こっている。

たとえば、最近では、二〇二〇年八月四日、レバノン・ベイルートの港湾地区での大規模な爆発事件がある。死者二〇〇人以上、六五〇〇人以上が怪我をし、およそ三〇万人が家を失ったと推計されている。現場となった倉庫には、硝酸アンモニウムおよそ二七五〇トンが、安全対策が不十分なまま六年にわたり保管されていた。この大量の硝酸アンモニウムが大規模な爆発の原因とみられている。

「火の薬」は、戦争においても平和においても、また、破壊においても建設においても、私たちの文明に大きな影響を与えてきたのだ。

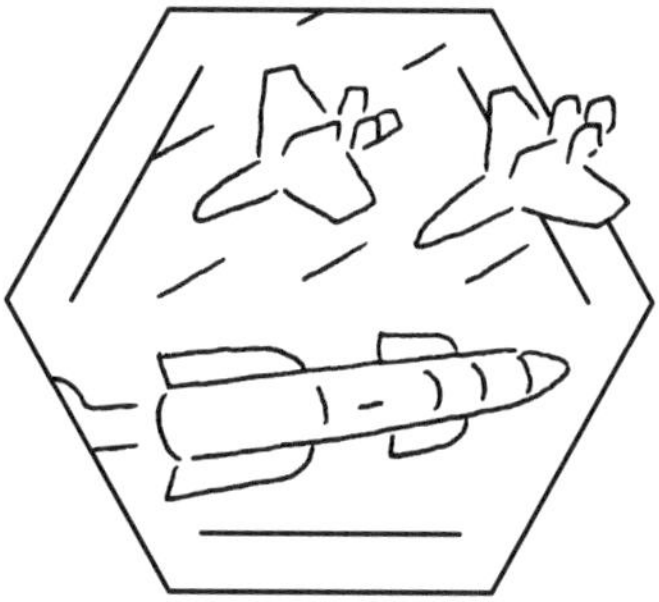

第18章

化学兵器と核兵器

貧者の核兵器

殺傷能力は高いが、核兵器に比べて材料の入手や製造などが容易であること、費用が少なくすむことから、化学兵器・生物兵器は「貧者の核兵器」とも呼ばれる。

化学兵器は、敵対する人々やその生活を支える動植物の生理機能を損傷することを目的として使用される「戦争の道具」としての合成物質（毒ガスなど）である。そもそもは、第一次世界大戦で新戦術として大々的に取り入れられた。一九一五年四月のドイツ軍によるイープル戦での塩素ガスをはじめとして、第一次世界大戦では約三〇種の毒ガス兵器を使用、三〇〇〇種以上の合成物質が研究された。窒息性のホスゲン、ジホスゲン、嘔吐ガス（ジフェニルクロロアルシン）、びらん性のイペリット（マスタード・ガス）などだ。

効果の残虐性から、第一次世界大戦後、一九二五年六月一七日に大量殺戮兵器としての毒ガス、細菌兵器の使用を禁止する「ジュネーブ議定書」が締結されるきっかけとなった。しかし、この議定書は毒ガスの使用を禁止しただけで、開発・製造を放置していた。

第二次世界大戦では、ナチス・ドイツが敗北するまでに、化学兵器用に約二〇〇〇種の有機化合物が合成される。ドイツでは、新しい強力な化学兵器として独自の「G（ジャーマン）ガス」がつくられた。その代表が一九三七年に合成され、一九四四年には三万トンが貯蔵されたタブンである。さらに一九三九年にはタブンの二倍（ホスゲンの三二倍、イペリットの一五倍）の毒性を持つサリンが合成された。大戦末期には、さらに強力なソマンが開発された。また、Gガスは、強制収容所のユダヤ人やロシア人に人体実験がくり返された。

アメリカでも、一九四二年に生物戦研究のために組織されたマーク委員会をはじめ、エッジウッド兵器廠《しょう》やフォート・デトリックで化学・細菌兵器研究が行われ、大戦中二万七〇〇〇トンの毒ガスが製造されたのである。

なお、日本でも一九三二年に中国東北部「満州」で組織された七三一部隊（石井部隊）が、「諸外国に類例を見ないほどの残忍さ」で人体実験および研究を行ったほか、広島県大久野島では、一九二七年に陸軍造兵廠忠海製造所として毒ガス工場がつくられ、第二次世界大戦終了までイペリット、青酸などの大量生産が行われた。

第二次世界大戦で化学兵器が実戦に投入されたのは、日本軍が日中戦争において使用した事実がほぼ間違いないというだけで、ついにドイツも使用に踏み切らなかった。ただし、アメリカは大戦中、中国での日本軍による化学兵器使用への報復を理由として、イペリットやホスゲンなどを使用する計画を立てていたことが明らかになっている。

化学兵器は、今日では一定の化学工業を持つ国ならどこでもつくることができる。いくつかの国は化学兵器を保有し続けているし、使用もしている。

化学兵器禁止条約は、一九九三年一月から国連で署名が始められ、一九九七年に多国間条約として発効された。正式名称は「化学兵器の開発、生産、貯蔵及び使用の禁止並びに廃棄に関する条約」だ。日本は一九九三年一月十三日に署名し、一九九五年四月の国会承認後、一九九五年九月十五日に批准した。

また、国内における大きな事件として、サリン事件がある。麻原彰晃こと松本智津夫を教祖とするオウム真理教が、一九九四年に長野県松本市で猛毒ガス・サリンを噴霧し、住民八人を死亡させ、一四四人に中毒症を負わせた（松本サリン事件）。さらに一九九五年三月には、東京の地下鉄車内五カ所においてサリンを発散させ、乗客、駅職員一三人が死亡、約三八〇〇人に中毒症を生じる惨事を起こした（地下鉄サリン事件）。このほか、オウム真理教はVXガス使用殺人事件も起こしている。

ドイツの化学兵器の父

化学兵器の研究・開発で忘れてはならないのが、ドイツの化学者フリッツ・ハーバー（一八六八〜一九三四）である。

時は第一次世界大戦中の一九一五年四月二十二日、所はベルギーのイープルの地。ドイツ軍とフランス軍・イギリス軍の戦いのさなか、ドイツ軍の陣地から黄白色の煙が春の微風に乗ってフランス軍の陣地へと流れていった。煙が塹壕のなかへ流れ込んだ途端、兵士たちはむせ、胸をかきむしり、叫びながら倒れた。そこは阿鼻叫喚の地獄絵図そのものに変わった。

史上初の本格的な毒ガス戦、第二次イープル戦の様子である。このとき使われたのが塩素だ。ドイツ軍は、イープル近くの前線五キロメートルにわたって一七〇トンの塩素を放出し、フランス兵五〇〇〇人が死亡、一万四〇〇〇人が中毒となったのである。

この第二次イープル戦の後、イギリス軍は同年九月、フランス軍も翌年二月には塩素で報復した。ドイツも連合国（イギリス・フランス・ロシアなどの諸国）も優秀な科学者を動員して毒ガス製造に血道を上げたのである。

塩素は黄緑色の気体で、産業革命で繊維産業が盛んになったときに布を白くさらす漂白剤のさらし粉製造に利用された物質だ。さらし粉は消石灰（水酸化カルシウム）に塩素を吸収させることでつくられる。

ドイツは一八九〇年に食塩水を電気分解する工業的な方法で、きわめて良質の水酸化ナトリウムの製造に成功する。そのとき副製品として塩素ができた。水酸化ナトリウムは石けんやガラスの原料となる重要な物質でソーダ工業（ナトリウム化合物をソーダという）の中心的な物質だ。ガラスや石けんの需要が高まるとともに、塩素の生産量は増加したが、さらし粉や殺菌剤ぐらいしか活用法がなかったために、生産過剰になっていた。ドイツは生産過剰な塩素に目を付けて、第一次世界大戦に「利用」したのである。

この毒ガス戦の技術指揮官こそハーバーだった。「毒ガス兵器で戦争を早く終わらせられれば、無数の人命を救うことができる」。彼が毒ガス兵器開発に他の科学者を巻き込んでいったときの論理だ。彼は盲目的とも言える愛国心の持ち主であり、異常とも言えるようなのめり込み方で化学兵器開発の先頭に立ったのである。

ハーバーの熱狂を醒めた目で見ている人物がいた。彼の妻クララである。自身も化学者であった彼女は、人道的な見地から化学戦から手を引くように夫をいさめた。

しかし、彼の答えは、こうだった。「科学者は平和時には世界に属するが、戦争時には祖国に所属する。ドイツこそは平和と秩序を世界にもたらし、文化を保持し、科学を発展させる国だと私は信じる」。彼女は、ハーバーが東部戦線に塩素ボンベの視察についた夜、一人息子を残してみずからの命を絶ったのである。

ドイツ軍はイープルで第二次、第三次と攻撃を続けた。しかし、塩素に対して防毒マスクなどで対策が講じられるようになり、死傷者の数は減っていった。

それでもドイツ軍司令部は、ガス攻撃の有用性を認識し、ハーバーは新設された陸軍省化学局長の地位につき、プロイセン王国大佐に任ぜられた。ユダヤ人であるハーバーにとっては異例の出世だ。

ドイツは世界最強の化学工業の力を持っていた。ハーバーは新しい毒ガスの実験に転じる。それは毒性が塩素の一〇倍という窒息性の「ホスゲン」だった。フランスもホスゲンを準備していたが、あまりにも猛毒なので躊躇《ちゅうちょ》しているうちにドイツが使い始めたといわれる。ハーバーは新ガス開発だけではなく防毒法も強化するために化学者たちを集め、新しい防毒マスクが開発された。

さらには、フランスのホスゲン攻撃に対する報復として、さらに重く立ち込めるジホスゲンを投入。ついには、無色で、接触するだけで皮膚がやけどし、ひどい肺気腫、肝臓障害を起こす究極の毒ガスであるイペリット（マスタード・ガス）へと進んでいったのである。

戦争は、狂気をむき出しにしてひたすら殺し合う、凄惨《せいさん》なものになっていった。一九一七年にはアメリカがドイツに宣戦布告。巨大な生産力を持ったアメリカの参戦によって、戦況はフランス・イギリスなどの連合軍に有利になっていった。アメリカもまたイペリットなど

を生産しており、大戦直後には一日に二五万発とドイツをはるかに上回る大量生産能力を持っていたほどだ。さらには、びらん性・肺傷性の猛毒ルイサイトを開発。アメリカは世界有数の毒ガス開発、保有国となっていったのだ。

ハーバーは一九一八年アンモニア合成法（ハーバー・ボッシュ法）でノーベル化学賞を受けた。しかし、アンモニアから肥料をつくることで世界の農業に決定的に貢献したとしても、何千何万もの人間を毒ガスにさらしたという事実は消えない。ハーバーは人々から軽蔑の眼差しを向けられた。とくに連合国側の科学者からはハーバーがノーベル化学賞を受けたことに不満の声が上がった。

第一次世界大戦後、ドイツは、ベルサイユ条約によって、戦前の面積・人口の一〇パーセントを失い、化学兵器の製造・使用の禁止をふくむ軍備制限を受け、巨額の賠償金（総額は一九二二年に一三二〇億マルクと正式決定）が課されるなどした。賠償金の支払いに役立てようと愛国者ハーバーは海水から金を抽出する計画を立てる。しかし、実際に挑戦してみると、海水中の金は想定していた濃度よりずっと低く、採算がとれないことがわかった。

その後、ドイツをアドルフ・ヒトラーが支配するようになると、ユダヤ人のハーバーに冷たい風が吹き始めた。カイザー・ウィルヘルム研究所の物理化学研究所長・電気化学研究所長だったが、辞めざるを得なかった。

ハーバー・ボッシュ法によって、アンモニアの合成・工業化へ導いたカール・ボッシュ（一八七四～一九四〇）は、ヒトラーとの面談で「ユダヤ系の科学者を追放することは、ドイツから物理と化学を追放することである」と警告するが、返答は「それならば、これから百年、ドイツは物理も化学もなしにやっていこうではないか」というものだった。

ハーバーはイギリスのケンブリッジ大学に迎えられたが、その冬は耐えがたい寒さだった。失意のなか、心身の疲労から健康を害し、スイスに保養旅行に出かけたハーバーは、祖国が目と鼻の先にあるバーゼルで亡くなった。

日本軍と毒ガス

一九二九年、旧日本陸軍により瀬戸内海の大久野島に化学兵器（毒ガス）製造工場が設置された。国際法上禁じられている毒ガス製造とあって、厳しい機密保持がなされた。

一九四五年の終戦まで、この島は秘密の島として日本の地図から抹消されていた。

生産開始は、一九二九年。一九三三年には工場が拡張され、さらに一九三五年に再び拡張された頃にはイペリット（マスタード・ガス）、ルイサイト、数種の催涙ガス、シアン化水素（青酸ガス）をすべて極秘で生産していた。

一九三七年七月、盧溝橋の一発の銃声で日中全面戦争になると、工員は一〇〇〇人の大台に乗った。最盛期には五〇〇〇人もの人々が、二十四時間フル稼働で各種毒ガスを製造した。毒ガスは中国の前線へ送られた。

工場では工員も毒ガスに曝露されて犠牲になった。一九三三年七月、シアン化水素を注入するときに誤ってその飛沫《ひまつ》を防毒面の吸収缶に受けてしまった青年は、一瞬にしてガスを吸い、急性青酸中毒になって倒れた。仰向けに寝かされたときにはすでに全身に恐ろしいけいれんが来た後で、まったく手遅れの状態。なんとか一日生きながらえただけで息を引き取った。工員の多くが長期にわたりイペリットなどを吸入して呼吸器疾患が多く発生し、大久野島ではたらくと一度は肺炎にかかるといわれた。

大久野島で大量に製造されたイペリットは、辛子のようなにおいがするのでマスタード・ガスとも呼ばれる。揮発性の液体で、皮膚、内臓に対して強いびらん性を持っており、皮膚に触れると、皮膚がただれて火傷のようになり、治ってもケロイドが残った。吸い込むと肺まで冒されてしまうのだ。

ルイサイトも、びらん性の毒ガスだ。「死の露」とも呼ばれるルイサイトの一滴を飲み込むと、わずか三十分で絶命するそうだ。ただれた皮膚は激痛をともない、吸い込めば吐き気に襲われる。身体全体にひどい障害が起きる。

日本は、一九三九年夏以降に中国国民党および中国共産党の軍に対してイペリットを使った。もっとも大規模な使用は武漢占領の四カ月にわたる作戦（一九三八年六月十二日～十月二十五日）で、約三七五回ガス攻撃をしたという。

大久野島の毒ガス製造は太平洋戦争開始前後が最盛期で、一九四三年頃からは次第に発煙筒や普通爆弾の製造が主体になり、毒ガスの製造が行われなくなっていった。

そこには、一九四二年六月にアメリカのフランクリン・ルーズベルト大統領が日本に対して放った言葉があった。「もし日本がこの非人道的戦争手段を、中国あるいは他の連合国に用い続けるなら、このような行為はアメリカに対してなされたものとわが政府はみなし、同様の方法による、最大限の報復がなされるだろう」。

警告は、中国における日本軍の毒ガス兵器使用の確証を握ったことによるものだ。一説にはこれを機に日本軍の中国での毒ガス兵器使用が収まったという。

もう一つ、毒ガス兵器の容器に必要な鉄などの資材不足という問題もあった。鉄は、普通爆弾に回すべきだと考えられた。こうして日本軍は報復を怖れて、毒ガス兵器の製造を止めたのである。

第一次世界大戦は陣地に籠もるような戦い方だったので化学兵器である程度効果があったが、第二次世界大戦は高火力の兵器と機動力が重視される戦い方になり、化学兵器は時代遅れになっていたという側面もあるだろう。

「終末時計」の衝撃

一九四九年以降、核開発や戦争、環境破壊などへの警告を目的に、米科学誌『ブレティン・オブ・ジ・アトミック・サイエンティスツ（原子力科学者会報）』は、「終末時計」を毎年発表している。

「終末時計」は核戦争の危険性を警告する目的で、マンハッタン計画で最初の原爆開発に参加した米科学者たちが創設した。人類滅亡を「午前零時」に見立て、それまでの残り時間を表すシンボルだ。核戦争などの危機が高まると針が進み、遠のくと戻る。

二〇二〇年一月二十三日に発表されたのは終末までの残り時間が過去もっとも短い「百秒」だった。イラン核合意の崩壊や、北朝鮮の核兵器開発、アメリカや中国、ロシアなどからの核拡散が継続していることなど核兵器の脅威は高まっていることや、世界の気候変動への取り組みの弱さが理由である。

人間性を失わなかった女性物理学者

広島・長崎に投下された原爆は、核分裂の際に放出される巨大なエネルギーを利用している。核分裂という原子に秘められた秘密を解くために欠くことのできない役割を果たしたのは、オーストリア生まれのユダヤ人女性科学者リーゼ・マイトナー（一八七八〜一九六八）だった。

一九三八年、ドイツのオットー・ハーン（一八七九〜一九六八）と弟子のフリッツ・シュトラースマン（一九〇二〜一九八〇）が、エンリコ・フェルミ（一九〇一〜一九五四）たちによるウランへの中性子の衝撃実験の「追試」を行った。すると、原子番号九二のウランよりも原子番号が大きい元素群である超ウラン

元素とともに、原子番号五六のバリウムができていることがわかった。

マイトナーはハーンの共同研究者で、カイザー・ヴィルヘルム研究所の研究員を経てベルリン大学の教授となった。ナチスのオーストリア併合によりユダヤ人の市民権が剥奪されたこともあり、スウェーデンに逃れていた。彼女は、ハーンからの手紙でバリウム発見を知る。ハーンは、いまでは遠く隔たってしまった共同研究者にその発見の解析を求めていたのだ。

マイトナーは、コペンハーゲンにいた甥で物理学者のオットー・ロベルト・フリッツに手紙を送り、会いに来るように懇願した。二人は雪のなかを歩きながら議論した。マイトナーは「これは核が分裂したのである」と結論し、核分裂の現象を解明した。

しかし、「核分裂の発見」に対するノーベル化学賞はハーンにのみ与えられ、マイトナーは外された。それでも、ほとんどの物理学者たちは、マイトナーが科学の世界において成しとげた偉大な功績を正しく認識している。

マイトナーは、戦時中、スウェーデンに留まり、原子核研究を続けながら若い研究者の養成にあたった。今日この研究所はマイトナー研究所と呼ばれている。一九四七年には、ベルリンの元の職場に復帰するように招かれたが、ハーンとシュトラースマンの懇願にかかわらず、その申し出を断った。

アメリカの原爆開発・製造のための「マンハッタン計画」に誘われたマイトナーは参加を

固辞したという。彼女の墓には「人間性を失わなかった物理学者」と刻まれている。死後、彼女にノーベル賞受賞以上の名誉が与えられた。彼女の名から一〇九番元素はマイトネリウム（六六頁）と命名。その他、小惑星、金星や月のクレーターにも名前を残している。

核分裂連鎖反応は原爆の原理

ウランの核分裂の際に中性子が放出される現象が発見されると、核分裂連鎖反応から多大なエネルギーを得る「原子爆弾（原爆）」が考えられた。天然に存在するウランには三つの主要な同位体（原子量が同じで質量が異なる原子）がある。ウラン二三八（九九・二八パーセント 天然存在比 ※天然存在比とは同位体の種類ごとに自然界に存在する割合）、ウラン二三五（〇・七一パーセント）、ウラン二三四（〇・〇〇五四パーセント）である。

ウラン二三五の原子核に中性子をぶつけると、二つの新しい原子核に分裂する。ウランの核種のなかでウラン二三五がもっとも核分裂を起こしやすいので、原爆（ウラン二三五を九〇パーセント以上ふくむ）や核燃料（ウラン二三五を三〜五パーセントふくむ）に用いられている。

ウラン二三五の一個に核分裂を起こさせると、中性子が二〜三個飛び出し、同時に多くのエネルギーが出る。そのとき飛び出した中性子が、さらに近くにあるウラン二三五にぶつか

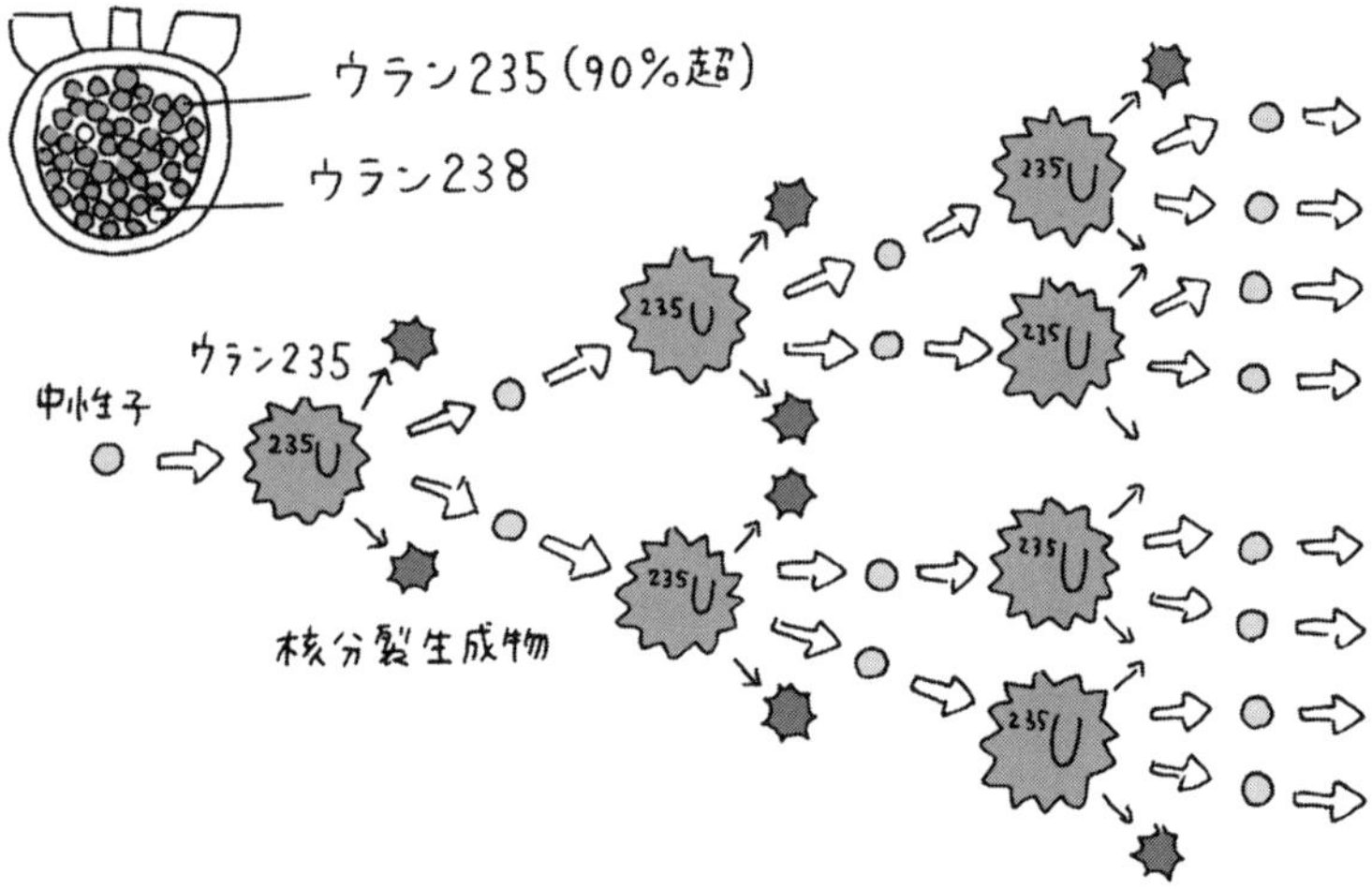

ウラン235の核分裂連鎖反応
広島原爆に使われた

り核分裂を起こす。これで飛び出した中性子が、また近くのウラン二三五にぶつかり、さらに核分裂を起こす（核分裂生成物とはウラン原子が核分裂してできたもので、ウランより小さな原子でいろいろできる）。このように核分裂連鎖反応が起こり、その結果、きわめて多量のエネルギーが出るのだ。

マンハッタン計画

「マンハッタン計画」は、第二次世界大戦中に行われたアメリカの原爆製造計画の暗号名だ。原爆の開発・製造のために、科学者・技術者が総動員された。

　一九四一年にアメリカが原爆の計画を決定し、同年十二月に原子力委員会が設けられた。

原爆は、核分裂性のウラン二三五やプルトニウム二三九をある一定量（臨界量という）以上集合させればよい。臨界量以下ならば決して爆発しない。自然状態での臨界量はウラン二三五で四九キログラム、プルトニウム二三九で一二・五キログラムである。しかし、反射材を使って核分裂物質に中性子を反射することで、臨界量をずっと少なくできる（反射材は中性子を反射する物質で、今はベリリウムが使われている。原爆の外に逃げてしまう中性子を反射させて有効に使う材料となる）。プルトニウム核弾頭などは三〜五キログラム前後と推定されている。

原爆を実現するための課題は、まず天然ウランに〇・七一パーセントしか存在しないウラン二三五を分離し、濃縮すること、同じく核分裂性元素のプルトニウムを製造する原子炉を建設することだった。

強い放射性を持ったプルトニウムは、一九四〇年末にグレン・シーボーグ（一九一二〜一九九九）らによって人工元素としてはじめてつくられた。ウラン二三八に中性子を吸収させると、プルトニウム二三九をつくることができる。

一九四五年のはじめ頃までには、爆弾に使えるだけの量のプルトニウム二三九と純度の高い（濃縮度を上げた）ウラン二三五を生産。さらにさまざまな問題を解決して、一九四五年七月には原爆第一号が完成。ニューメキシコの砂漠で爆発実験が行われた。

原爆が爆発すると一〇〇〇万℃、数百万気圧の火の球ができる。初期放射線をごく短い時間放射し、徐々に温度が低下すると赤外線や紫外線を放射してあらゆるものを焼き尽くす。さらには衝撃波が発生し、あらゆるものをなぎ倒し、強い放射性を持った死の灰をまき散らしながら、電磁パルスと呼ばれる強力な電磁波を発生する。

一九四五年八月六日、アメリカ軍は広島市に世界初のウラン原爆「リトルボーイ」を投下した。爆心地から二キロメートル以内がほぼ全壊・全焼し、同年末までに一四万人が死亡したとされる。同月九日には、長崎市にプルトニウム原爆「ファットマン」を投下した。約一万三〇〇〇戸が全壊・全焼し、同年末までの死者は七万四〇〇〇人と推定されている。

なお、原爆の投下自体については、当初、ナチス・ドイツの核兵器開発に脅威を抱いた科学者がアメリカで原爆製造を勧告、彼らはその計画に直接参加したが、ナチス・ドイツの降伏後は、科学者の一群は原爆の使用に強く反対した。日本の降伏もすでに予測されており、当面の戦争終結には原爆投下は不要である旨も報告されていたのである。

アメリカでは第二次世界大戦の際の日本への原爆投下について「国家機密」を解かれた文書が公開されている。原爆投下を決定したアメリカの指導者たちが見ていたのは、「日本」ではなく、対ソビエト連邦（ソ連）を中心とする戦後の「世界戦略」だった。すでに日本は極度に疲弊しており、降伏寸前だったため「原爆が何千ものアメリカ人の命を救った」という話はいかがわしい。戦後世界における、とくにソ連への自己の政治的優越性を示すために

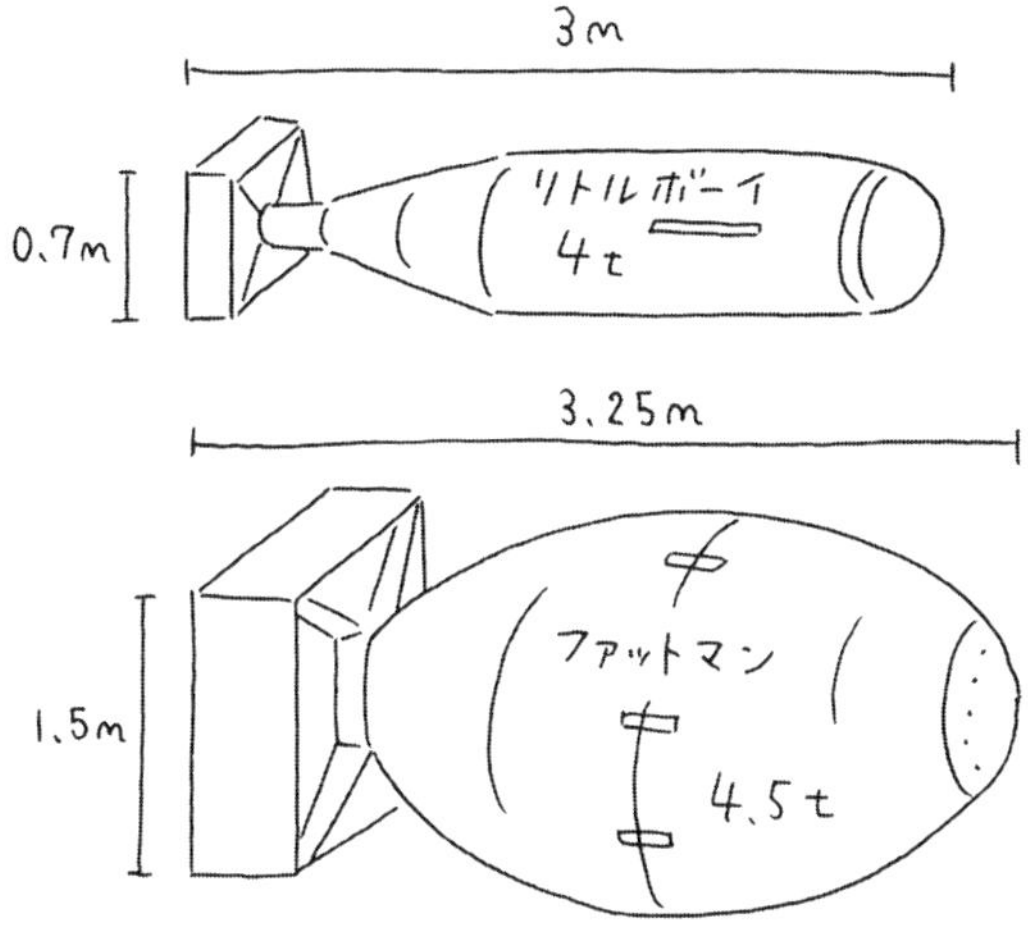

「リトルボーイ」と「ファットマン」
「リトルボーイ」はウラン235、
「ファットマン」はプルトニウムの核分裂連鎖反応を利用

原爆投下をしたのである。

その後、アメリカの原爆独占が続いたが、一九四九年八月のソ連の原爆実験によってその独占は破られた。

水爆の開発

アメリカのハリー・S・トルーマン大統領は、アメリカの優位性を堅持するために、原爆と比較を絶する途方もない巨大なエネルギーが出る「水爆」の製造命令を出した。

二つの原子核がじゅうぶんに近づくと、一つに融合し、新しい原子核が生まれることがある。この核反応を「核融合反応」と呼び、その際、巨大なエネルギーが放出される。太陽では、水素原子四個が融合してヘリウム原子一個がつくられる核融合反応が起こっている。水爆は原爆を起爆装置として用い、核分裂反応で発生する放射線と超高温、超高圧を利用して、重水素や三重水素（トリチウム）の核融合反応を起こす核兵器だ。

アメリカとソ連の冷戦のさなか、両国によって水爆の実験や開発が行われた。それでも米ソは朝鮮戦争、キューバ危機、ベルリンの壁をめぐる対立、ベトナム戦争においても核兵器を用いない「冷戦」を継続したが、とりわけ一九六一年から一九六二年に勃発したキューバ危機は核の大惨事に見舞われる危険性を孕《はら》むものだった。

アメリカは社会主義国家の転覆を狙って、亡命キューバ人による「キューバ侵攻」（一九六一年四月）を実行するが失敗に終わる。ソ連のニキータ・フルシチョフは第三世界への支援と核戦力の強化によって対米優位を得ようとして、キューバに核ミサイルを配備。ついに世界は核戦争の危機を迎えた。一九六二年、ミサイル配備に抗議したアメリカがキューバを封鎖し、「核ミサイルを撤去するか、水爆による攻撃のどちらを選ぶか」とソ連に迫った。最終的には両国首脳の直接交渉でソ連がミサイルを撤去、危機は回避された。

冷戦が終結して東西両陣営の対立がほぼ姿を消し、世界は核弾頭数を削減する道を歩き始めたが、現在は核弾頭数削減の停滞、核兵器拡散と核テロの脅威など、「核の脅威」が再び持ち上がろうとしている。

第二次世界大戦後、科学者たちは、核兵器の破棄と科学の平和利用を直接世界の人々に訴える「ストックホルム・アピール」や、「ラッセル・アインシュタイン宣言」などの行動に踏み出した。一九五七年には、世界各国の二二人の科学者がカナダの漁村パグウォッシュに集まり、核兵器の危険性、放射線の危害、科学者の社会的責任について真剣な討議を行ったことをきっかけに、核廃絶をめざす国際平和会議「パグウォッシュ会議」が開催された。これは、科学者の社会的責任への反省の一面でもあったのだろう。

おわりに

私は、いまマンションの一室でノートパソコンに向かってキーボードを叩いている。椅子はプラスチックと鉄、机は木製だ。パソコンをつくっている金属、ガラス、プラスチック、液晶、内部の電子部品や基板、電池は、もちろんすべて物質からできている。

まわりを見回すと、建物の構造材料の鉄筋コンクリート、大きな窓ガラス、エアコン、テレビ、冷蔵庫、陶磁器やガラスのコップなどが目に入る。天然繊維（木綿）や合成繊維製の衣類。近くには本やスマートフォンが置いてある。これらの中には物理学的な知識や技術を利用してはたらくものもあるが、すべては化学が対象としてきた物質・材料からできており、多くは現在までの文明の賜物である。

天然に存在する木および木からつくった紙、木綿の衣類を除くと、みな化学の知識と技術なくしては存在しない。本書で示したように、鉄、ステンレス・スチール、アルミニウムなどの金属、さまざまに染色されている石油化学製品の合成繊維、セラミックスやプラスチックなど、世界史に大きな影響を与えた物質・材料でできている。もしそれらがなかったら、私たちは、どんな生活を送っていることだろう。

さらにいまと近未来の話。

今後、化学の知識や技術が期待されるものに、地球温暖化問題の解決がある。温暖化の進行は、これからの世界の気候変動に大きな影響を及ぼすと考えられている。

地球温暖化は、おそらくは、人間の活動が活発になるにつれて温室効果ガスが大気中に大量に放出されることで起こっている。

そこで問題になるのが、おもに二酸化炭素だ。一七六〇年代から始まった産業革命において、動力装置は人力・動物力・水力から化石燃料（石炭、石油、天然ガス）に変わり、また、工場や発電所、自動車、航空機、一般生活においても多量の二酸化炭素が出されるようになった。

これらは、私たち人類の経済活動による二酸化炭素排出である。

大気中の二酸化炭素は、産業革命前の二八〇ｐｐｍから、現在では四〇〇ｐｐｍにまで増加した。二酸化炭素などの人間活動による温室効果ガスの排出削減のためには、石炭・石油・天然ガスといった、いわゆる化石燃料の使用を減らすことが必要だ。今後、省エネルギーを進めていくこと、風力、太陽光などの再生可能エネルギーを増やしていくことなどが求められる。

なかでも水素エネルギーが注目されている。利用しても二酸化炭素を発生しないし、大気汚染ガスも発生しないからだ。しかし、水素エネルギーには、効率よく大量に製造する方法、低コストで安全な輸送・貯蔵方法、高効率で低コストな利用技術、製造から消費に至るインフラ整備など大きな壁がいくつも存在する。

水中に入れて太陽光を当てると水を分解して水素を発生する「光触媒」の効率を大きく上げられないか。かさばる水素をコンパクトにできる低コストの技術が開発できないか。水素と空気中の酸素を使って電気エネルギーを生み出す低コストで使いやすい燃料電池ができないか。

……夢としてはいろいろある。化学者・化学技術者は水素エネルギーを利用する技術の革新のために日夜努力している。

本書では、「化学」という学問の進歩と、化学の成果がどのように私たちの歴史に影響を与えてきたのか、その光と闇をふくめて紹介してきた。

一部、生物学的、物理学的な箇所もあろう。それも化学が生物学にも物理学にも重なっていることととらえていただければと思う。

本書を読まれたあなたに、「世界史と化学がこんなに密接に関係していたのか」と思っていただけたのならば、また、化学という学問の魅力に関心を持っていただけたのならば、私としては嬉しい限りである。

付記

本書を刊行するにあたってお世話になったダイヤモンド社の田畑博文さんに厚くお礼を申し上げます。

二〇二一年一月

左巻健男

参考文献

◆『ロウソクの科学』（マイケル・ファラデー著、竹内敬人訳、岩波文庫、二〇一〇）
◆『ファインマン物理学Ｉ　力学』（ファインマン著、坪井忠二訳、岩波書店、一九八六）
◆『科学技術史概論』（山崎俊雄・大沼正則・菊池俊彦・木本忠昭・道家達将共編、オーム社、一九七八）
◆『原子論の誕生・追放・復活』（田中実著、新日本文庫、一九七七）
◆『原子の発見（ちくま少年図書館43）』（田中実著、筑摩書房、一九七九）
◆『エピクロス　教説と手紙』（エピクロス著、出隆・岩崎允胤訳、岩波文庫、一九五九）
◆『物の本質について』（ルクレーティウス著、樋口勝彦訳、岩波文庫、一九六一）
◆『科学の歩み　物質の探求』（田中実著、ポプラ社、一九七四）
◆『原子・分子の発明発見物語　デモクリトスから素粒子まで』（板倉聖宣編、国土社、一九八三）
◆『科学者伝記小事典　科学の基礎をきずいた人びと』（板倉聖宣著、仮説社、二〇〇〇）
◆『化学と人間の歴史』（Ｈ・Ｍ・レスター著、大沼正則監訳、肱岡義人・内田正夫訳、朝倉書店、一九八一）
◆『大人のためのやり直し講座　化学　錬金術から周期律の発見まで』（ジョエル・レヴィー著、左巻健男監修、今里崇之訳、創元社、二〇一四）
◆『中学生にもわかる化学史』（左巻健男著、ちくま新書、二〇一九）
◆『化学史への招待』（化学史学会編、オーム社、二〇一九）
◆『化学　物質の世界を正しく理解するために』（安部明廣監修、重松栄一著、民衆社、一九九六）
◆『新しい高校化学の教科書』（左巻健男編著、講談社ブルーバックス、二〇〇六）
◆『化学の世界　ＩＡ』（長倉三郎他編著、東京書籍、二〇〇四）
◆『化学のはじめ』（ラボアジエ著、田中豊助・原田紀子共訳、内田老鶴圃、一九七三）

◆『私たちはどこから来たのか　人類700万年史』（馬場悠男著、NHK出版、二〇一五）
◆『理科基礎　自然のすがた・科学の見かた』（上田誠也・竹内敬人・松岡正剛著、東京書籍、二〇〇三）
◆『面白くて眠れなくなる人類進化』（左巻健男著、PHPエディターズ・グループ、二〇一五）
◆『ヒトの進化　七〇〇万年史』（河合信和著、ちくま新書、二〇一〇）
◆『原始時代の火　復原しながら推理する』（岩城正夫著、新生出版、一九七七）
◆『火の賜物　ヒトは料理で進化した』（リチャード・ランガム著、依田卓巳訳、NTT出版、二〇一〇）
◆『続・人類と感染症の歴史　新たな恐怖に備える』（加藤茂孝著、丸善出版、二〇一八）
◆『人類を変えた素晴らしき10の材料』（マーク・ミーオドヴニク著、松井信彦訳、インターシフト、二〇一五）
◆『春山行夫の博物誌Ⅵ　ビールの文化史1』（春山行夫著、平凡社、一九九〇）
◆『面白くて眠れなくなる元素』（左巻健男著、PHPエディターズ・グループ、二〇一六）
◆『タネをまく縄文人　最新科学が覆す農耕の起源』（小畑弘己著、吉川弘文館、二〇一五）
◆『縄文時代の歴史』（山田康弘著、講談社現代新書、二〇一九）
◆『縄文論争』（藤尾慎一郎著、講談社選書メチエ、二〇〇二）
◆『はじまりコレクションⅡ　だから〝起源〟について』（チャールズ・パナティ著、バベル・インターナショナル訳、フォー・ユー、一九八九）
◆『ガラスの科学』（ニューガラスフォーラム編著、日刊工業新聞社、二〇一三）
◆『世界史を動かした「モノ」事典』（宮崎正勝編著、日本実業出版社、二〇〇二）
◆『スパイス、爆薬、医薬品　世界史を変えた17の化学物質』（ペニー・ルクーター、ジェイ・バーレサン著、小林力訳、中央公論新社、二〇一一）
◆『銃・病原菌・鉄（上・下）』（ジャレド・ダイアモンド著、倉骨彰訳、草思社文庫、二〇一二）
◆『物が語る世界の歴史』（綿引弘著、聖文社、一九九四）
◆『1493　入門世界史』（チャールズ・C・マン著、レベッカ・ステフォフ編著、鳥見真生訳、あすなろ書房、二〇一七）

◆『歴史を変えた10の薬』（トーマス・ヘイガー著、久保美代子訳、すばる舎、二〇二〇）
◆『史上最強カラー図解　毒の科学　毒と人間のかかわり』（船山信次著、ナツメ社、二〇一三）
◆『世界史を変えた13の病』（ジェニファー・ライト著、鈴木涼子訳、原書房、二〇一八）
◆『ベトナムの少女　世界で最も有名な戦争写真が導いた運命』（デニス・チョン著、押田由起訳、文春文庫、二〇〇一）
◆『沈黙の春』（レイチェル・カーソン著、青樹簗一訳、新潮文庫、一九七四）
◆『「サイレント・スプリング」再訪』（G・J・マルコ、R・M・ホリングワース、W・ダーラム編、波多野博行監訳、化学同人、一九九一）
◆『人類五〇万年の闘い　マラリア全史』（ソニア・シャー著、夏野徹也訳、太田出版、二〇一五）
◆『日中アヘン戦争』（江口圭一著、岩波新書、一九八八）
◆『現代のエスプリ　麻薬』（75号、至文堂、一九七三）
◆『化学・生物兵器の歴史』（エドワード・M・スピアーズ著、上原ゆうこ訳、東洋書林、二〇一二）
◆『ノーベル賞　二十世紀の普遍言語』（矢野暢著、中公新書、一九八八）
◆『愛国心を裏切られた天才　ノーベル賞科学者ハーバーの栄光と悲劇』（宮田親平著、朝日文庫、二〇一九）
◆『ウラニウム戦争　核開発を競った科学者たち』（アミール・D・アクゼル著、久保儀明・宮田卓爾訳、青土社、二〇〇九）

左巻健男

さまき・たけお

東京大学非常勤講師。

元法政大学生命科学部環境応用化学科教授。

『理科の探検（RikaTan）』編集長。

専門は理科教育、科学コミュニケーション。

一九四九年生まれ。千葉大学教育学部理科専攻（物理化学研究室）を

卒業後、東京学芸大学大学院教育学研究科

理科教育専攻（物理化学講座）を修了。

中学校理科教科書（新しい科学）編集委員・執筆者。

大学で教鞭を執りつつ、精力的に理科教室や講演会の講師を務める。

おもな著書に、『面白くて眠れなくなる化学』（PHP）、

『よくわかる元素図鑑』（田中陵二氏との共著、PHP）、

『新しい高校化学の教科書』（講談社ブルーバックス）

などがある。

絶対に面白い化学入門
世界史は化学でできている

2021年2月16日　第1刷発行
2021年5月21日　第5刷発行

著　者――――左巻健男
発行所――――ダイヤモンド社
〒150-8409　東京都渋谷区神宮前6-12-17
https://www.diamond.co.jp/
電話／03･5778･7233（編集）　03･5778･7240（販売）
ブックデザイン―鈴木千佳子
装画・本文イラスト―米村知倫
DTP・図版―――宇田川由美子
校正――――――神保幸恵
製作進行――――ダイヤモンド・グラフィック社
印刷――――――三松堂
製本――――――ブックアート
編集担当――――田畑博文

ISBN 978-4-478-11272-4